人工智能技术丛书

DeepSeek大模型
高性能核心技术
与多模态融合开发

王晓华 著

清华大学出版社
北京

内 容 简 介

本书深入剖析国产之光 DeepSeek 多模态大模型的核心技术，从高性能注意力机制切入，深入揭示 DeepSeek 的技术精髓与独特优势，详细阐述其在人工智能领域成功的技术秘诀。本书循序渐进地讲解深度学习注意力机制的演进，从经典的多头注意力（MHA）逐步深入 DeepSeek 的核心技术——多头潜在注意力（MLA）与混合专家模型（MoE）。此外，本书还将详细探讨 DeepSeek 中的多模态融合策略、技术及应用实例，为读者提供全面的理论指导与应用实践。本书配套所有示例源码、PPT 课件、配图 PDF 文件与读者微信技术交流群。

本书共分 15 章，内容涵盖高性能注意力与多模态融合概述、PyTorch 深度学习环境搭建、DeepSeek 注意力机制详解（包括基础篇、进阶篇、高级篇及调优篇）、在线与本地部署的 DeepSeek 实战（如旅游特种兵迪士尼大作战、广告文案撰写与微调、智能客服等），以及多模态融合技术与实战应用（如 Diffusion 可控图像生成、多模态图文理解与问答、交叉注意力语音转换、端到端视频分类等）。

本书既适合 DeepSeek 核心技术初学者、注意力机制初学者、大模型应用开发人员、多模态融合开发人员、大模型研究人员，也适合高等院校及高职高专院校人工智能大模型方向的师生。

图书在版编目（CIP）数据

DeepSeek 大模型高性能核心技术与多模态融合开发 / 王晓华著. -- 北京：清华大学出版社，2025.3（2025.4 重印）.
(人工智能技术丛书). -- ISBN 978-7-302-68489-3

Ⅰ. TP18

中国国家版本馆 CIP 数据核字第 2025SQ4103 号

责任编辑：夏毓彦
封面设计：王　翔
责任校对：闫秀华
责任印制：刘　菲

出版发行：清华大学出版社
　　　　网　　　址：https://www.tup.com.cn，https://www.wqxuetang.com
　　　　地　　　址：北京清华大学学研大厦 A 座　　　　　邮　　编：100084
　　　　社 总 机：010-83470000　　　　　　　　　　　邮　　购：010-62786544
　　　　投稿与读者服务：010-62776969，c-service@tup.tsinghua.edu.cn
　　　　质 量 反 馈：010-62772015，zhiliang@tup.tsinghua.edu.cn

印 装 者：保定市中画美凯印刷有限公司
经　　销：全国新华书店
开　　本：190mm×260mm　　　　印　张：22.5　　　　字　数：607 千字
版　　次：2025 年 3 月第 1 版　　　　　　　　　　　印　次：2025 年 4 月第 2 次印刷
定　　价：119.00 元

产品编号：111154-01

前　言

多模态大模型 DeepSeek 以其卓越的技术与出色的性能，在人工智能领域熠熠生辉，成为一颗璀璨的明珠。其成功的秘诀在于对注意力机制的突破性创新与 MoE 创新架构的巧妙运用，为人工智能领域带来了前所未有的变革。

DeepSeek 不仅在理论上取得了显著突破，更在实际应用中展现出其强大的能力。通过高效融合多种模态的数据，DeepSeek 在图像识别、自然语言处理、语音识别等领域均取得了令人瞩目的成果，为人工智能的多元化应用提供了强大的支持。

在此背景下，本书深入剖析注意力机制与多模态融合的基本原理，全面展示它们的技术概况，并结合丰富的应用案例，展望这两大技术的未来发展趋势。通过搭建 PyTorch 深度学习环境，读者可以亲自动手实践书中的丰富案例，从而在实践中更深入地理解这两大技术的精髓，并提高大模型应用开发能力。

本书不仅适合深度学习初学者、工程师、研究者、学校的师生阅读，也适合想要掌握最新注意力机制与多模态融合技术的高等院校师生阅读。

本书配套资源

本书配套实例源码、PPT 课件、配图 PDF 文件与读者微信技术交流群，读者使用微信扫描下面的二维码即可获取。如果在阅读过程中发现问题或有任何建议，请联系下载资源中提供的相关电子邮箱或微信。

本书目的

当前，高性能大模型 DeepSeek 备受瞩目，而其背后的注意力机制与多模态融合技术更是成为深度学习研究领域的热点。本书致力于成为读者全面掌握 DeepSeek 核心技术的宝典，通过深入浅出的原理讲解与实例分析，引导读者系统学习 DeepSeek 的核心原理、架构及应用开发方法。

本书深入剖析了 DeepSeek 的核心技术——多头潜在注意力（MLA）与混合专家模型（MoE），详细阐述它们的工作原理与技术优势。此外，本书还详细探讨 DeepSeek 中的多模态融合方法，结合丰富的 API 应用实例，为读者提供全面的理论与实践指导，助力读者深入理解高性能大模型的运行机制。

通过本书的学习，读者不仅能全面理解 DeepSeek 中的高性能注意力机制与多模态融合技术，更能熟练地将这些知识应用于情感分类、图像识别、语音识别、文本生成、图像生成、图文问答、视频分类、智能客服等实际场景中，从而在深度学习领域取得显著的进步。

本书内容安排

第 1 章，高性能注意力与多模态融合。本章首先介绍以 DeepSeek 为代表的高性能大模型的崛起，并深入探讨注意力机制的发展，阐述其基本原理、发展变种以及在多架构中高性能的崛起。紧接着，我们探讨多模态融合，包括其面临的挑战、融合策略与技术概览、应用场景。最后，我们将展望多模态融合与注意力的未来发展方向，探讨它们潜在的创新与前沿技术。

第 2 章，PyTorch 深度学习环境搭建。本章指导读者搭建 PyTorch 深度学习环境，包括 Python 开发环境的安装、PyTorch 2.0 的安装与配置，以及多模态大模型 DeepSeek 的用法。通过本章的学习，读者将能够熟悉 PyTorch 的基本操作，为多模态融合与注意力机制的研究打下基础。

第 3 章，注意力机制详解之基础篇。注意力机制在深度学习中发挥着越来越重要的作用，本章将详细介绍注意力机制的基本原理，包括自注意力机制、ticks 和 Layer Normalization、多头自注意力等关键概念。此外，我们还将通过编码器这一应用实践，展示注意力机制在实际任务中的运用。最后，通过一个实战案例——自编码架构的拼音汉字生成模型，读者将进一步加深对注意力机制的理解。

第 4 章，注意力机制详解之进阶篇。在基础篇的基础上，本章将进一步探讨注意力机制的进阶应用。我们将介绍自回归架构这一重要形态，包括旋转位置编码、新型激活函数 SwiGLU 等关键技术。此外，还将通过两个实战案例——无须位置表示的酒店评论情感判断与基于自回归模型的酒店评论生成，展示注意力机制在文本处理任务中的强大能力。

第 5 章，注意力机制详解之高级篇。结合 DeepSeek 基本架构，高级篇将深入探讨注意力机制的更高级应用。我们将首先介绍替代前馈层的混合专家（MoE）模型，阐述其基本结构与实现方式。紧接着，通过两个实战案例——基于 MoE 模型的情感分类与带有 MoE 的注意力模型，展示混合专家模型在提升注意力机制性能方面的潜力。最后，我们还将探讨基于通道注意力的图像分类技术，进一步拓展注意力机制的应用领域。

第 6 章，注意力机制详解之调优篇。调优是提升深度学习模型性能的关键环节。本章将介绍针对注意力模型的多种优化方案，包括 MQA 模型、MLA 模型、GQA 模型以及差分注意力模型等。此外，还将通过一个实战案例——基于 MLA 的人类语音情感分类，展示优化方案在实际任务中的应用效果。而 MLA 注意力模型本身也是 DeepSeek 取得成功的关键模块。

第 7 章，旅游特种兵迪士尼大作战：DeepSeek API 调用与高精准路径优化。本章将详细介绍

DeepSeek 大语言模型在线 API 的调用方法。我们将从账户注册开始，逐步讲解 API 密钥的获取、基础对话流程的建立，并通过一个具体案例展示其强大的应用能力——旅游特种兵迪士尼大作战。

第 8 章，广告文案撰写实战：多模态 DeepSeek 本地化部署与微调。本章将实现基于多模态大模型 DeepSeek 的本地化部署，并对模型的应用进行深入探索。针对 Windows 系统环境下的 DeepSeek-VL2，我们将详细阐述额外安装和编译包的必要步骤，确保模型能够在该系统上顺利运行。为了进一步提升模型的适配性，使其能够更好地服务于特定的输出任务，我们深入讲解了 PEFT（参数高效微调）与 LoRA（低秩适配）这两种先进的微调方法。通过这些精细化的调整和优化，我们在推断阶段取得了显著成效，并完成了广告文案撰写的实战案例。

第 9~15 章，多模态大模型应用开发实战。这 7 章分别探讨注意力与特征融合在不同领域的应用范式与实战案例。从 Diffusion 可控图像生成到多模态图文理解与问答，再到交叉注意力语音转换和 DeepSeek 智能客服应用开发等任务，我们将详细阐述注意力与特征融合技术的实现细节与应用效果。通过图像生成、图文问答、语音转换、特征压缩、图像编码、视频分类、智能客服等实战案例的学习，读者将能够更深入地理解注意力与特征融合在实际问题中的解决方案与实现过程。

本书特点

（1）结构清晰，条理分明：本书按照主题进行章节划分，从基础概念到高级应用，逐步深入。每一章都围绕一个核心主题展开，如"高性能注意力与多模态融合""PyTorch 深度学习环境搭建"等，使得读者能够循序渐进地学习和掌握相关知识。

（2）理论与实践相结合：书中不仅详细阐述了深度学习中的注意力机制与多模态融合的理论知识，还通过大量的实战案例，指导读者如何将理论应用到 DeepSeek 大模型应用开发中。这种理论与案例实践相结合的方式，有助于读者更好地理解和掌握所学的内容。

（3）内容丰富，涵盖面广：本书涵盖深度学习的多个方面，包括多模态融合、注意力机制的各种形态、模型优化等。此外，还涉及图像、文本、语音等多种数据类型，为读者提供了全面的学习资源。

（4）注重前沿技术与创新：本书详细介绍了深度学习领域的最新技术和创新方向，如多模态大模型、混合专家模型等。这使得读者能够紧跟技术发展的步伐，了解并掌握深度学习最前沿的知识。

（5）语言通俗易懂，适合不同层次的读者：本书采用通俗易懂的语言进行阐述，避免使用过于晦涩难懂的术语。这使得初学者和有一定基础的读者，都能够轻松理解并掌握书中的内容。

（6）案例丰富，操作性强：本书提供了大量的实战案例，包括图像生成、图文问答、语音转换、特征压缩、图像编码、视频分类、智能客服等。这些案例不仅具有代表性，而且具有很强的操作性，能够帮助读者在实际操作中巩固所学知识。

本书适合的读者

- DeepSeek 应用开发初学者：对于使用 DeepSeek 应用开发的初学者，本书详细讲解 DeepSeek 高性能的核心技术以及 DeepSeek 应用开发方法，引导读者快速入门大模型开发。

- 高性能注意力机制与多模态融合初学者：对于深度学习初学者，本书以清晰的结构、理论与实践相结合、丰富的内容和前沿技术介绍，为读者提供了一本极具价值的深度学习入门指南。

- 深度学习研究者与开发人员：对于在深度学习领域工作的研究者、工程师和开发者，本书提供了关于融合技术和注意力机制的深入理解和实践指导，有助于他们在相关项目中取得更好的成果。

- DeepSeek 大模型原理和架构研究者：对于具有一定深度学习基础知识的研究者，本书详细讲解了 DeepSeek 内部原理和运作架构。通过阅读本书，读者能够全面了解 DeepSeek 模型的设计思想、工作原理以及各组成部分之间的协同作用。

- 数据科学家和机器学习工程师：对于处理多模态数据（如文本、图像、音频等）的数据科学家和机器学习工程师，本书提供了丰富的多模态应用案例，有助于他们拓宽视野，提升技能。

- 人工智能专业学生与爱好者：本书适合作为人工智能、机器学习或深度学习相关课程的高级教材或参考书，有助于学生深入理解多模态融合与注意力机制的原理和应用。

作者与鸣谢

本书作者王晓华为高校计算机专业教师，担负数据挖掘、人工智能、数据结构等多项本科及研究生课程，研究方向为数据仓库与数据挖掘、人工智能、机器学习，在研和参研多项科研项目。

本书的顺利出版离不开清华大学出版社各位老师的帮助，在此表示感谢。

作　者
2025 年 1 月

目　　录

## 第 1 章

高性能注意力与多模态融合

1

在人工智能的无垠星海之中，大模型犹如一艘扬帆破浪的巨型航船，承载着人工智能的无尽梦想与璀璨希望，勇往直前地驶向那未知而神秘的彼岸。而高性能与多模态融合则如同这艘巨轮的内在功力与外在拓展，是其乘风破浪、砥砺前行的核心引擎与开拓利器。

高性能注意力机制堪称大模型的内在功力与坚固基石，是其在浩如烟海的数据洪流中稳健航行的坚实后盾。注意力机制，恰如其名，模拟了人类在处理纷繁信息时那种有选择地聚焦重点、忽略枝节的能力。在深度学习的广阔天地里，注意力机制犹如一盏明灯，指引模型在浩瀚数据中寻找并锁定对当前任务至关重要的信息，从而显著提升模型的性能与效率。而高性能注意力机制，更是在追求计算速度极致的同时，对模型的效率与精度进行了深度雕琢与优化。它宛如大模型那颗强健有力的心脏，每一次跳动都涌动着澎湃的动力，为模型的每一个决策、每一次推理注入源源不断的活力。在高性能的助力下，注意力机制使得大模型如同武林高手般，内功深厚绵长，一招一式皆蕴含无穷力量，敏锐地捕捉数据中的每一个关键细节。

多模态融合则是大模型的外在拓展与翱翔的羽翼，是其探索未知领域、融合多元世界的神奇桥梁。多模态融合打破了数据形式的界限，让大模型不再拘泥于单一的文本或图像，而是能够跨越文本、图像、音频等多种媒介的鸿沟，实现信息的全方位整合与深度剖析。它犹如大模型那双洞察万物的眼睛，拓宽了视野的边界，使模型能够更加全面地感知这个世界的多彩多姿，更加准确地领悟人类的意图与需求。

在多模态融合与注意力机制的携手共舞下，深度学习模型如同一位智慧的织锦大师，把不同来源、不同格式的数据巧妙地编织在一起，提取出那些熠熠生辉的特征，并据此做出精准无误的预测与决策。这种整合不仅停留在数据的表面层次，更深入到了模型的结构与算法之中，使得我们在运用深度学习模型处理复杂任务时更加游刃有余、得心应手。

展望未来，内功与外拓——高性能注意力与多模态融合，将在深度学习的宏伟篇章中继续扮演举足轻重的角色。它们相互依存、相辅相成，共同推动着深度学习技术的不断革新与进步。在未来的科研探索中，如何更加深入地揭示这两个概念的奥秘，如何更加巧妙地运用它们的力量，将成为推动深度学习领域持续创新、不断攀登新高峰的关键所在。

1.1 从涌现到飞跃：高性能大模型的崛起

随着人工智能技术的飞速发展，大模型作为其中的重要一环，其发展历程可谓波澜壮阔。从早期简单的神经网络到如今庞大的复杂模型,大模型在规模、性能和应用范围上都实现了巨大的飞跃。

随着大模型的普及和应用,其优点和潜力逐渐得到人们的认可。大模型具有强大的泛化能力,可以在大规模数据上进行训练,从而获得更高的准确率和更广泛的应用领域。同时,大模型还具备强大的表达能力和灵活性,能够不断提升自身的性能,以适应各种不同的任务和场景。

1.1.1　大模型的“涌现”

在数字时代的浩瀚星空中,大模型如同新星般,以其独特的光芒照亮了人工智能的未来之路。它们的出现不仅是技术进步的象征,更是对人类智慧的一次深刻模拟与扩展。

从传承来看,大模型的研究与深度学习的研究是紧密相连的,它们之间的关系仿佛血脉相连,这种关系的起源可以一直追溯至20世纪80年代。在那个时代,反向传播算法的提出与应用激活了多层感知机（Multi-Layer Perceptron,MLP）的训练可能性,这就好像一场瑞雪,预示着深度学习春天的到来。然而,由于受到当时计算机算力和数据规模的限制,深度学习仍然像一朵含苞待放的花蕾,尚未能取得突破性的进展。

进入21世纪,技术的车轮滚滚向前,为深度学习的发展揭开了新的篇章。2006年,Hinton等正式提出了深度学习的概念,他们巧妙地运用无监督预训练的方法,解决了深层网络训练中的梯度消失难题。这一创新如同阳光雨露,滋润了深度学习这朵待放的花蕾,使其渐渐繁荣起来。尤其值得一提的是,在2012年,Hinton领导的团队凭借深度学习模型AlexNet在ImageNet图像识别挑战赛中一举夺冠,这无疑是在全球范围内投下了一颗震撼弹,使人们看到了深度学习的无穷潜力。

深度学习模型的规模在此基础上持续攀升,催生了大模型的问世。大模型的出现得益于两方面的推动力:一方面,GPU、TPU等专用硬件的出现提升了算力,这就好比将汽车的发动机升级为火箭发动机,为大规模模型训练提供可能;另一方面,互联网大数据的爆炸式增长为模型训练提供了海量的数据支持,这就如同将小溪的水流汇集成为大海的波涛。在这两大推动力的共同作用下,大模型如雨后春笋般涌现,其中最具里程碑意义的事件是Transformer结构的提出（2017年由Vaswani等在论文*Attention is All You Need*中提出,并在自然语言处理领域得到广泛应用）,它使得深度学习模型的参数突破了1亿大关,这无疑标志着我们已经迈入了大模型时代。

大模型之所以被冠以“大”之名,是因为它们的规模和能力相比于普通模型来说是巨大的。它们不再局限于完成简单和特定的任务,而是能够完成更加复杂和高级的任务,例如自然语言理解、语音识别、图像识别等,这些任务都需要大量的数据和计算资源才能完成。大模型使我们在面对复杂和具有挑战性的问题时,有了更强大的工具和技术支持。

大模型的架构与普通模型相比,具有更加复杂和庞大的网络结构、更多的参数和更深的层数,这就好比一座摩天大楼与一间平房的区别。这种复杂性使得大模型能够处理和学习更复杂、更高级的模式和规律,从而在各种任务中产生出乎意料的优秀表现。而这正是大模型的涌现能力的体现,也是大模型最具魅力的地方。大模型在不同任务产生“涌现”现象的参数量比较如图1-1所示。

随着模型参数的递增,准确率的变化仿佛经历了一场蜕变,模型在某一刹那“突然”实现了跨越式的提升。这种变化可以浅显地理解为量变引发质变的自然法则——当模型的规模突破某个阈值,精度的增速由负转正,呈现出一种异于常规的增速曲线,如同抛物线突破顶点,扶摇直上。因此,在模型规模与准确率的二维空间中,我们可以观察到一条非线性增长的轨迹,这是大模型所独有的魅力。

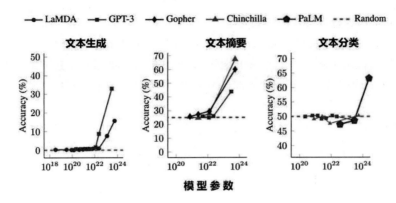

图 1-1　大模型在不同任务产生"涌现"现象的参数量比较

这种精度增速现象的涌现，不仅体现在准确率的提升上，更在于模型所展现出的更高层次的抽象能力和泛化能力。换句话说，大模型在处理复杂任务时，能够捕捉到更深层次的数据模式和规律，从而给出更准确、更全面的预测和判断。这种涌现能力的出现并非偶然，而是有其深刻的内在逻辑。

首先，更复杂的神经网络结构是大模型涌现能力的重要基石。随着模型规模的扩张，神经元之间的连接逐渐丰富和深化，形成了一个错综复杂但有序的网络结构。这样的结构使得模型能够更好地挖掘输入数据中的高层次特征，将原始数据转换为具有丰富语义信息的特征向量，从而提高模型的表现能力。

其次，更多的参数意味着模型具备了更强的表达能力。大型模型通常拥有数以亿计的参数，这些参数为模型提供了巨大的自由度，使其能够对输入数据进行各种复杂的非线性变换。在自然语言处理领域，大语言模型（Large Language Model，LLM）正是凭借这种强大的表达能力，通过对海量文本数据的深度训练，学习到了语言背后的抽象特征和规律，从而能够生成流畅、自然的文本内容。

最后，更强的数据驱动能力是大模型涌现的关键所在。大型模型的训练过程往往需要海量的数据支持，这使得它们能够充分吸收和利用数据中的信息，学习到更加普遍和更加健壮的特征和规律。这种数据驱动的学习方式，不仅提高了模型在训练任务上的表现，更重要的是赋予了模型在面对新任务时的强大适应能力和泛化能力。

1.1.2　大模型的发展历程

在人工智能的发展历程中，大模型的发展可谓是一次重大的技术革新。这些模型以其庞大的参数数量和强大的学习能力，极大地推动了人工智能领域的进步。

在人工智能的早期阶段，由于计算能力和数据的限制，神经网络模型通常较为简单，参数数量也相对有限。然而，随着计算技术的飞速发展和大数据时代的到来，研究者们开始意识到，更大规模的模型可能拥有更强的学习和表示能力。

这一思想的实践始于深度学习技术的兴起。深度学习允许神经网络模型通过多层网络结构学习数据的复杂特征。而随着数据集的扩大和计算资源的增加，研究者们开始尝试构建更大、更深的网络模型，以期获得更好的性能。

进入21世纪后，大模型的发展迎来了重要的转折点。其中，Transformer模型的提出是大模型发展史上的一个重要里程碑。这种模型通过自注意力机制，有效地捕捉了序列数据中的长距离依赖关系，显著提升了自然语言处理等任务的性能。

随后，基于Transformer的GPT（Generative Pre-trained Transformer，生成式预训练变换器）系列模型将大模型的发展推向了新的高度。GPT系列以其庞大的参数数量和出色的生成能力而闻名。从GPT-1到GPT-4，每一代模型的规模和性能都在不断攀升，实现了在自然语言生成、理解和推理等多个方面的突破。

除GPT系列外，还有其他杰出的大模型不断涌现，如谷歌的BERT。BERT是基于Transformer的一个预训练语言模型，自发布以来，在自然语言理解和生成任务中展现出了卓越的性能，成为NLP领域的新标杆。

大模型的崛起不仅推动了自然语言处理领域的进步，还对计算机视觉、语音识别等领域产生了深远影响。这些领域的突破提升了人工智能技术的整体水平，并为我们的日常生活带来了前所未有的便利。

例如，在自然语言翻译方面，大模型的帮助使得翻译结果变得越来越准确和流畅；在智能客服领域，大模型能够更好地理解用户需求并提供满意的解答；在个人助理方面，大模型使得日程管理和生活安排更加智能化。

1.1.3　高性能大模型的崛起

随着注意力机制性能的显著提升及多模态融合技术的持续进步，传统大型模型设计正迎来一场深刻的变革。在过去，这些模型主要依赖增加参数数量来提升性能。然而，现今它们正逐渐转型，不仅追求参数规模，更重视创新的架构设计、快速的推断能力、高效的资源利用以及低廉的训练成本。这一转变标志着人工智能在效率和可持续性方面迈出了重要步伐，为智能系统未来的广泛应用奠定了坚实基础。

在这个背景下，高性能大模型应运而生。它们通过深度融合注意力机制与多模态技术，在性能上实现了质的飞跃，同时大幅提升了计算效率和资源利用率。这种全方位的进步使这些模型能更好地服务于各行各业，推动智能化进程的迅猛发展，并为环保和可持续发展作出积极贡献。

那么，何为高性能大模型？它指的是在保持或提升模型性能的同时，还具备高效计算和资源利用能力的大型模型。这种模型不仅依赖先进的算法和架构设计来实现更高的准确率和更强的泛化能力，还注重削减不必要的计算和内存使用，以实现更快的推断速度和更低的延迟。此外，高性能大模型还致力于降低训练成本和减少能源消耗，为推动绿色AI的发展贡献力量。比如，DeepSeek-V3、ChatGPT 4.0、Qwen 2.5、GLM-4等都是高性能大模型。

与高性能大模型相比，普通大模型可能更注重参数数量的增加，而相对忽视性能、效率和可持续性方面的综合考量。这可能导致在实际应用中，尽管普通大模型能达到一定的性能标准，但往往需要消耗更多的计算资源和能源，且难以应对多变且复杂的任务需求。

我们可以说，高性能大模型与普通大模型的主要区别在于性能、效率、可持续性和环保等多个维度。更重要的是，在实际应用中，高性能大模型展现出明显优于传统大模型的表现，为各行各业带来更加高效、环保且可持续的智能解决方案。

1.2　大模型的内功：高性能注意力机制的崛起

大模型的涌现与注意力机制的崛起密不可分。这一革命性的技术转变，如同为深度学习模型注入了一股强大的内力，使其能够动态地聚焦于输入数据中的关键信息。这种独特能力不仅极大地提升了模型处理复杂任务的本领，更在浩瀚无垠的文本数据中捕捉细微线索，或在错综复杂的图像中精准识别关键特征时，展现出了惊人的效能。而高性能注意力机制则是在这一基础上进一步突破，它优化了信息筛选与处理的流程，使得模型在应对大规模、高维度数据时更加游刃有余。这种机制如同内功中的高深境界，让大模型在应对各种挑战时都能保持卓越的性能与稳定性，从而引领人工智能领域迈向更广阔的前景。

1.2.1　注意力机制的基本原理

注意力机制在深度学习模型中的核心作用在于赋予模型动态聚焦输入数据中关键信息的能力，同时忽略那些对于当前任务而言不重要的部分。这一机制的设计灵感源自人类在处理复杂信息时自然形成的注意力分配模式。在深度学习的语境下，注意力机制的实现依赖于一个精心设计的注意力权重分布计算过程，该过程旨在量化输入数据中每个元素对当前任务的重要性。注意力机制的基本原理如图1-2所示。

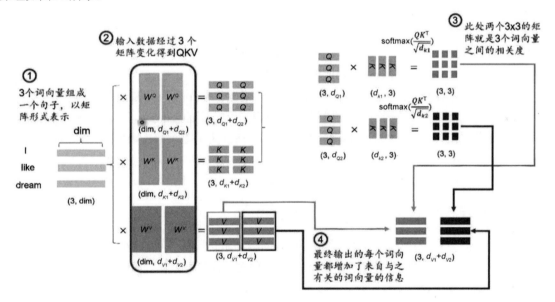

图 1-2　注意力机制的基本原理

具体来说，注意力机制的工作流程可分解为以下几个关键步骤：首先，模型会生成一个查询（Query）向量，这个向量代表了当前任务或上下文的需求。随后，模型会计算这个查询向量与一组键值对（Key-Value Pairs）之间的相似度得分。这里的"键"可以理解为输入数据的表示，而"值"则是与键相关联的具体信息。通过计算查询向量与每个键之间的相似度，模型能够评估出每个键（即输入数据的每个部分）与当前任务的相关程度。

接下来，模型会利用这些相似度得分作为权重，对相应的值进行加权求和。这一过程实质上是对输入数据进行重加权，使得与当前任务高度相关的信息得到强化，而不相关的信息则被相对削弱。最终，经过加权求和得到的注意力输出，即为模型聚焦于关键信息后的处理结果。

通过这种方式，注意力机制不仅帮助模型在处理复杂任务时实现了计算资源的优化配置，还显著提升了模型对于关键信息的捕捉能力，进而增强了模型的性能和泛化能力。在自然语言处理、计算机视觉等众多领域，注意力机制已成为推动深度学习模型性能飞跃的关键因素之一。

1.2.2 注意力机制的变革与发展

随着深度学习技术的不断进步，注意力机制也在持续演进，涌现出了多种变种，以适应更加复杂和多样化的应用场景。其中，自注意力（Self-Attention）和多头注意力（Multi-Head Attention，MHA）是两种比较重要的变种。

自注意力机制是一种特殊的注意力机制，它允许模型在处理单个序列的数据时，能够关注到序列内部的不同位置，从而捕捉序列内部的依赖关系。这种机制在自然语言处理任务中非常有效，如机器翻译、文本摘要等，因为它能够帮助模型更好地理解句子的上下文信息，提高生成的文本质量。

而多头注意力机制则是在自注意力的基础上进行了扩展，它通过引入多个独立的注意力头，允许模型在不同的表示子空间中学习到不同的信息。每个注意力头都可以独立地关注输入数据的不同部分，然后将这些信息结合起来，从而捕捉到更加丰富和多样化的特征。多头注意力机制在提升模型性能的同时，也增强了模型的健壮性和泛化能力。

除自注意力和多头注意力外，还有许多其他的注意力机制变种，如硬注意力（Hard Attention）、软注意力（Soft Attention）、局部注意力（Local Attention）等。这些变种在不同的应用场景下各有优劣，可以根据具体任务的需求进行选择和组合。

随着深度学习技术的不断发展，注意力机制及其变种将继续在多个领域发挥重要作用。一方面，我们可以期待更加高效、精确的注意力机制变种的出现，以应对更加复杂和大规模的数据处理需求。另一方面，随着跨模态学习和多任务学习的兴起，注意力机制也将在多模态数据融合和任务协同优化等方面展现出更大的潜力。同时，如何将注意力机制与其他深度学习技术（如卷积神经网络、循环神经网络等）更好地结合，以实现更加高效的特征提取和信息融合，也是未来研究的一个重要方向。

1.2.3 高性能注意力机制崛起：GQA 与 MLA

在人工智能的壮阔征途中，高性能注意力机制的崛起如同一股不可阻挡的浪潮，深刻改变着大模型的面貌与能力。这一机制以其独特的智慧之光，照亮了深度学习模型的每一个角落，使它们在处理复杂任务时展现出前所未有的高效与精准。

在大模型的宏伟殿堂中，高性能注意力机制扮演着举足轻重的角色。传统的注意力机制已是大有可为，它通过更改架构设计引入了多个独立的注意力头，从不同维度捕捉输入数据的关键信息，极大地提升了模型的表达能力。在其基础上，高性能注意力机制也随之崛起，GQA（Group Query Attention，分组查询注意力）与MLA（Multi-Head Latent Attention，多头潜在注意力）的出现，更是为这一领域注入了新的活力。GQA以其共享键和值矩阵的创新设计，显著减少了显存占用，提升了推理速度，同时保持了较高的模型质量，尤其适合处理长序列输入和大规模模型。而MLA则通过低秩压缩技术（可以理解为将高维矩阵压缩为若干低维矩阵的乘积），进一步降低了KV缓存的需求，在保持高效推理的同时，也确保了输出质量的卓越。

GQA与MLA具有更高的性能与表现，这在于它们不仅继承了MHA的优势，更在性能与效率之间找到了新的平衡点。GQA通过减少内存占用，让大模型在处理复杂任务时更加游刃有余；MLA则以其独特的低秩压缩技术，实现了高效推理与高质量输出的完美结合。这两种机制的出现，不仅标志着高性能注意力机制迈上了新的台阶，更为大模型在各个领域的应用开辟了更加广阔的前景。无论是自然语言处理中的精准翻译，还是计算机视觉中的复杂场景理解，高性能注意力机制都在以它独有的方式，诠释着人工智能的智慧与魅力。

1.3　大模型的外拓：多模态融合

随着人工智能技术的不断发展，大模型已经成为当今最热门的技术之一。这些模型通过海量的数据进行训练，能够实现对知识的深度理解和广泛应用。然而，单一模态的大模型在处理复杂任务时仍存在局限性，因此多模态融合技术应运而生，为大模型的外拓提供了新的方向。

1.3.1　多模态外拓及其挑战

多模态融合是指将来自不同模态的数据（如文本、图像、音频、视频等）进行有效整合，使大模型能够同时理解和处理多种类型的信息。这种融合不仅丰富了数据的表达方式，还提高了模型的感知能力和决策准确性。

在技术实现上，多模态融合涉及多个层面。首先，数据预处理阶段需要对不同模态的数据进行统一的格式转换和特征提取，确保它们能够被模型有效接收。其次，在模型设计方面，需要构建能够处理多模态数据的网络结构，如采用注意力机制来权衡不同模态信息的重要性。此外，训练策略也需要相应调整，以充分利用多模态数据之间的互补性。

而在处理多模态数据时，一个关键问题是如何实现不同模态之间的有效融合。由于不同模态的数据在结构和表达方式上存在显著差异，数据融合不仅需要在特征层面进行对齐和整合，还需要在语义层面建立跨模态的关联。此外，多模态数据的表示学习也是一个复杂的问题，需要找到一种合适的方式来统一表示不同模态数据的共性和差异性。同时，处理多模态数据还需要强大的计算资源和高效的存储方案，以满足不同模态数据的处理需求。

这一趋势不仅提升了深度学习模型的性能，还拓宽了其应用场景，为智能交互、自动驾驶等领域带来了革命性的变革。未来，随着技术的不断进步，多模态融合将在深度学习的道路上扮演越来越重要的角色，引领人工智能走向更加智能、高效的新时代。

1.3.2　融合策略与技术概览

多模态融合是一种结合来自不同模态（如视觉、听觉、文本等）的数据，以提升信息处理和理解能力的技术方法。多模态大模型融合策略如图1-3所示。以下是对多模态融合基本策略的介绍，包括早期融合（Early Fusion）、晚期融合（Decision-level Fusion）、混合融合（Hybrid Fusion）以及各种融合技术的优缺点。

1. 早期融合

早期融合也称为特征级融合，是在模型的早期阶段将不同模态的数据进行融合。它通常涉及将不同模态的数据特征连接在一起，输入一个联合模型中。

1）优点

早期融合的优点如下：

- 可以捕捉不同模态间的低级关联信息。
- 在模型训练初期就进行融合，有助于模型学习到更全面的特征表示。

2）缺点

早期融合的缺点如下：

- 可能导致高维特征空间，增加模型的复杂度和计算成本。
- 需要仔细处理不同模态特征之间的对齐和整合问题。

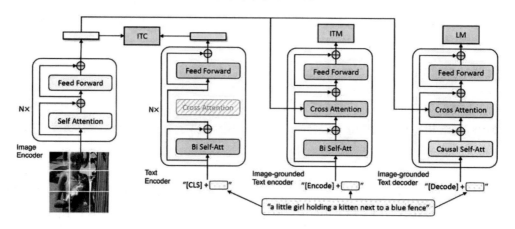

图 1-3　多模态大模型融合策略

2. 晚期融合

晚期融合也称为决策级融合，是在模型的后期阶段融合不同模态的预测结果。它通常涉及对不同模态的独立模型进行训练，然后在预测结果层进行加权平均、投票或其他合并策略。

1）优点

晚期融合的优点如下：

- 各模态独立处理，模型训练简单，易于集成。
- 能够保留各模态的独立特性，便于分析和解释。

2）缺点

晚期融合的缺点如下：

- 可能无法充分捕捉不同模态间的交互信息。
- 融合结果可能受限于独立模型的性能。

3. 混合融合

混合融合结合了早期融合和晚期融合的优点，在不同阶段进行多次融合。例如，可以在模型的早期进行部分特征融合，然后在中间层或晚期层再进行进一步的融合。

1）优点

混合融合的优点如下：

- 能够更灵活地捕捉多层次的模态间关系。
- 结合了早期和晚期融合的优势，有助于提高模型的性能和泛化能力。

2）缺点

混合融合的缺点如下：

- 复杂度较高，设计和调试更为困难。
- 需要仔细平衡不同阶段融合的比例和方式。

可以看到，多模态融合的策略（早期融合、晚期融合和混合融合）各有优缺点，在实际应用中需要根据具体任务和数据特点进行选择和优化。通过合理利用多模态融合技术，我们可以从多种模态的数据中提取更丰富和全面的信息，从而提升模型的性能和泛化能力。

1.3.3　深度学习在多模态融合中的应用场景

深度学习在多模态融合中的应用场景非常广泛，涵盖图像、文本、音频等多种模态的数据。以下介绍一些典型的应用场景。

1. 情感分析

- **案例描述**：在社交媒体平台上，通过分析用户发布的文字、图片和语音信息，可以实时监测用户的情绪变化。深度学习模型能够自动提取文本中的语义特征、图像中的视觉特征以及音频中的声学特征，并将这些特征进行融合，以便更准确地判断用户的情感状态。
- **技术特点**：这种应用案例通常采用混合融合策略，先分别处理不同模态的数据，然后在决策层进行融合。深度学习模型能够自动学习特征表示和融合策略，提高情感分析的准确性和健壮性。

2. 智能客服

- **案例描述**：在智能客服系统中，通过融合文本、语音和图像等多模态信息，可以提升系统的理解能力和交互体验。例如，当用户通过语音和图像描述问题时，智能客服系统能够更准确地理解用户需求并提供相应的解决方案。
- **技术特点**：智能客服系统通常采用早期融合策略，在模型的早期阶段就将不同模态的数据进行融合。深度学习模型能够捕捉不同模态间的低级关联信息，从而更全面地理解用户的问题和需求。

3. 自动驾驶

- **案例描述**：在自动驾驶领域，多模态融合技术也发挥着重要作用。通过融合车辆传感器（如摄像头、雷达、激光雷达等）收集的多模态信息，可以实现对周围环境的全面感知和准确判断，提高自动驾驶系统的安全性和可靠性。
- **技术特点**：自动驾驶系统通常采用混合融合策略，在不同阶段进行多次融合。深度学习模型能够处理来自不同传感器的数据，提取其高级特征，并实现跨模态的匹配和融合。这种融合方式不仅提高了自动驾驶系统的感知能力，还增强了其决策和规划能力。

4. 医学诊断

- **案例描述：** 在医学诊断中，多模态融合技术被广泛应用于图像分析。例如，结合CT扫描和MRI扫描的数据，可以更准确地识别肿瘤的位置和大小。深度学习模型能够自动提取不同模态图像中的特征，并进行融合分析，为医生提供更可靠的诊断依据。

- **技术特点：** 医学诊断中的多模态融合通常采用早期融合或混合融合策略。深度学习模型能够捕捉不同模态图像中的互补信息，从而提高诊断的准确性和效率。

5. 手语识别

- **案例描述：** 手语识别系统需要将视频帧中的视觉信息与音频信息（如环境声音）进行融合，以便更准确地识别手语手势。深度学习模型能够自动提取视频帧中的视觉特征以及音频中的声学特征，并进行跨模态的匹配和融合。

- **技术特点：** 手语识别系统通常采用基于对齐的融合策略，需要模型对齐视觉和音频模态的时间信息。深度学习模型能够捕捉不同模态间的时序关系，提高手语识别的准确性和实时性。

这些应用案例展示了深度学习在多模态融合中的广泛应用前景和巨大潜力。随着技术的不断进步和创新，我们可以期待深度学习在多模态融合领域取得更多突破和进展。

1.4 高性能注意力与多模态融合的未来展望

随着人工智能技术的飞速发展，多模态数据融合与注意力机制的结合正引领着深度学习的新纪元。未来，我们预见这些技术将进一步深化，不仅在自然语言处理、计算机视觉等传统领域持续突破，还将拓展至医疗健康、自动驾驶、智能制造等新兴领域。注意力机制将更精准地引导模型聚焦于关键信息，提高决策效率与准确性；而多模态融合则使模型能够跨越单一数据源的局限，实现更全面、深入的理解与分析，如图1-4所示。

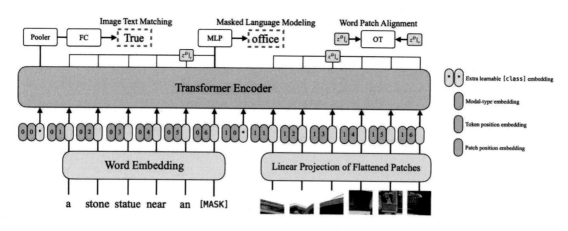

图 1-4 注意力机制的融合

在这个过程中，跨学科的交叉融合与创新将成为关键驱动力，推动人工智能向更加智能化、人性化的方向发展，为人类社会带来前所未有的变革与便利。

1.4.1　融合技术的创新方向

随着技术的持续进步，多模态融合技术已经成为人工智能领域备受瞩目的研究焦点。展望未来，该技术的创新方向将主要聚焦于研发更高效的融合算法和深化跨模态学习等领域。

在融合算法的研发上，未来的创新将不仅限于提高数据融合的效率和准确性，更将着眼于打造更加智能化和自适应的算法体系。这意味着，研究者们将致力于探索更精细的数据对齐和整合方法，以实现对来自不同模态的数据的无缝衔接。这些先进算法将能够更精确地萃取各模态数据中的独特与互补信息，从而在大幅提升信息利用率的同时，有效削减冗余数据和噪声的干扰。

跨模态学习则代表了另一个举足轻重的创新方向。在多模态数据迅猛增长的背景下，如何实现不同模态数据间的知识有效迁移与共享，已成为行业面临的关键挑战。跨模态学习的核心在于构建一个融通各模态的统一表示空间，使得不同模态的数据能在此空间内自由交互与精准比对。这一创新不仅将极大地推动多模态数据的综合开发与利用，也将为搜索、推荐、问答等多样化应用提供更加丰富、精准的信息支撑与决策依据。

未来多模态融合技术的创新，将紧密围绕高效融合算法的研发与跨模态学习的深化而展开。这些前沿创新将为人工智能的持续发展注入强劲动力，推动相关应用迈向更高层次、覆盖更广领域。我们期待着这些技术革新能够为社会各界带来更智能、便捷的服务体验。

1.4.2　注意力机制的前沿探索

注意力机制的前沿探索正不断推动着深度学习领域的发展。当前，几个主要的注意力机制研究方向包括动态注意力、自适应注意力、多模态注意力、可解释性注意力等。以下是对这些前沿研究方向的展望。

1. 动态注意力

动态注意力机制旨在根据输入数据的实时变化，动态地调整注意力的分配。这种机制能够使模型在处理序列数据时，更加灵活地关注到重要信息，提高处理效率。

未来的研究将致力于开发更加高效和稳定的动态注意力算法，以应对复杂多变的任务需求。例如，在自然语言处理中，动态注意力可以帮助模型更好地理解长句子中的语义关系；在计算机视觉中，它可以辅助模型实时跟踪目标对象的变化。

2. 自适应注意力

自适应注意力机制强调模型能够根据输入数据的特性，自动地学习和调整注意力的分配策略。这种机制赋予了模型更强的自适应能力，使其能够处理更加多样化的任务。

研究者们将进一步探索如何结合先验知识和数据驱动的方法，来提升自适应注意力机制的性能。此外，如何将自适应注意力与其他先进的深度学习技术（如强化学习、图神经网络等）相结合，也是未来研究的重要方向。

3. 多模态注意力

随着多模态数据的日益丰富，如何有效地整合和利用来自不同模态的信息成为一个重要问题。

多模态注意力机制旨在构建一个统一的框架，以实现对文本、图像、音频等多种模态数据的联合处理和分析。

未来的研究将关注开发更加高效和灵活的多模态注意力算法，以及探索多模态注意力在跨模态检索、多模态情感分析等领域的应用潜力。

4. 可解释性注意力

随着深度学习模型在更多领域的应用，其可解释性逐渐成为人们关注的焦点。可解释性注意力机制旨在通过可视化或其他方式，直观地展示模型在处理数据时的关注焦点和决策过程。研究者们将致力于开发更加直观和易用的可解释性注意力工具，以帮助用户更好地理解模型的运行机制和决策依据。同时，可解释性注意力也将为模型的调试和优化提供有力的支持。

可以预见，注意力机制的前沿探索正朝着更加动态、自适应、多模态和可解释的方向发展。这些研究方向将共同推动注意力机制在深度学习领域的广泛应用和持续进步。

1.5　本章小结

将多模态融合与注意力机制相结合，尽管具有巨大的潜力，但同时也面临着一系列挑战。首先，技术的复杂性是一个不可忽视的问题。多模态融合要求对不同模态的数据进行有效整合，而注意力机制则需要对这些数据进行精细化的处理。这两种技术的结合无疑增加了模型的复杂性和计算需求。此外，不同模态数据之间的对齐和同步也是一个技术难题，需要确保在融合过程中信息的准确性和一致性。

除技术挑战外，实际应用中也存在诸多难点。例如，多模态数据的采集和标注往往需要大量的人力物力投入，且标注质量对模型性能有着直接影响。同时，多模态融合模型的可解释性也是一个重要问题，特别是在需要明确决策依据的场景中，如医疗诊断和金融风险评估。

然而，正是这些挑战孕育了新的机遇。多模态融合与注意力机制的结合，为模型提供了更丰富的信息来源和更精准的决策支持，从而有望在多个领域实现突破。例如，在智能教育领域，这种结合可以帮助系统更准确地理解学生的学习状态和兴趣点，从而提供个性化的学习资源和建议。在智能医疗领域，通过对医疗影像、病历文本和患者语音等多模态数据的综合分析，可以辅助医生制定更准确的诊断和治疗方案。

此外，随着技术的不断进步，我们有理由相信，未来这种结合将在更多领域展现出其独特优势。例如，在智能家居领域，通过融合视觉、听觉和触觉等多模态信息，并辅以注意力机制，可以构建出更加智能和人性化的家居系统。在自动驾驶领域，这种技术结合也有望提高车辆的感知能力和决策准确性，从而保障行车安全。

综上所述，多模态融合与注意力机制的结合虽然面临诸多挑战，但同时也孕育着巨大的机遇。通过不断探索和创新，我们有望将这种结合应用于更多领域，为人类社会带来更加智能和便捷的服务体验。

## 第 2 章

PyTorch深度学习环境搭建

工欲善其事，必先利其器。对于任何一位想要构建深度学习应用程序或是将训练好的模型应用到具体项目的读者，都需要使用编程语言来实现设计意图。在本书中，将使用Python语言作为主要的开发语言。

Python之所以在深度学习领域中被广泛采用，这得益于许多第三方提供的集成了大量科学计算类库的Python标准安装包，其中最常用的便是Miniconda。Python是一种脚本语言，如果不使用Miniconda，那么第三方库的安装可能会变得相当复杂，同时各个库之间的依赖性也很难得到妥善的处理。因此，为了简化安装过程并确保库之间的良好配合，推荐安装Miniconda来替代原生的Python语言安装。

PyTorch是一种开源的深度学习框架，由Facebook的人工智能研究团队开发。它提供了两个高级功能：

- 强大的GPU加速的张量计算（类似于NumPy）。
- 基于深度神经网络的自动求导系统。

PyTorch的主要特点是动态计算图，这意味着计算图可以在每个运行时刻动态改变，这大大提高了模型的灵活性和效率。

除此之外，PyTorch还提供了丰富的API，支持多种深度学习的模型和算法，并能够轻松与其他Python库（例如NumPy和SciPy）进行交互。

目前，PyTorch已广泛应用于学术研究和商业开发，包括自然语言处理、计算机视觉、生成对抗网络（Generative Adversarial Networks，GAN）等领域，是全球最受欢迎的深度学习框架之一。

本章将引导读者完成Miniconda的完整安装。然后，通过一个实践项目来帮助读者熟悉PyTorch 2.0。这个项目将生成可控的手写数字，作为一个入门级的程序，它将帮助读者了解完整的PyTorch项目的工作流程。通过这个项目，读者将能够初步体验到PyTorch 2.0的强大功能和灵活性。

2.1 安装 Python 开发环境

2.1.1 Miniconda 的下载与安装

第一步：下载和安装

（1）在Miniconda官网打开主页面，单击Miniconda下的Installing Miniconda选项，如图2-1所示。

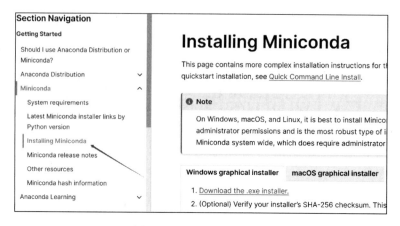

图 2-1　Miniconda 主页面

（2）然后单击页面右侧的Download the .exe installer.链接下载和安装最新版本的Mincoda，如图2-2所示。

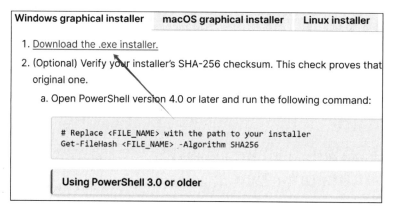

图 2-2　Miniconda 下载页面

（3）我们可以直接单击页面上的下载链接，下载集成最新Python版本的Miniconda，如图2-3所示。从页面上可以看到，这个版本集成了Python 3.12.4。

图 2-3　下载集成最新 Python 版本的 Miniconda

（4）如果想使用以前的Python版本，例如Python 3.11，也是完全可以的，读者可以根据自己的操作系统选择下载。

（5）下载完成后，得到的是EXE文件，直接运行即可进入安装过程。安装完成后，出现如图2-4所示的目录结构，说明安装正确。

图 2-4　Miniconda 安装目录

第二步：打开控制台

在计算机桌面依次单击"开始"→"所有程序"→Miniconda3→Miniconda Prompt (Miniconda3)，打开Miniconda Prompt窗口，它与CMD控制台类似，输入命令就可以控制和配置Python。在Miniconda中最常用的是conda命令，该命令可以执行一些基本操作，读者可以在Miniconda Prompt窗口中自行测试一下这个命令。

第三步：验证Python

在Miniconda Prompt窗口中输入python，如果安装正确，会打印出Python版本号以及控制符号。在控制符号下输入代码：

```
print("hello")
```

输出结果如图2-5所示。

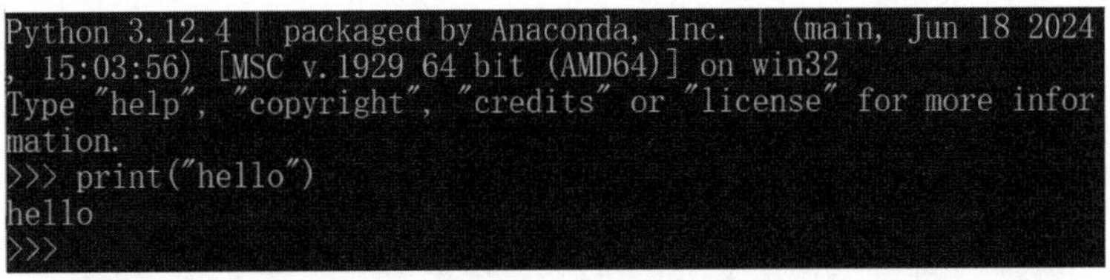

图 2-5　Minicoda 安装成功

第四步：使用pip命令

使用Miniconda的好处在于，它能够很方便地帮助读者安装和使用大量第三方类库。在本书中，我们将使用pip命令安装第三方类库。查看已安装的第三方类库的命令如下：

```
pip list
```

在Miniconda Prompt窗口输入pip list命令，结果如图2-6所示。

```
(base) C:\Users\xiaohua>pip list
WARNING: Ignoring invalid distribution -qdm (c:\miniforge3\lib\site-packages)
WARNING: Ignoring invalid distribution -harset-normalizer (c:\miniforge3\lib\site-packages)
WARNING: Ignoring invalid distribution -ensorflow-gpu (c:\miniforge3\lib\site-packages)
Package                        Version
------------------------------ ---------
absl-py                        1.0.0
aiofiles                       0.8.0
aiohttp                        3.8.1
aiosignal                      1.2.0
alabaster                      0.7.12
altair                         4.2.0
altgraph                       0.17.2
anyio                          3.5.0
argon2-cffi                    21.1.0
arrow                          1.1.1
```

图 2-6   列出已安装的第三方类库

在Miniconda中安装第三方类库的命令如下：

```
pip install name
```

这里的name是需要安装的第三方类库名，假设需要安装NumPy包（这个包已经安装过），那么输入的命令就是：

```
pip install numpy
```

这个安装过程略去，请读者自行尝试。使用Miniconda的好处就是默认已安装了大部分深度学习所需要的第三类库，这样避免了使用者在安装和使用某个特定类库时可能出现的依赖类库缺失的情况。

2.1.2   PyCharm 的下载与安装

和其他语言类似，Python程序的编写可以使用Windows自带的编辑器。但是这种方式对于较为复杂的程序工程来说，容易混淆相互之间的层级和交互文件，因此在编写程序工程时，建议使用专用的Python编译器PyCharm。

第一步：PyCharm的下载和安装

（1）进入PyCharm官网的Download页面，选择不同的版本，如图2-7所示，PyCharm有收费的专业版和免费的社区版，这里建议读者选择免费的社区版即可。

图 2-7   PyCharm 免费的社区版

（2）下载PyCharm安装文件后，双击运行进入安装界面，如图2-8所示。直接单击Next按钮，采用默认安装即可。

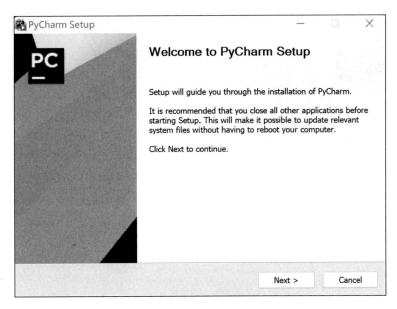

图 2-8　安装界面

（3）在安装PyCharm的过程中，需要对安装的参数进行选择，如图2-9所示，这里建议直接使用默认安装。

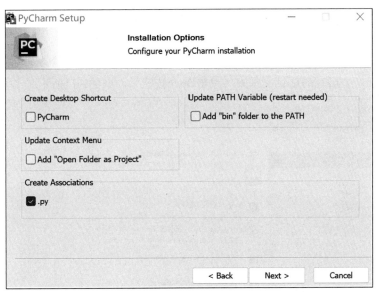

图 2-9　PyCharm 的配置选择（按个人真实情况选择）

（4）安装完成后，出现Finish按钮，单击该按钮即可安装完成，如图2-10所示。最后，将在桌面上显示一个PyCharm程序图标，双击该图标即可运行PyCharm。

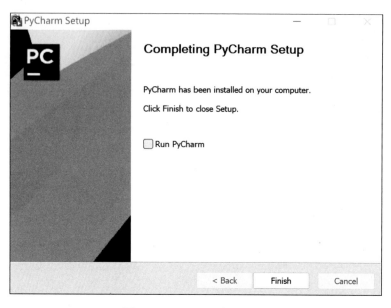

图 2-10   PyCharm 安装完成

第二步：使用PyCharm创建程序

（1）单击桌面上新生成的 ■ 图标进入PyCharm程序界面。由于是第一次启动PyCharm，需要接受相关的协议，在勾选界面下方的复选框后，单击Continue按钮，进行下一步操作。因为操作比较简单，这里就不截图了。

（2）进入PyCharm工程创建界面，创建新的项目，可以直接创建一个新项目（单击New Project按钮），或者打开一个已有的项目文件夹（单击Open按钮），如图2-11所示。

图 2-11   PyCharm 工程创建界面

（3）这里单击New Project按钮创建一个新项目。下面配置Python环境路径，填写好python.exe地址后（就是上一步安装的C:\miniconda3目录下的python.exe），单击Create按钮，将在PyCharm项目管理目录PycharmProjects下创建一个新项目，如图2-12所示。

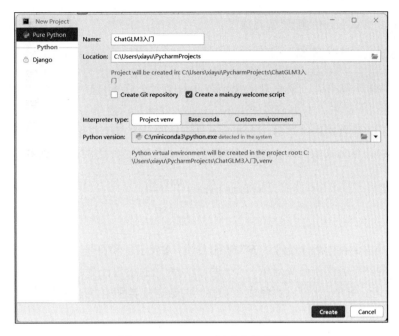

图 2-12　PyCharm 新建文件界面

（4）对于创建的新项目，PyCharm默认提供了一个测试程序main.py，内容如图2-13所示。

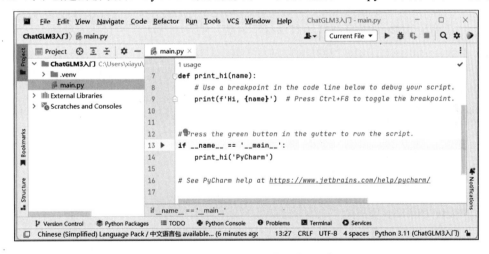

图 2-13　PyCharm 工程运行界面

选中main.py，单击菜单栏中的Run|run...运行代码，或者直接右击main.py文件名，在弹出的快捷菜单中选择run命令。如果成功，将输出"Hi, PyCharm"，如图2-14所示。

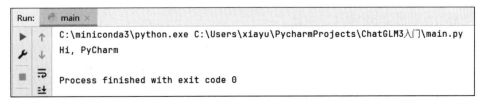

图 2-14　运行成功

至此，Python与PyCharm的配置就完成了。

2.1.3 计算 softmax 函数练习

对于Python科学计算来说，最直观的思路就是将数学公式直接转换为程序代码。幸运的是，Python完美地支持这一需求。本小节将使用Python实现并计算深度学习中最为常见的函数之———softmax函数。关于该函数的具体作用，此处暂不详细展开，本节仅专注于其程序实现的编写。

softmax函数的计算公式如下：

$$\text{softmax}(i) = \frac{\exp^{x_i}}{\sum_{i=0}^{j=N} \exp^{x_j}}$$

其中，x_i表示输入向量$\boldsymbol{x}$中的第i个元素，N为数据总量，Σ表示求和符号，exp表示自然指数函数。

代入softmax的结果其实就是先对每一个x_i进行以e为底的指数计算，变成非负；然后除以所有项之和进行归一化；之后每个x_i就可以解释成在观察到的数据集类别中，特定的x_i属于某个类别的概率，或者称作似然（Likelihood）。

---

 softmax函数用于解决概率计算中概率结果大而占绝对优势的问题。例如，函数计算结果中有两个值a和b，且$a>b$，如果简单地以值的大小为单位进行衡量，那么在后续的使用过程中，a永远被选用，而b由于数值较小而不会被选择，但是有时也需要使用数值小的b，softmax函数就可以解决这个问题。

---

softmax函数按照概率选择a和b，由于a的概率值大于b，因此在计算时a经常会被取得，而b由于概率较小，因此取得的可能性也较小，但是有概率被取得。

softmax函数的代码如下：

```
import numpy
def softmax(inMatrix):
    m,n = numpy.shape(inMatrix)
    outMatrix = numpy.mat(numpy.zeros((m,n)))
    soft_sum = 0
    for idx in range(0,n):
        outMatrix[0,idx] = math.exp(inMatrix[0,idx])
        soft_sum += outMatrix[0,idx]
    for idx in range(0,n):
        outMatrix[0,idx] = outMatrix[0,idx] / soft_sum
    return outMatrix
```

可以看到，当传入一个数列后，分别计算求出每个数值所对应的指数函数值，之后将其相加，再计算每个数值在数值和中的概率。例如：

```
 a = numpy.array([[1,2,1,2,1,1,3]])
```

请读者自行验证代码结果。

2.2　安装 PyTorch 2.0

Python运行环境调试完毕后，接下来的任务便是安装本书的核心组件——PyTorch 2.0。PyTorch作为当下热门的深度学习框架，为研究者和开发者提供了灵活且高效的工具来构建和训练神经网络。其2.0版本的推出，更是带来了诸多新特性和性能优化，进一步提升了用户体验。

2.2.1　NVIDIA 10/20/30/40 系列显卡选择的 GPU 版本

目前市场上有NVIDIA 10/20/30/40系列显卡，对于需要调用专用编译器的PyTorch来说，不同的显卡需要安装不同的依赖计算包。作者在此总结了不同显卡的PyTorch版本以及CUDA和cuDNN的对应关系，如表2-1所示，推荐读者使用20及以上系列的显卡。

表 2-1　NVIDIA 10/20/30/40 系列显卡的版本对比

显卡型号	PyTorch GPU 版本	CUDA 版本	cuDNN 版本
10 系列及以前	PyTorch 2.0 以前版本	11.1	7.65
20/30/40 系列	PyTorch 2.0 向下兼容	11.6+	8.1+

 这里的区别主要在于显卡运算库CUDA与cuDNN的区别，当在20/30/40系列显卡上使用PyTorch时，可以安装CUDA11.6版本以上以及cuDNN8.1版本以上的库。而在10系列版本的显卡上，建议优先使用2.0版本以前的PyTorch。

下面以PyTorch 2.0为例，演示完整的CUDA和cuDNN的安装步骤，不同版本的安装过程基本一致。

2.2.2　PyTorch 2.0 GPU NVIDIA 运行库的安装

本小节讲解PyTorch 2.0 GPU版本的前置软件的安装。对于GPU版本的PyTorch来说，由于调用了NVIDIA显卡作为其代码运行的主要工具，因此额外需要NVIDIA提供的运行库作为运行基础。

我们选择PyTorch 2.0.1版本进行讲解。对于PyTorch 2.0的安装来说，最好的方法是根据官方提供的安装命令进行安装，具体参考官方文档https://pytorch.org/get-started/previous-versions/。从页面上可以看到，针对Windows版本的PyTorch 2.0.1，官方提供了几种安装模式，分别对应CUDA 11.7、CUDA 11.8和CPU only。使用conda安装的命令如下：

```
# CUDA 11.7
conda install pytorch==2.0.1 torchvision==0.15.2 torchaudio==2.0.2 pytorch-cuda=11.7
-c pytorch -c nvidia
# CUDA 11.8
conda install pytorch==2.0.1 torchvision==0.15.2 torchaudio==2.0.2 pytorch-cuda=11.8
-c pytorch -c nvidia
# CPU Only
conda install pytorch==2.0.1 torchvision==0.15.2 torchaudio==2.0.2 cpuonly -c pytorch
```

下面以CUDA 11.8+cuDNN 8.9为例讲解安装的方法。

（1）首先是CUDA的安装。在百度搜索CUDA 11.8 download，进入官方下载页面，选择适合的操作系统安装方式（推荐使用exe(local)本地化安装方式），如图2-15所示。

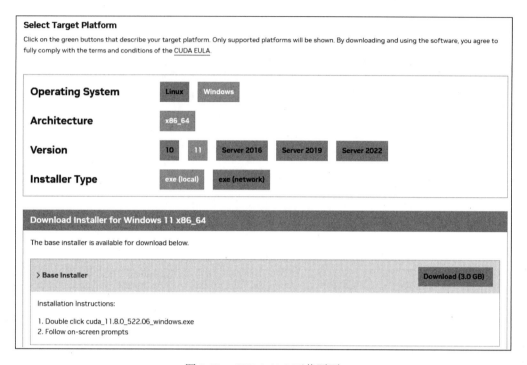

图 2-15   CUDA 11.8 下载页面

此时下载下来的是一个EXE文件，读者可自行安装，不要修改其中的路径信息，完全使用默认路径安装即可。

（2）下载和安装对应的cuDNN文件。要下载cuDNN，需要先注册，相信读者可以很快完成，之后直接进入下载页面，如图2-16所示。

 不要选择错误的版本，一定要找到对应CUDA的版本号。另外，如果使用的是Windows 64位的操作系统，需要下载x86_64版本的cuDNN。

图 2-16   cuDNN 8.9 下载页面

（3）下载的cuDNN是一个压缩文件，将它解压并把所有的目录复制到CUDA安装主目录中（直接覆盖原来的目录）。CUDA安装主目录如图2-17所示。

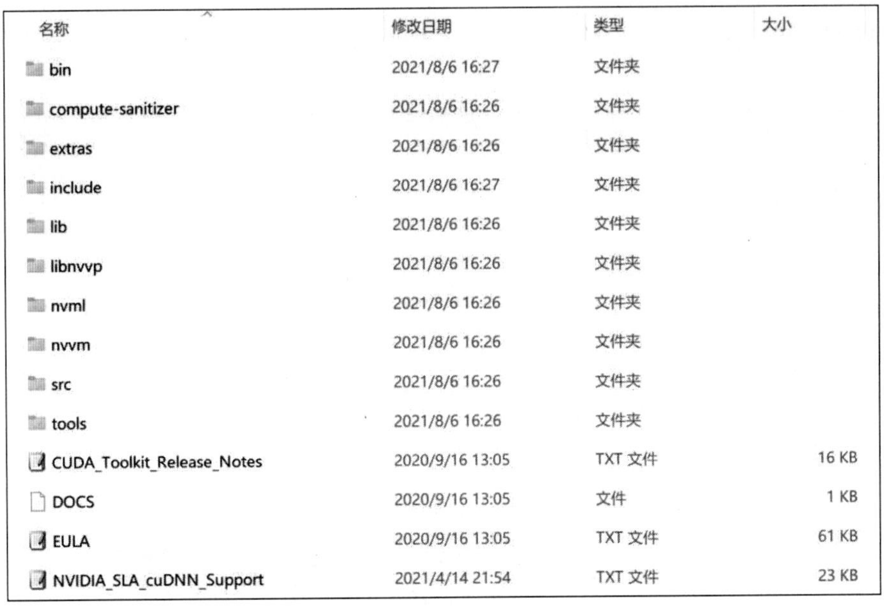

图 2-17　CUDA 安装主目录

（4）确认PATH环境变量，这里需要将CUDA的运行路径加载到环境变量的PATH路径中。安装CUDA时，安装向导能自动加入这个环境变量值，确认一下即可，如图2-18所示。

图 2-18　将 CUDA 路径加载到环境变量 PATH 中

（5）最后完成PyTorch 2.0.1 GPU版本的安装，只需在Miniconda Prompt窗口中执行本小节开始给出的PyTorch安装命令即可。

```
# CUDA 11.8
conda install pytorch==2.0.1 torchvision==0.15.2 torchaudio==2.0.2 pytorch-cuda=11.8
-c pytorch -c nvidia
```

2.2.3 Hello PyTorch

至此，我们已经完成了PyTorch 2.0的安装。下面使用PyTorch 2.0做一个小练习——Hello PyTorch。打开Miniconda Prompt窗口，执行python命令并依次输入如下命令，验证安装是否成功。

```
import torch
result = torch.tensor(1) + torch.tensor(2.0)
result
```

结果如图2-19所示。

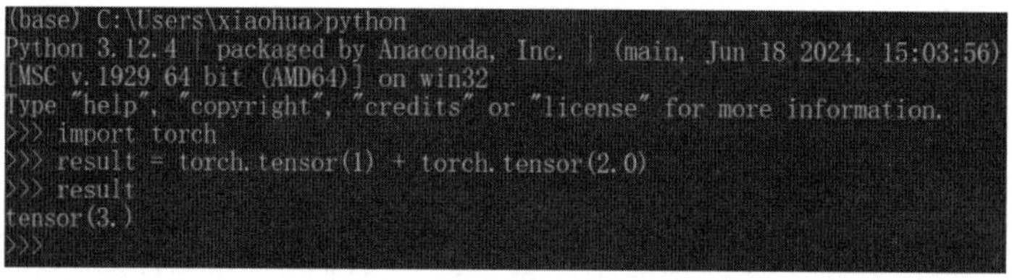

图 2-19   验证安装是否成功

或者打开前面安装的PyCharm IDE，先新建一个项目，再新建一个hello_pytorch.py文件，输入如下代码：

```
import torch
result = torch.tensor(1) + torch.tensor(2.0)
print(result)
```

最终结果请读者自行验证。

2.3 多模态大模型 DeepSeek 初探与使用

DeepSeek大型语言模型家族中的最新成员，代表了该系列的重要进步和革新。DeepSeek官方精心构建并发布了一系列基础语言模型以及指令微调语言模型，这些模型的参数规模广泛，从轻量级的15亿参数到庞大的6710亿参数，这些不同参数版本的模型进一步提升了性能和灵活性，以满足不同应用场景和性能需求。

在模型能力方面，DeepSeek展现了卓越的表现。通过在一系列严格的基准测试中进行评估，包括语言理解、语言生成、多语言能力、编程、数学以及推理等多个维度，DeepSeek不仅普遍超越了当前市场上的大多数开源语言模型，甚至在某些方面与领先的专有模型相比也毫不逊色。这种全面的性能提升，使得DeepSeek成为处理复杂语言任务、跨语言应用以及高级逻辑推理等问题的理想选择。

2.3.1　DeepSeek 模型简介

DeepSeek系列模型从最初的DeepSeek LLM（基础版）开始，经历了多个版本的演化，每一代模型都在架构设计、训练算法、推理效率和模型表现上实现了显著的创新与优化。DeepSeek大型语言模型家族中的主要模型包括：

- DeepSeek LLM：采用了与Llama类似的架构设计，并在此基础上进行了优化，包括多阶段学习率调度策略和分组查询注意力机制（GQA）等。
- DeepSeek-V2：在 DeepSeek 67B的基础上，DeepSeek-V2 对模型进行了进一步优化，在注意力机制模块方面，设计了MLA来替代原来的GQA，该方法利用低秩键值联合压缩来消除推理时键值缓存的瓶颈，从而支持有效的推理。在FFN方面，采用了DeepSeekMoE体系结构，目的是实现最终的专家专业化。
- DeepSeek-VL2：这是一系列先进的大型混合专家（Mixture of Experts, MoE）视觉语言模型，显著改进了其前身DeepSeek-VL。DeepSeek-VL2在各种任务中都表现出卓越的能力，包括视觉问答、光学字符识别、文档/表格/图表理解和视觉基础。DeepSeek-VL2模型系列由3个变体组成：DeepSeek-VL2-Tiny、DeepSeek-VL2-Small 和 DeepSeek-VL2，分别具有1.0B、2.8B和4.5B激活参数。
- DeepSeek-V3：引入了FP8混合精度训练框架和DualPipe算法，有效减少了训练成本并提升了训练效率。DeepSeek-V3凭借其多项创新，不仅提升了推理效率，还通过优化训练策略、改进专家模块的资源分配和增强生成任务能力，设立了大规模语言模型的新标准。
- DeepSeek-R1：基于R1-Zero迭代而来，采用RL（Reinforcement Learning，强化学习）框架，未经过监督微调仍展现了卓越的推理能力，并通过蒸馏技术提升了模型表现。

DeepSeek以其出色的性能、创新的技术特性和广泛的应用前景，在各个应用领域展示了强大的能力。

1. 性能表现

DeepSeek在性能上的卓越表现已达到了国际领先水平，尤其是在推理和训练效率方面，足以与OpenAI的顶尖模型相提并论。其强大的推理能力使得它能够轻松解决复杂的数学难题、深入分析法律条文，并在众多任务中都有出色的展现。在训练效率方面，DeepSeek采用了FP8混合精度训练技术，显著提升了训练速度并降低了GPU的使用成本。这种技术首次在超大规模模型上成功验证了其有效性。DeepSeek的高性能赋予了它在科研、教育、工业等多个领域的广泛应用潜力。

2. 开源特性与多模态处理能力

DeepSeek坚持开源策略，为全球开发者社区提供了一个检查、改进并利用这些模型进行深入研究和开发的平台。这一策略极大地推动了知识的共享和技术的发展，有效地降低了AI技术的入门门槛。

值得一提的是，DeepSeek的多模态版本（例如DeepSeek-VL系列）在保持强大语言能力的同时，还融入了多模态处理能力。这意味着它能够处理包括逻辑图、网页、公式识别、科学文献、自然图像等多种数据格式。这种能力使DeepSeek在处理和生成复杂内容时更为灵活和全面。

3. 应用领域

DeepSeek的应用领域广泛，覆盖了自然语言处理、智能对话、文本生成、语义理解等多个方面。在银行业，DeepSeek已经显示出其重塑传统业务流程和服务模式的潜力，例如自动化处理大量重复任务、为用户提供个性化的金融产品和服务推荐等。此外，DeepSeek在医疗和教育等领域也展现出了巨大的应用前景，有望推动这些行业的智能化升级。

4. 面临的挑战与未来展望

DeepSeek作为一个深度学习大模型，在性能、技术创新和应用领域等多个方面都表现出了显著的优势。随着技术的不断进步和完善，我们有理由相信，DeepSeek将在全球范围内推动AI技术的普及和发展，为更多的领域带来智能化变革的无限机遇。

2.3.2　DeepSeek 带来的技术创新

在研发过程中，DeepSeek团队展现出了卓越的前瞻性和技术实力，积极采纳了更新的模式设计。其中，特别值得一提的是，引入了MLA（Multi-head Latent Attention，多头潜在注意力）机制和最新的MoE（Mixture of Experts，混合专家）架构。DeepSeek的MoE架构与MLA机制如图2-20所示。

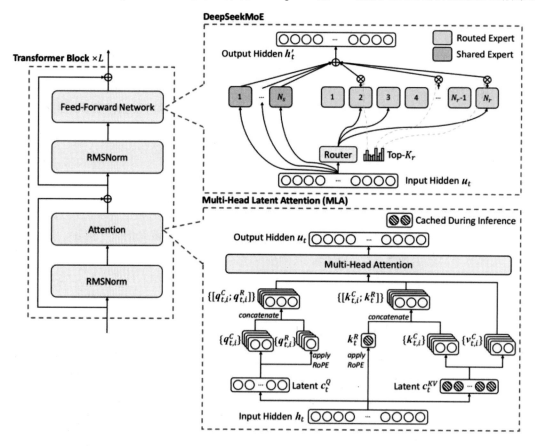

图 2-20　DeepSeek 的 MoE 架构与 MLA 机制

MLA机制是对传统注意力机制的一种重要改进。在传统注意力机制中，模型通过计算输入序列中各部分的权重来聚焦关键信息。而MLA机制则进一步细化了这一过程，通过引入多个并行的注意力头，使得模型能够同时关注输入序列中的多个不同部分，从而更全面地捕捉和理解上下文信息。这种设计显著提升了模型在处理复杂任务时的推理与理解能力，使其能够更精准地聚焦于关键信息，做出更准确的预测和决策。

常见的多头注意力（MHA）、分组查询注意力（GQA）、多查询注意力（Multi-Query Attention，MQA）与多头潜在注意力（Multi-Head Latent Attention，MLA）的简化示意图如图2-21所示。

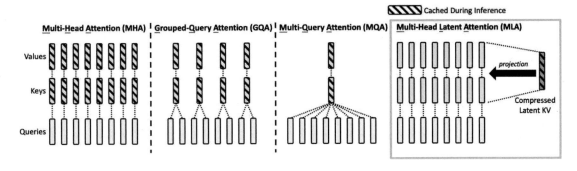

图 2-21　MHA、GQA、MQA 和 MLA 的简化示意图

而MoE架构则是一种具有高度灵活性和扩展性的模型设计。在这种架构下，模型被划分为多个专家网络，每个专家网络都专门负责处理某一类特定任务。在训练过程中，模型能够动态地分配计算资源，针对不同任务调用最合适的专家网络进行处理。这种设计不仅大大提高了模型的计算效率，还使得模型在处理多样化任务时更加得心应手。通过结合多个专家网络的智慧和力量，DeepSeek得以在各项任务中都展现出卓越的性能。

MLA机制和MoE架构的引入是DeepSeek技术创新的重要体现。这些创新设计不仅优化了模型的性能，还使得DeepSeek在处理多样化任务时更加高效与准确。通过这些关键的创新设计，DeepSeek无疑在深度学习领域树立了新的标杆，并为AI技术的进一步发展奠定了坚实基础。

2.3.3　DeepSeek 的第三方服务与使用示例

DeepSeek作为开源大模型，为用户提供了广阔的自主性和灵活性。我们固然可以独立自主地部署不同版本的DeepSeek以满足个人使用需求。然而，对于初学者或资源有限的用户来说，直接部署可能存在一定的难度。幸运的是，现在有了更为便捷的选择——使用第三方已经部署好的DeepSeek服务。

这些第三方服务通常提供免费的API接口，使得用户能够一键部署并实现特定的功能，无须关心底层的复杂性和资源配置问题。其中，ModelScope便是一个值得推荐的选项。

在使用API接口之前，我们首先需要注册并登录ModelScope，登录页面如图2-22所示。

Welcome to ModelScope

密码登录   短信登录

账号名

账号名

密码

请输入登录密码   ⊘

☐ 阅读并同意 《用户协议与隐私政策》   忘记密码

登录

图 2-22   ModelScope 登录页面

登录ModelScope社区后，单击左侧的"访问令牌"，创建一个可供使用的、免费调用ModelScope的 API-Inference的令牌序列，如图2-23所示。

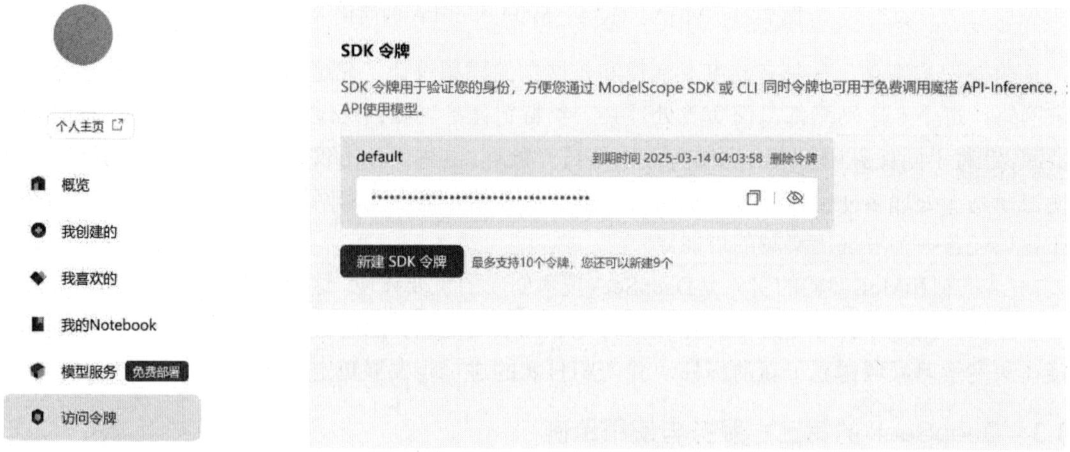

个人主页 ☐

🏠 概览

◎ 我创建的

❤ 我喜欢的

📓 我的Notebook

🎯 模型服务 免费部署

◎ 访问令牌

SDK 令牌

SDK 令牌用于验证您的身份，方便您通过 ModelScope SDK 或 CLI 同时令牌也可用于免费调用魔搭 API-Inference，API 使用模型。

default   到期时间 2025-03-14 04:03:58 删除令牌

••••••••••••••••••••••••••••••   🗐 | ⊘

新建 SDK 令牌   最多支持10个令牌，您还可以新建9个

图 2-23   创建访问令牌

在创建访问令牌后，我们即可通过代码部署并使用不同的DeepSeek版本来完成我们的应用开发。下面给出一个示例，帮助读者熟悉DeepSeek模型的调用。

打开前面安装的PyCharm IDE，先新建一个项目，再新建一个hello_deepseek.py文件，输入如下代码：

```python
from openai import OpenAI
client = OpenAI( base_url='https://api-inference.modelscope.cn/v1/',
                 api_key='Your_SDK_Token', # ModelScope Token
)
response = client.chat.completions.create( model='deepseek-ai/DeepSeek-R1',
    messages=[
        {'role': 'system',
         'content': 'You are a helpful assistant.'},
        {'role': 'user','content': '你好'}],stream=True)
```

```
reasoning_content = ''
answer_content = ''
done_reasoning = False
for chunk in response:
    reasoning_chunk = chunk.choices[0].delta.reasoning_content
    answer_chunk = chunk.choices[0].delta.content
    if reasoning_chunk != '':
        print(reasoning_chunk, end='',flush=True)
    elif answer_chunk != '':
        if not done_reasoning:
            print("\n\n === Final Answer ===\n")
            done_reasoning = True
        print(answer_chunk, end='',flush=True)
```

运行以上代码，结果如下所示。

你好！有什么我可以帮助你的吗？

这里需要说明一下，ModelScope是一个专业提供大模型部署和整合的平台。它汇聚了众多先进的大模型，并通过优化和封装，为用户提供了简洁易用的接口。通过ModelScope提供的已部署好的模型代码，我们可以轻松地调用和使用DeepSeek的多个版本。这不仅降低了技术使用的门槛，还大大提升了使用效率。

> ⚙➕注意　本书主要讲解注意力机制以及多模态融合方面的内容，而对于其他相关的量化、大模型部署以及应用开发相关的基础知识，读者可以参考作者撰写的另一本图书《ChatGLM 3大模型本地化部署、应用开发与微调》。
>
> 《ChatGLM 3大模型本地化部署、应用开发与微调》以ChatGLM 3为例，专注于大模型的本地化部署、应用开发以及微调等技术。这本书不仅系统地阐述了深度学习大模型的核心理论，更注重实践应用，通过丰富的案例和应用场景，引导读者从理论走向实践，真正领悟和掌握大模型本地化应用的精髓。

2.4　本章小结

本章首先深入剖析了PyTorch框架的特点及其在机器学习领域的核心地位，进而详尽地指导了读者如何配置开发环境并安装必要的第三方软件。在阐述了PyTorch的独特魅力和重要性之后，我们细致地引导读者完成了环境搭建与软件安装，并通过一个简明直观的示例来验证安装环境的正确性。

随后的代码演示环节，我们以DeepSeek具体使用为切入点，向读者展示了大型语言模型的基础操作。DeepSeek作为一种基于注意力架构的先进大语言模型，不仅擅长自然语言对话，还能生成流畅连贯的文本，凭借其强大功能，为读者在未来运用大型模型时奠定坚实的基础。

本章旨在为后续的深度学习应用奠定必要的基础。我们衷心希望读者能够深刻理解和熟练掌握本章内容，为之后的学习和实践打下牢固的基石。

注意力机制详解之基础篇

注意力机制是一种在深度学习领域被广泛应用的重要技术，它源于神经科学领域对人类注意力分配方式的研究。注意力机制通过动态地为输入序列的元素分配权重，使模型能够有选择性地关注输入数据的关键部分，从而更高效地处理和学习数据中的信息。

在自然语言处理中，注意力机制广泛应用于机器翻译、文本分类、问答系统等任务，帮助模型更好地捕捉句子之间的语义对应关系。在计算机视觉领域，注意力机制也发挥着重要作用，用于图像分类、目标检测等任务，可以提高模型对图像重要区域或特征的关注度。总之，注意力机制通过模拟人类注意力的分配方式，显著提升了模型在处理复杂任务时的性能和效果。

3.1　注意力机制与模型详解

注意力机制来自人类对事物的观察方式。当我们看一幅图片时，我们并没有看清图片的全部内容，而是将注意力集中在了图片的焦点上。图3-1形象地展示了人类在看到一幅图像时是如何高效分配有限的注意力资源的，其中红色区域表明视觉系统更关注的目标。

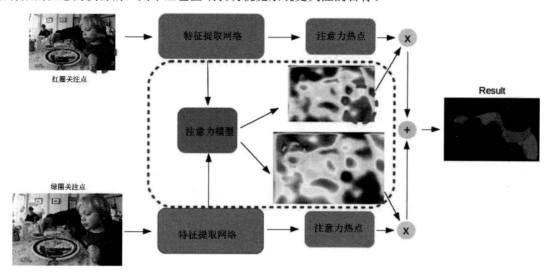

图 3-1　人类在看到一幅图像时的注意力分配

很明显，对于图3-1所示的场景，人们会把注意力更多地投入近景人物穿着、姿势等各个部位的细节，而远处则更多地关注人物的脸部区域。因此，可以认为这种人脑的注意力模型是一种资源分配模型，在某个特定时刻，你的注意力总是集中在画面中的某个焦点部分，而对其他部分视而不见。这种只关注特定区域的形式被称为"注意力"机制。

3.1.1 注意力机制详解

注意力机制（Attention Mechanism）最早在人类视觉领域提出。在认知科学中，由于信息处理的瓶颈，人类会选择性地关注所有信息的一部分，同时忽略其他可见的信息。上述机制通常被称为注意力机制。人类视网膜不同的部位具有不同程度的信息处理能力，即敏锐度（Acuity），只有视网膜中央凹部位具有最强的敏锐度。为了合理利用有限的视觉信息处理资源，人类需要选择视觉区域中的特定部分，然后集中关注它。例如，人们在阅读时，通常只有少量要被读取的词会被关注和处理。综上，注意力机制主要有两个方面：决定需要关注输入的哪部分，分配有限的信息处理资源给重要的部分（以上内容引用自百度百科，可以帮助读者理解注意力机制）。

2014年，Google Mind发表了*Recurrent Models of Visual Attention*，使注意力机制流行起来。这篇论文采用了RNN模型，并加入了注意力机制来进行图像的分类。

2015年，Bahdanau等在论文*Neural Machine Translation by Jointly Learning to Align and Translate*中，将注意力机制首次应用在NLP领域，其采用Seq2Seq+Attention模型来进行机器翻译，并且得到了效果的提升。

2017年，在Google机器翻译团队发表的*Attention is All You Need*中，完全抛弃了RNN和CNN等网络结构，而仅仅采用注意力机制来进行机器翻译任务，并且取得了很好的效果，注意力机制也成为深度学习中最重要的研究热点。

概括起来说，注意力机制是一种允许模型在处理信息时专注于关键部分，从而忽略不相关信息，并提高处理效率和准确性的机制。它模仿了人类视觉处理信息时选择性关注的特点，通过计算查询向量（Query）、键向量（Key）之间的相似度来确定注意力权重，然后对值向量（Value）进行加权求和，得到最终的输出。

注意力机制的核心思想是在处理输入数据时，并非对所有部分都给予同等的关注，而是根据当前的上下文动态地分配"注意力"，从而突出关键的信息。具体来说，模型通过计算查询向量（Query）、键向量（Key）和值向量（Value）之间的相似度来确定注意力权重，然后对值向量进行加权求和，得到最终的输出。

注意力机制的直观理解可以借鉴人类的生物系统。以我们的视觉处理系统为例，它通常会选择性地聚焦于图像的特定部分，而忽略那些不相关的信息，从而帮助我们更好地感知周围环境。同样，在处理语言、语音或视觉等问题时，输入的某些部分往往比其他部分更具相关性。

深度学习中的注意力模型正是基于这种相关性概念而构建的。通过动态地关注那些有助于有效执行目标任务的输入部分，注意力模型能够提升处理效率。图3-2详细展示了完整的注意力模型计算过程。

在图3-2展示的注意力模型计算流程中，输入的特征首先会经过线性变换，以获得新的特征表达。随后，我们会计算这些新特征的相似度。在得出相似度之后，我们会根据这些值重新计算权重，并进行加权求和，从而得出最终的注意力输出结果。

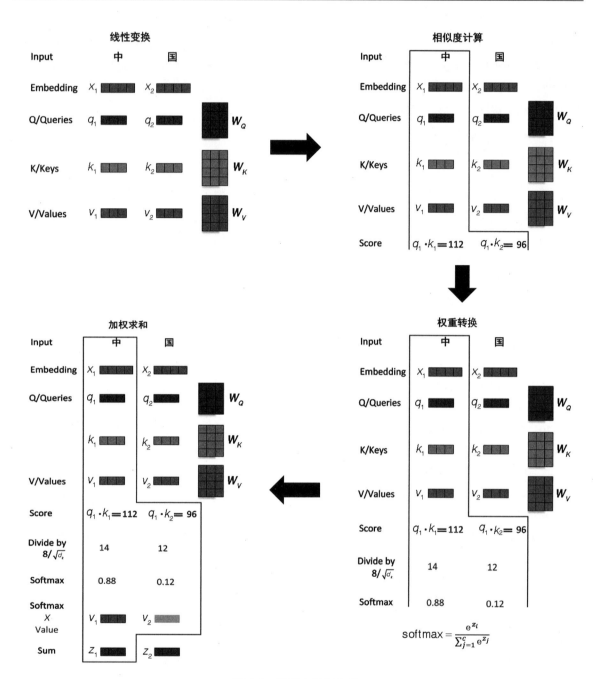

图 3-2　注意力机制全景

在本节接下来的内容中，我们将分步骤详细阐述这一过程的每一个环节。

3.1.2　自注意力（Self-Attention）机制

自注意力层不仅是本章的重点，也是本书最重要的内容（然而实际上非常简单）。

自注意力机制通常指的是不使用其他额外的信息，仅仅使用自我注意力的形式，通过关注输入数据本身建立自身连接，从而从输入的数据中抽取特征信息。自注意力又称作内部注意力，它在很多任务上都有十分出色的表现，比如阅读理解、视频分割、多模态融合等。

Attention用于计算"相关程度"，例如在翻译过程中，不同的英文对中文的依赖程度不同，Attention通常可以进行如下描述，表示为将Queries（Q）和key-value pairs $\{K_i, V_i \mid i = 1, 2, \cdots, m\}$ 映射到输出上，其中query、每个key、每个value都是向量，输出是V中所有values的加权，其中权重是由query和每个key计算出来的，计算方法分为如下3步。

第一步：自注意力中的query、key和value的线性变换

自注意力机制是进行自我关注从而抽取相关信息的机制。而从具体实现来看，注意力函数的本质可以被描述为一个查询（query）到一系列键值（key-value）对的映射，它们被作为一种抽象的向量，主要用来计算和辅助自注意力，如图3-3所示（更详细的解释在后面）。

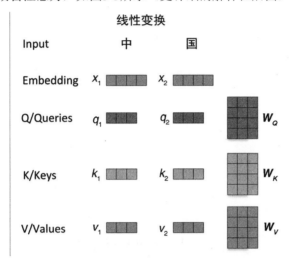

图 3-3　自注意力中的 query、key 和 value

如图3-3所示，一个字"中"经过Embedding层初始化后，得到一个矩阵向量的表示X_1，之后经过3个不同全连接层重新计算后，得到一个特定维度的向量，即我们看到的q_1。而q_2的计算过程与q_1完全相同，之后依次将q_1和q_2连接起来，组成一个新的连接后的二维矩阵W_Q，被定义成query。

```
W°= concat([q₁, q₂],axis = 0)
```

实际上，一般的输入是一个经过序号化处理后的序列，例如[0,1,2,3,…]这样的数据形式，经过Embedding层计算后生成一个多维矩阵，再经过3个不同的神经网络层处理后，得到具有相同维度大小的query、key和value向量。而得到的向量均来自同一条输入数据，从而强制模型在后续的步骤中通过计算选择和关注来自同一条数据的重要部分。

$$Q = W^Q X$$

$$K = W^K X$$

$$V = W^V X$$

举例来说，在计算相似度时，一个单词和自己的相似度应该最大，但在计算不同向量的乘积时也可能出现更大的相似度，这种情况是不合理的。因此，通过新向量q、k相乘来计算相似度，通过

模型的训练学习就可以避免这种情况。相比原来一个个词向量相乘的形式，通过构建新向量q、k，在计算相似度时灵活性更大，效果更好。

第二步：使用query和key进行相似度计算

Attention的目的是找到向量内部的联系，通过来自同一个输入数据的内部关联程度分辨最重要的特征，即使用query和key计算自注意力的值，其过程说明如下。

（1）将query和每个key进行相似度计算得到权重，常用的相似度函数有点积、拼接、感知机等，这里作者使用的是点积计算，如图3-4所示。

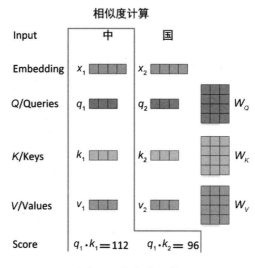

图 3-4　相似度计算

公式如下：

$$(\boldsymbol{q}_1 \cdot \boldsymbol{k}_1),(\boldsymbol{q}_1 \cdot \boldsymbol{k}_2),\cdots$$

例如，对于句中的每个字特征，将当前字的$\boldsymbol{Q}$与句中所有字的$\boldsymbol{K}$相乘，从而得到一个整体的相似度计算结果。

（2）基于缩放点积操作的softmax函数对这些进行权重转换。

基于缩放点积操作的softmax函数的作用是计算不同输入之间的权重"分数"，又称为权重系数。例如，正在考虑"中"这个字，就用它的$\boldsymbol{q}_i$乘以每个位置的$\boldsymbol{k}_i$，随后将得分加以处理，再传递给softmax，然后通过softmax计算，其目的是在特征内部进行权重转换。即：

$$\frac{q_1 \cdot k_1}{\sqrt{d_k}},\frac{q_1 \cdot k_2}{\sqrt{d_k}},\ldots$$

其中，d_k是缩放因子。

$$\text{softmax}\left(\frac{q_1 \cdot k_1}{\sqrt{d_k}}\right),\text{softmax}\left(\frac{q_1 \cdot k_2}{\sqrt{d_k}}\right),\ldots$$

这个softmax计算分数决定了每个特征在该特征矩阵中需要关注的程度。相关联的特征将具有相应位置上最高的softmax分数。用这个得分乘以每个value向量，可以增强需要关注部分的值，或者降低对不相关部分的关注度，如图3-5所示。

softmax的分数决定了当前单词在每个句子中每个单词位置的表示程度。很明显，当前单词对应句子中此单词所在位置的softmax的分数最高；但是，有时注意力机制也能关注到此单词外的其他单词。

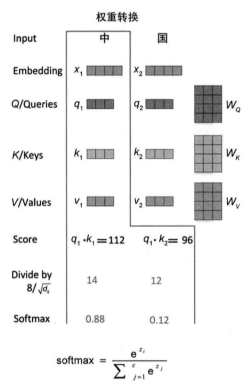

图 3-5　使用 softmax 进行权重转换

第三步：每个Value向量乘以softmax后进行加权求和

最后一部为累加计算相关向量，为了让模型更灵活，使用点积缩放作为注意力的打分机制得到权重后，与生成的value向量进行计算，然后将其与转换后的权重进行加权求和，从而得到最终的新向量Z，即：

$$Z = \text{softmax}\left(\frac{q_1 \cdot k_1}{\sqrt{d_k}}\right) \cdot v_1 + \text{softmax}\left(\frac{q_1 \cdot k_2}{\sqrt{d_k}}\right) \cdot v_2$$

即将权重和相应的键值value进行加权求和，从而得到最后的注意力值，其步骤如图3-6所示。

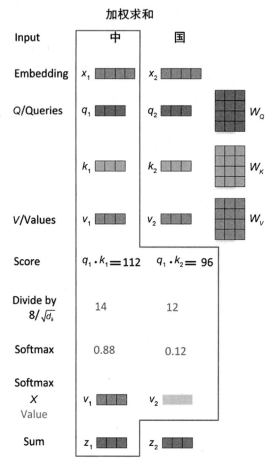

图 3-6   加权求和计算

　　总结自注意力的计算过程，根据输入的query与key计算两者之间的相似性或相关性，之后通过一个softmax来对值进行归一化处理，从而获得注意力权重值，然后对Value进行加权求和，并得到最终的Attention数值。然而在实际的实现过程中，该计算会以矩阵的形式完成，以便更快地处理。自注意力公式如下：

$$Z = \text{Attention}(\boldsymbol{Q}, \boldsymbol{K}, \boldsymbol{V}) = \text{softmax}\left(\frac{\boldsymbol{Q}\boldsymbol{K}^{\mathrm{T}}}{\sqrt{d_k}}\right)\boldsymbol{V}$$

　　转换成更为通用的矩阵点积的形式来实现，其结构和形式如图3-7所示。

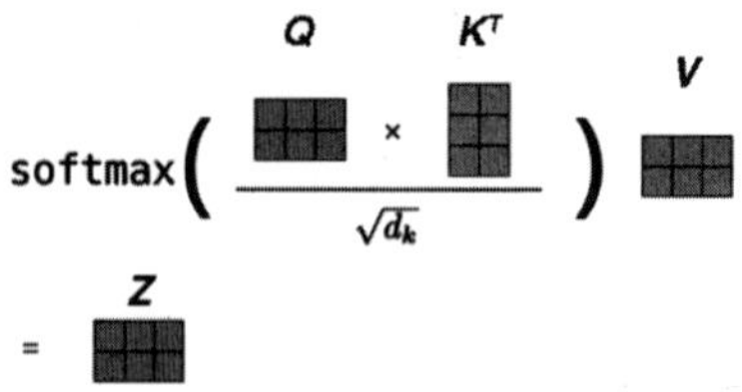

图 3-7   矩阵点积

可以看到，在通过点积缩放计算注意力权重后，这些权重被用于对同一输入变换后的value进行加权求和，从而得到一个最终的新的结果向量。

3.1.3 自注意力的代码实现

下面是自注意力的代码实现，实际上通过3.1.2节的讲解，自注意力模型的基本架构其实并不复杂，基本代码如下（仅供演示）：

```python
import torch
import math
import einops.layers.torch as elt
# word_embedding_table =
torch.nn.Embedding(num_embeddings=encoder_vocab_size,embedding_dim=312)
# encoder_embedding = word_embedding_table(inputs)

vocab_size = 1024      #字符的种类
embedding_dim = 312
hidden_dim = 256
token = torch.ones(size=(5,80),dtype=int)
#创建一个输入embedding值
input_embedding =
torch.nn.Embedding(num_embeddings=vocab_size,embedding_dim=embedding_dim)(token)

#对输入的input_embedding进行修正，这里进行了简写
query = torch.nn.Linear(embedding_dim,hidden_dim)(input_embedding)
key = torch.nn.Linear(embedding_dim,hidden_dim)(input_embedding)
value = torch.nn.Linear(embedding_dim,hidden_dim)(input_embedding)

key = elt.Rearrange("b l d -> b d l")(key)
#计算query与key之间的权重系数
attention_prob = torch.matmul(query,key)

#使用softmax对权重系数进行归一化计算
attention_prob = torch.softmax(attention_prob,dim=-1)

#计算权重系数与value的值，从而获取注意力值
attention_score = torch.matmul(attention_prob,value)

print(attention_score.shape)
```

核心代码的实现实际上是非常简单的。读者到这里只需先掌握这些核心代码即可。

换个角度，作者从概念上对注意力机制做个解释。注意力机制可以理解为从大量信息中有选择性地筛选出少量重要信息，并聚焦到这些重要信息上，忽略大部分不重要的信息。这种思路仍然成立。聚焦的过程体现在权重系数的计算上：权重越大，就越聚焦于其对应的 Value 值，即权重代表了信息的重要性，而权重与 Value 的点积则是对应的最终信息。

完整的注意力层代码如下。值得注意的是，在实现注意力机制的完整代码中，作者引入了 mask 部分。这种操作的作用是：在计算过程中，忽略因序列填充（pad）以达成统一长度而产生的掩码计算。通过这种方式，可以更加精确地控制注意力机制的计算过程，确保模型能够聚焦于真正有意义

的部分，而不会被填充操作所干扰。关于这一点的具体细节，将在3.1.4节中进行详细介绍。

```python
# 定义Scaled Dot Product Attention类
class Attention(nn.Module):
    """
    计算'Scaled Dot Product Attention'
    """

    # 定义前向传播函数
    def forward(self, query, key, value, mask=None, dropout=None):
        # 通过点积计算query和key的得分，然后除以sqrt(query的维度)进行缩放
        scores = torch.matmul(query, key.transpose(-2, -1)) \
                / math.sqrt(query.size(-1))

        # 如果提供了mask，则对得分应用mask，将mask为0的位置设置为一个非常小的数
        if mask is not None:
            scores = scores.masked_fill(mask == 0, -1e9)

            # 使用softmax函数计算注意力权重
        p_attn = torch.nn.functional.softmax(scores, dim=-1)

        # 如果提供了dropout，则对注意力权重应用dropout
        if dropout is not None:
            p_attn = dropout(p_attn)

            # 使用注意力权重对value进行加权求和，返回加权后的结果和注意力权重
        return torch.matmul(p_attn, value), p_attn
```

具体结果请读者自行打印查阅。

3.1.4　ticks 和 Layer Normalization

3.1.3节的最后，我们基于PyTorch 2.0自定义层的形式编写了注意力模型的代码。与演示代码存在的区别是，实战代码中在这一部分的自注意层中还额外加入了mask值，即掩码层。掩码层的作用就是获取输入序列的"有意义的值"，而忽视本身就是用作填充或补全序列的值。一般用0表示有意义的值，而用1表示填充值（这点并不固定，0和1的意思可以互换）。

```
[2,3,4,5,5,4,0,0,0] -> [1,1,1,1,1,1,0,0,0]
```

掩码计算的代码如下：

```python
mask = (x > 0).unsqueeze(1).repeat(1, x.size(1), 1).unsqueeze(1)    # 创建注意力掩码
```

此外，计算出的query与key的点积还需要除以一个常数，其作用是缩小点积的值方便进行softmax计算。

这通常被称为ticks，即采用一点点小的技巧使得模型训练能够更加准确和便捷。 Layer

Normalization函数也是如此。下面我们对其进行详细介绍。

Layer Normalization（层归一化）是一种专门用于对序列进行归一化的技术，其目的是防止字符序列在计算过程中出现数值发散，从而避免对神经网络的拟合过程产生不良影响。在 PyTorch 2.0 中，Layer Normalization 的使用提供了高级 API，调用方式如下：

```
layer_norm = torch.nn.LayerNorm(normalized_shape, eps=1e-05, elementwise_affine=True,
device=None, dtype=None)函数
embedding = layer_norm(embedding) #使用layer_norm对输入数据进行处理
```

图3-8展示了Layer Normalization与Batch Normalization的不同。从图中可以看到，Batch Normalization是对一个batch中不同序列中处于同一位置的数据进行归一化处理，而Layer Normalization是对同一序列中不同位置的数据进行归一化处理。

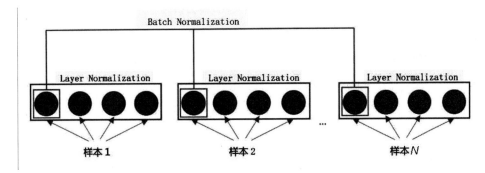

图 3-8　Layer Normalization 与 Batch Normalization 的不同

有兴趣的读者可以展开学习，这里不再过多阐述。具体的使用如下（注意一定要显式声明归一化的维度）：

```
embedding = torch.rand(size=(5,80,768))
print(torch.nn.LayerNorm(normalized_shape=[80,768])(embedding).shape)    #显式声明归
一化的维度
```

3.1.5　多头自注意力

在3.1.2节的最后，我们使用PyTorch 2.0自定义层编写了自注意力模型。从相应的代码中可以看到，除使用自注意力核心模型外，还额外加入了掩码层和点积的除法运算，以及为了整形使用了Layer Normalization。实际上，这些处理都是为了使得整体模型在训练时更加简易和便捷而做出的优化。

聪明的读者应该会发现，前面无论是"掩码"计算、"点积"计算还是使用Layer Normalization，都是在一些细枝末节上的修补，那么有没有可能对注意力模型进行一个较大的结构调整，使其更加适应模型的训练。

本小节将在上述基础上介绍一种更高级的架构，即多头注意力架构。这是在原始自注意力模型的基础上做出的一种重要优化。

多头注意力的结构如图3-9所示，query、key、value首先经过一个线性变换，之后计算相互之间的注意力值。相对于原始自注意力计算方法，注意这里的计算要做h次（h为"头"的数目），其实也就是所谓的多头，每一次计算一个头。而每次query、key、value进行线性变换的参数W是不一样的。

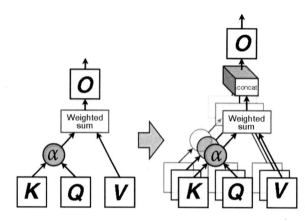

图 3-9　从单头到多头注意力结构

　　将 *h* 次的缩放点积注意力的计算结果进行拼接，再进行一次线性变换，得到的值作为多头注意力的结果，如图3-10所示。

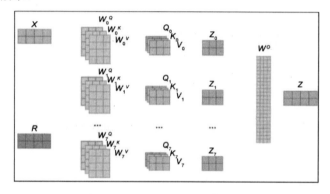

图 3-10　多头注意力的结果合并

　　可以看到，这样计算得到的多头注意力值的不同之处在于进行了 *h* 次计算，而不是仅仅计算一次。这样的好处是允许模型在不同的表示子空间中学习到相关的信息，并且相对于单独的注意力模型的计算复杂度，多头模型的计算复杂度大大降低了。拆分多头模型的代码如下：

```
def splite_tensor(tensor,h_head):
    embedding = elt.Rearrange("b l (h d) -> b l h d",h = h_head)(tensor)
    embedding = elt.Rearrange("b l h d -> b h l d", h=h_head)(embedding)
return embedding
```

　　在此基础上，可以对注意力模型进行修正，新的多头注意力层代码如下：

```
# 定义Multi-Head Attention类
class MultiHeadedAttention(nn.Module):
    """
    接受模型大小和注意力头数作为输入
    """

    # 初始化函数，设置模型参数
    def __init__(self, h, d_model, dropout=0.1):
        super().__init__()
        # 确保d_model可以被h整除
```

```
        assert d_model % h == 0

        # 假设d_v始终等于d_k
        self.d_k = d_model // h
        self.h = h

        # 创建3个线性层，用于将输入投影到query、key和value空间
        self.linear_layers = nn.ModuleList([nn.Linear(d_model, d_model) for _ in
range(3)])
        # 创建输出线性层，用于将多头注意力的输出合并到一个向量中
        self.output_linear = nn.Linear(d_model, d_model)
        # 创建注意力机制实例
        self.attention = Attention()

        # 创建dropout层，用于正则化
        self.dropout = nn.Dropout(p=dropout)

    # 定义前向传播函数

    def forward(self, query, key, value, mask=None):
        # 获取batch大小
        batch_size = query.size(0)

        # 对输入进行线性投影，并将结果reshape为(batch_size, h, seq_len, d_k)
        query, key, value = [l(x).view(batch_size, -1, self.h, self.d_k).transpose(1, 2)
                        for l, x in zip(self.linear_layers, (query, key, value))]

        # 对投影后的query、key和value应用注意力机制，得到加权后的结果和注意力权重
        x, attn = self.attention(query, key, value, mask=mask, dropout=self.dropout)

        # 将多头注意力的输出合并到一个向量中，并应用输出线性层
        x = x.transpose(1, 2).contiguous().view(batch_size, -1, self.h * self.d_k)
        return self.output_linear(x)
```

相较单一的注意力模型，多头注意力模型能够简化计算，并且在更多维的空间对数据进行整合。图3-11展示了一个多头注意力模型架构。

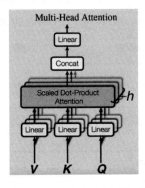

图 3-11　h 头注意力模型架构

在实际应用中，使用“多头”注意力模型时，可以观察到每个“头”所关注的内容并不一致。有的“头”专注于相邻的序列，而有的“头”则会关注更远处的单词。这种特性使得模型能够根据需要更细致地对特征进行辨别和提取，从而提高模型的准确率。

3.2   注意力机制的应用实践：编码器

深度学习中的注意力模型是一种模拟人类视觉注意力机制的方法，它可以帮助我们更好地关注输入序列中的重要部分。近年来，注意力模型在深度学习各个领域被广泛使用，无论是在图像处理、语音识别还是自然语言处理的各种不同类型的任务中，都很容易遇到注意力模型的身影。

常见的深度学习中的注意力模型包括：自注意力机制、交互注意力机制、门控循环单元（GRU）和变压器（Transformer）等。但是无论其组成结构如何，构成的模块有哪些，其最基本的工作就是对输入的数据进行特征抽取，对原有的数据形式进行编码处理，并将其转换为特定类型的数据结构。对此，作者将这类模型统一称为"编码器"。

编码器是基于深度学习注意力构造的一种能够存储输入数据的若干特征的表达方式。虽然这些特征的具体内容是由深度学习模型进行提取的，即进行"黑盒"处理，但是通过对"编码器"的设计会使得模型可以自行决定关注哪些是对结果影响最为重要的内容。

在实践中，编码器是一种神经网络模型，一般由多个神经网络"模块"组成，其作用是将输入数据重整成一个多维特征矩阵，以便更好地进行分类、回归或生成等任务。常用的编码器通常由多个卷积层、池化层和全连接层组成，其中卷积层和池化层可以提取输入数据的特征，全连接层可以将特征转换为低维向量，而"注意力机制"则是这个编码器的核心模块。

3.2.1   自编码器的总体架构

在基于自注意力的编码器中，编码器的作用是将输入数据重整成一个多维向量，并在此基础上生成一个与原始输入数据相似的重构数据。这种自编码器模型可以用于图像去噪、图像分割、图像恢复等任务中。

为了简便起见，作者直接使用经典的编码器方案（即基于注意力机制的模型架构）作为本章编码器的实现。编码器的结构如图3-12所示。

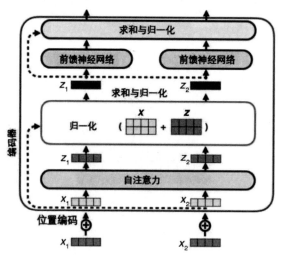

图 3-12   编码器结构示意图

从图3-12可见，本章编码器的结构是由以下多个模块构成的：

- 初始词向量层（Input Embedding）。
- 位置编码器层（Positional Encoding）。
- 多头自注意力层（Multi-Head Attention）。
- 归一化层（Layer Normalization）。
- 前馈层（Feed Forward Network）。

编码器通过使用多个不同的神经网络模块来获取需要关注的内容，并抑制和减弱其他无用信息，从而实现对特征的抽取，这也是目前最为常用的架构方案。

从上面编码器结构的示意图中可以看到，一个编码器的构造分成5部分：初始向量层、位置编码层、多头自注意力层、归一化层和前馈层。

多头自注意力层和归一化层在3.1节已经讲解完毕，接下来将介绍剩余的3个部分，之后将使用这3个部分构件出本书的编码器架构。

3.2.2　回到输入层：初始词向量层和位置编码器层

初始词向量层和位置编码器层是数据输入最初的层，作用是将输入的序列通过计算组合成向量矩阵，如图3-13所示。

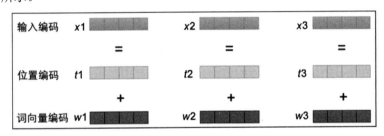

图3-13　输入层

可以看到，这里的输入编码实际上是由两部分组成的，即位置向量编码和词向量编码。下面对每一部分依次进行讲解。

1. 第一层：初始词向量层

如同大多数的向量构建方法一样，首先将每个输入单词通过词映射算法转换为词向量。

其中每个词向量被设定为固定的维度，本书后面将所有词向量的维度设置为768。具体代码如下：

```
#请注意代码解释在代码段的下方
import torch

word_embedding_table = torch.nn.Embedding(num_embeddings=encoder_vocab_size,
embedding_dim=768)
encoder_embedding = word_embedding_table(inputs)
```

这里对代码进行解释。首先，使用 torch.nn.Embedding 函数创建了一个随机初始化的向量矩阵。encoder_vocab_size 是字库的大小，它通常包含编码器中所有可能出现的"字"。而 embedding_dim 是定义的嵌入向量的维度，这里使用通用的 768 维即可。

在 PyTorch 中，词向量的初始化只发生在最底层的编码器中。需要额外说明的是，所有编码器都有一个共同的特点：它们接收一个向量列表，列表中的每个向量大小为 768 维。在底层（最开始）的编码器中，这些向量是词向量；而在其他编码器中，这些向量则是上一层编码器的输出（仍然是一个向量列表）。

2. 第二层：位置编码

位置编码是一个非常重要且具有创新性的结构输入。在自然语言处理中，输入通常是一个个连续的序列，因此为了利用输入的顺序信息，需要将序列对应的相对或绝对位置信息注入模型中。

基于这一目的，一个直观的想法是将位置编码设计成与词嵌入同样大小的向量维度，然后将其与词嵌入直接相加。这样可以使模型既能获取词嵌入信息，也能获取位置信息。

具体来说，位置向量的获取方式有两种：

- 通过模型训练得到。
- 根据特定公式计算得到（使用不同频率的正弦和余弦函数直接计算）。

因此，在实际操作中，模型可以设计一个可随训练更新的位置编码层，也可以直接插入一个预先计算好的位置编码矩阵。公式如下：

$$PE_{(pos,2i)} = \sin(pos / 10000^{2i/d_{model}})$$
$$PE_{(pos,2i+1)} = \cos(pos / 10000^{2i/d_{model}})$$

在这里，作者提供了一个直观展示位置编码的示例，代码如下：

```python
import matplotlib.pyplot as plt
import torch
import math

max_len = 128  # 单词个数
d_model = 512  # 位置向量维度大小

pe = torch.zeros(max_len, d_model)
position = torch.arange(0., max_len).unsqueeze(1)

div_term = torch.exp(torch.arange(0., d_model, 2) * -(math.log(10000.0) / d_model))

pe[:, 0::2] = torch.sin(position * div_term)  # 偶数列
pe[:, 1::2] = torch.cos(position * div_term)  # 奇数列

pe = pe.unsqueeze(0)

pe = pe.numpy()
pe = pe.squeeze()

plt.imshow(pe)  # 显示图片
plt.colorbar()
plt.show()
```

通过设置单词个数max_len和维度大小d_model可以很精准地生成位置向量的图形展示，如图3-14所示。

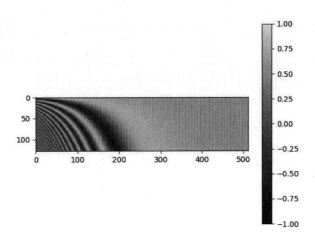

图 3-14　设置单词个数 max_len 和维度大小 d_model

　　序列中任意一个位置都可以通过三角函数进行表示。其中，pos 是输入序列的最大长度，i 是序列中依次的各个位置，而 d_model 是设定的与词向量维度相同的位置编码维度，通常为 768。如果将其封装为 PyTorch 2.0 中的固定类形式，代码如下：

```
class PositionalEmbedding(nn.Module):   # 位置嵌入模块，为输入序列提供位置信息

    def __init__(self, d_model, max_len=512):   # 初始化方法
        super().__init__()   # 调用父类的初始化方法

        # 在对数空间中一次性计算位置编码
        pe = torch.zeros(max_len, d_model).float()   # 创建一个全0的张量用于存储位置编码
        pe.require_grad = False   # 设置不需要梯度，因为位置编码是固定的，不需要训练

        # 创建一个表示位置的张量，从0到max_len-1
        position = torch.arange(0, max_len).float().unsqueeze(1)
        div_term = (torch.arange(0, d_model, 2).float() * -(math.log(10000.0) /
d_model)).exp()   # 计算位置编码的公式中的分母部分

        pe[:, 0::2] = torch.sin(position * div_term)   # 对位置编码的偶数索引应用sin函数
        pe[:, 1::2] = torch.cos(position * div_term)   # 对位置编码的奇数索引应用cos函数

        pe = pe.unsqueeze(0)                # 增加一个维度，以便与输入数据进行匹配
        self.register_buffer('pe', pe)   # 将位置编码注册为一个buffer，这样它就可以与模型一起
移动，但不会被视为模型参数

    def forward(self, x):                # 前向传播方法
        return self.pe[:, :x.size(1)]   # 返回与输入序列长度相匹配的位置编码
```

　　这种位置编码函数的写法过于复杂，读者直接使用即可。最终将词向量矩阵和位置编码组合如图 3-15 所示。

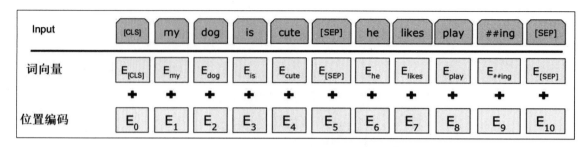

图 3-15   最终将词向量矩阵和位置编码组合

融合后的特征既带有词汇信息，也带有词汇在序列中的位置信息，从而能够从多个角度对特征进行表示。

3.2.3   前馈层的实现

从编码器输入的序列在经过一个自注意力（self-attention）层后，会传递到前馈神经网络中，这个神经网络被称为"前馈层"。这个前馈层的作用是进一步整形通过注意力层获取的整体序列向量。

本书中的解码器遵循的是 Transformer 架构，因此其构建参考了Transformer中解码器的设计，如图3-16所示。读者看到图后可能会感到诧异，甚至怀疑是否放错了图。然而，并没有。

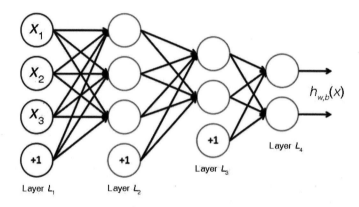

图 3-16   Transformer 中解码器的构建

所谓前馈神经网络，实际上就是加载了激活函数的全连接层神经网络（或者使用一维卷积实现的神经网络，这点不在这里介绍）。

既然了解了前馈神经网络，其实现也很简单，代码如下：

```python
import torch

class PositionwiseFeedForward(nn.Module):
    """
    该类实现了FFN（前馈网络）的公式。这是一个两层的全连接网络
    """

    def __init__(self, d_model, d_ff, dropout=0.1):
        # 调用父类的初始化函数
        super(PositionwiseFeedForward, self).__init__()
```

```
        # 初始化第一层全连接层，输入维度d_model，输出维度d_ff
        self.w_1 = nn.Linear(d_model, d_ff)
        # 初始化第二层全连接层，输入维度d_ff，输出维度d_model
        self.w_2 = nn.Linear(d_ff, d_model)
        # 初始化dropout层，dropout是丢弃率
        self.dropout = nn.Dropout(dropout)
        # 使用GELU作为激活函数
        self.activation = torch.nn.GELU()

    def forward(self, x):
        """
        前向传播函数。输入x经过第一层全连接层、激活函数、dropout层和第二层全连接层
        """
        return self.w_2(self.dropout(self.activation(self.w_1(x))))
```

代码本身很简单。需要提醒读者的是，在上文中，我们使用了两个全连接层来实现"前馈"操作。然而，为了减少参数数量并减轻运行负担，实际上可以使用一维卷积或"空洞卷积"（Dilated Convolution）来替代全连接层，从而实现前馈神经网络。这一优化的具体实现可以由读者自行探索完成。

3.2.4 将多层模块融合的 TransformerBlock 层

在实际应用中，通过组合多层Block模块可以增强整体模型的学习与训练能力。

同样，在注意力模型中，也需要通过组合多层Block模块来增强模型的性能和泛化能力，在此可以通过将不同的模块组合在一起来完成TransformerBlock层的构建。代码如下：

```
# 定义SublayerConnection类，继承自nn.Module
class SublayerConnection(nn.Module):
    """
    该类实现了一个带有层归一化的残差连接。
    为了代码的简洁性，归一化操作被放在了前面，而不是通常的最后
    """

    def __init__(self, size, dropout):
        # 调用父类的初始化函数
        super(SublayerConnection, self).__init__()
        # 初始化层归一化，size是输入的特征维度
        self.norm = torch.nn.LayerNorm(size)
        # 初始化dropout层，dropout是丢弃率
        self.dropout = nn.Dropout(dropout)

    def forward(self, x, sublayer):
        """
        对任何具有相同大小的子层应用残差连接
        x：输入张量
        sublayer：要应用的子层（函数）
        """
        # 首先对x进行层归一化，然后传递给sublayer，再应用dropout，最后与原始x进行残差连接
```

```
        return x + self.dropout(sublayer(self.norm(x)))

#通过组合不同层构建的TransformerBlock
class TransformerBlock(nn.Module):
    """
    双向编码器 = Transformer（自注意力机制）
    Transformer = 多头注意力 + 前馈网络，并使用子层连接
    """

    def __init__(self, hidden, attn_heads, feed_forward_hidden, dropout):
        """
        :param hidden: transformer的隐藏层大小
        :param attn_heads: 多头注意力的头数
        :param feed_forward_hidden: 前馈网络的隐藏层大小，通常是4*hidden_size
        :param dropout: dropout率
        """

        super().__init__()  # 调用父类的初始化方法
        # 初始化多头注意力模块
        self.attention = MultiHeadedAttention(h=attn_heads, d_model=hidden)
        self.feed_forward = PositionwiseFeedForward(d_model=hidden,
d_ff=feed_forward_hidden, dropout=dropout)  # 初始化位置相关的前馈网络
        # 初始化输入子层连接
        self.input_sublayer = SublayerConnection(size=hidden, dropout=dropout)
        # 初始化输出子层连接
        self.output_sublayer = SublayerConnection(size=hidden, dropout=dropout)
        self.dropout = nn.Dropout(p=dropout)  # 初始化dropout层

    def forward(self, x, mask):  # 前向传播方法
        # 对输入x应用注意力机制，并使用输入子层连接
        x = self.input_sublayer(x, lambda _x: self.attention.forward(_x, _x, _x,
mask=mask))
        # 对x应用前馈网络，并使用输出子层连接
        x = self.output_sublayer(x, self.feed_forward)
        return self.dropout(x)  # 返回经过dropout处理的x
```

可以看到，通过调用多个子层（sublayer），将不同的模块组合在一起，从而实现了可叠加使用的TransformerBlock。

3.2.5　编码器的实现

通过本章前面内容的分析，我们可以看到，实现一个基于注意力架构的编码器并不困难。只需要按照架构依次将各个模块组合起来即可。接下来，作者将逐步提供代码，读者可以参考注释进行学习。

```
# 导入PyTorch库和必要的子模块
import torch
import torch.nn as nn
import math
```

```python
# 定义Scaled Dot Product Attention类
class Attention(nn.Module):
    """
    计算'Scaled Dot Product Attention'
    """

    # 定义前向传播函数
    def forward(self, query, key, value, mask=None, dropout=None):
        # 通过点积计算query和key的得分，然后除以sqrt(query的维度)进行缩放
        scores = torch.matmul(query, key.transpose(-2, -1)) \
                / math.sqrt(query.size(-1))

        # 如果提供了mask，则对得分应用mask，将mask为0的位置设置为一个非常小的数
        if mask is not None:
            scores = scores.masked_fill(mask == 0, -1e9)

        # 使用softmax函数计算注意力权重
        p_attn = torch.nn.functional.softmax(scores, dim=-1)

        # 如果提供了dropout，则对注意力权重应用dropout
        if dropout is not None:
            p_attn = dropout(p_attn)

        # 使用注意力权重对value进行加权求和，返回加权后的结果和注意力权重
        return torch.matmul(p_attn, value), p_attn

# 定义Multi-Head Attention类
class MultiHeadedAttention(nn.Module):
    """
    接受模型大小和注意力头数作为输入
    """

    # 初始化函数，设置模型参数
    def __init__(self, h, d_model, dropout=0.1):
        super().__init__()
        # 确保d_model可以被h整除
        assert d_model % h == 0

        # 假设d_v始终等于d_k
        self.d_k = d_model // h
        self.h = h

        # 创建3个线性层，用于将输入投影到query、key和value空间
        self.linear_layers = nn.ModuleList([nn.Linear(d_model, d_model) for _ in
range(3)])
        # 创建输出线性层，用于将多头注意力的输出合并到一个向量中
        self.output_linear = nn.Linear(d_model, d_model)
        # 创建注意力机制实例
        self.attention = Attention()
```

```python
        # 创建dropout层，用于正则化
        self.dropout = nn.Dropout(p=dropout)

        # 定义前向传播函数

    def forward(self, query, key, value, mask=None):
        # 获取batch大小
        batch_size = query.size(0)

        # 对输入进行线性投影，并将结果reshape为(batch_size, h, seq_len, d_k)
        query, key, value = [l(x).view(batch_size, -1, self.h, self.d_k).transpose(1, 2)
                            for l, x in zip(self.linear_layers, (query, key, value))]

        # 对投影后的query、key和value应用注意力机制，得到加权后的结果和注意力权重
        x, attn = self.attention(query, key, value, mask=mask, dropout=self.dropout)

        # 将多头注意力的输出合并到一个向量中，并应用输出线性层
        x = x.transpose(1, 2).contiguous().view(batch_size, -1, self.h * self.d_k)
        return self.output_linear(x)


# 定义SublayerConnection类，继承自nn.Module
class SublayerConnection(nn.Module):
    """
    该类实现了一个带有层归一化的残差连接。
    为了代码的简洁性，归一化操作被放在了前面，而不是通常的最后
    """

    def __init__(self, size, dropout):
        # 调用父类的初始化函数
        super(SublayerConnection, self).__init__()
        # 初始化层归一化，size是输入的特征维度
        self.norm = torch.nn.LayerNorm(size)
        # 初始化dropout层，dropout是丢弃率
        self.dropout = nn.Dropout(dropout)

    def forward(self, x, sublayer):
        """
        对任何具有相同大小的子层应用残差连接。
        x：输入张量
        sublayer：要应用的子层（函数）
        """
        # 首先对x进行层归一化，然后传递给sublayer，再应用dropout，最后与原始x进行残差连接
        return x + self.dropout(sublayer(self.norm(x)))

    # 定义PositionwiseFeedForward类，继承自nn.Module

class PositionwiseFeedForward(nn.Module):
    """
```

该类实现了FFN（前馈网络）的公式。这是一个两层的全连接网络
"""

```python
    def __init__(self, d_model, d_ff, dropout=0.1):
        # 调用父类的初始化函数
        super(PositionwiseFeedForward, self).__init__()
        # 初始化第一层全连接层，输入维度d_model，输出维度d_ff
        self.w_1 = nn.Linear(d_model, d_ff)
        # 初始化第二层全连接层，输入维度d_ff，输出维度d_model
        self.w_2 = nn.Linear(d_ff, d_model)
        # 初始化dropout层，dropout是丢弃率
        self.dropout = nn.Dropout(dropout)
        # 使用GELU作为激活函数
        self.activation = torch.nn.GELU()

    def forward(self, x):
        """
        前向传播函数。输入x经过第一层全连接层、激活函数、dropout层和第二层全连接层
        """
        return self.w_2(self.dropout(self.activation(self.w_1(x))))

class TransformerBlock(nn.Module):
    """
    双向编码器 = Transformer（自注意力机制）
    Transformer = 多头注意力 + 前馈网络，并使用子层连接
    """

    def __init__(self, hidden, attn_heads, feed_forward_hidden, dropout):
        """
        :param hidden: transformer的隐藏层大小
        :param attn_heads: 多头注意力的头数
        :param feed_forward_hidden: 前馈网络的隐藏层大小，通常是4*hidden_size
        :param dropout: dropout率
        """

        super().__init__()    # 调用父类的初始化方法
        # 初始化多头注意力模块
        self.attention = MultiHeadedAttention(h=attn_heads, d_model=hidden)
        self.feed_forward = PositionwiseFeedForward(d_model=hidden,
d_ff=feed_forward_hidden, dropout=dropout)        # 初始化位置相关的前馈网络
        # 初始化输入子层连接
        self.input_sublayer = SublayerConnection(size=hidden, dropout=dropout)
        # 初始化输出子层连接
        self.output_sublayer = SublayerConnection(size=hidden, dropout=dropout)
        self.dropout = nn.Dropout(p=dropout)        # 初始化dropout层

    def forward(self, x, mask):                # 前向传播方法
        x = self.input_sublayer(x, lambda _x: self.attention.forward(_x, _x, _x,
mask=mask))# 对输入x应用注意力机制，并使用输入子层连接
        # 对x应用前馈网络，并使用输出子层连接
```

```python
        x = self.output_sublayer(x, self.feed_forward)
        return self.dropout(x)    # 返回经过dropout处理的x


class PositionalEmbedding(nn.Module):    # 位置嵌入模块，为输入序列提供位置信息

    def __init__(self, d_model, max_len=512):    # 初始化方法
        super().__init__()    # 调用父类的初始化方法

        # 在对数空间中一次性计算位置编码
        pe = torch.zeros(max_len, d_model).float()    # 创建一个全0的张量用于存储位置编码
        pe.require_grad = False    # 设置不需要梯度，因为位置编码是固定的，不需要训练

        # 创建一个表示位置的张量，从0到max_len-1
        position = torch.arange(0, max_len).float().unsqueeze(1)
        div_term = (torch.arange(0, d_model, 2).float() * -(math.log(10000.0) /
d_model)).exp()    # 计算位置编码的公式中的分母部分

        pe[:, 0::2] = torch.sin(position * div_term)    # 对位置编码的偶数索引应用sin函数
        pe[:, 1::2] = torch.cos(position * div_term)    # 对位置编码的奇数索引应用cos函数

        pe = pe.unsqueeze(0)                # 增加一个维度，以便与输入数据匹配
        self.register_buffer('pe', pe)    # 将位置编码注册为一个buffer，这样它就可以与模型一起
移动，但不会被视为模型参数

    def forward(self, x):                # 前向传播方法
        return self.pe[:, :x.size(1)]    # 返回与输入序列长度相匹配的位置编码


class BERT(nn.Module):
    """
    BERT模型：基于Transformer的双向编码器表示
    """

    def __init__(self, vocab_size, hidden=768, n_layers=12, attn_heads=12,
dropout=0.1):
        """
        初始化BERT模型。
        :param vocab_size: 词汇表的大小。
        :param hidden: BERT模型的隐藏层大小，默认为768。
        :param n_layers: Transformer块（层）的数量，默认为12。
        :param attn_heads: 注意力头的数量，默认为12。
        :param dropout: dropout率，默认为0.1
        """

        super().__init__()                # 调用父类nn.Module的初始化方法
        self.hidden = hidden            # 保存隐藏层大小
        self.n_layers = n_layers        # 保存Transformer块的数量
        self.attn_heads = attn_heads    # 保存注意力头的数量

        # 论文指出使用4*hidden_size作为前馈网络的隐藏层大小
        self.feed_forward_hidden = hidden * 4    # 计算前馈网络的隐藏层大小
```

```
        # BERT的嵌入，包括位置嵌入、段嵌入和令牌嵌入的总和
        self.word_embedding = torch.nn.Embedding(num_embeddings=vocab_size,
embedding_dim=hidden)  # 创建单词嵌入层
        self.position_embedding = PositionalEmbedding(d_model=hidden)  # 创建位置嵌入层

        # 多层Transformer块，深度网络
        self.transformer_blocks = nn.ModuleList(
            [TransformerBlock(hidden, attn_heads, hidden * 4, dropout) for _ in
range(n_layers)])  # 创建多个Transformer块。

    def forward(self, x):
        """
        前向传播方法。
        :param x: 输入序列，shape为[batch_size, seq_len]。
        :return: 经过BERT模型处理后的输出序列，shape为[batch_size, seq_len, hidden]
        """

        # 为填充令牌创建注意力掩码
        # torch.ByteTensor([batch_size, 1, seq_len, seq_len])
        # 创建注意力掩码
        mask = (x > 0).unsqueeze(1).repeat(1, x.size(1), 1).unsqueeze(1)
        # 将索引序列嵌入向量序列中
        # 将单词嵌入和位置嵌入相加得到输入序列的嵌入表示
        x = self.word_embedding(x) + self.position_embedding(x)

        # 在多个Transformer块上运行
        for transformer in self.transformer_blocks:  # 遍历所有Transformer块
            # 将输入序列和注意力掩码传递给每个Transformer块，并获取输出序列
            x = transformer.forward(x, mask)
        return x  # 返回经过所有Transformer块处理后的输出序列

if __name__ == '__main__':
    vocab_size = 1024
    seq = arr = torch.tensor([[1,1,1,1,0,0,0],[1,1,1,0,0,0,0]])
    logits = BERT(vocab_size=vocab_size)(seq)
    print(logits.shape)
```

可以看到，真正实现一个编码器，从理论和架构上来说并不困难，只需要读者细心即可。

3.3　基础篇实战：自编码架构的拼音汉字生成模型

前面我们深入探讨了注意力的核心架构及其关键组件，并成功实现了基于注意力机制的编码器。本节将综合运用前两节的知识，通过实战来检验编码器的性能，具体任务是完成拼音与汉字之间的转换训练，效果如图3-17所示。

图 3-17   拼音和汉字

这种能够直接将一种序列转换为另一种序列的模型，在实际应用中被称为自编码生成模型。

接下来，我们将详细阐述如何使用这个自编码生成模型来完成拼音与汉字的转换。首先，我们需要准备相应的训练数据，即拼音与对应汉字的配对数据集。这些数据将作为模型的输入和期望输出，帮助模型学习从拼音到汉字的映射关系。

在模型训练过程中，编码器将接收拼音序列作为输入，并尝试生成与之对应的汉字序列。通过不断地调整模型参数，优化损失函数，模型将逐渐学会捕捉拼音与汉字之间的内在联系和规律。

值得注意的是，由于汉字的数量远多于拼音，并且存在多音字、同音字等复杂情况，因此这项任务对模型的生成能力和泛化能力提出了较高要求。

3.3.1   汉字拼音数据集处理

首先是对数据集的准备和处理，在本例中作者准备了15万条汉字和拼音对应数据。

第一步：数据集展示

汉字拼音数据集如下：

```
A11_0    lv4 shi4 yang2 chun1 yan1 jing3 da4 kuai4 wen2 zhang1 de di3 se4 si4 yue4 de
lin2 luan2 geng4 shi4 lv4 de2 xian1 huo2 xiu4 mei4 shi1 yi4 ang4 ran2        绿 是 阳 春 烟 景
大 块 文 章 的 底 色 四 月 的 林 峦 更 是 绿 得 鲜 活 秀 媚 诗 意 盎 然

A11_1    ta1 jin3 ping2 yao1 bu4 de li4 liang4 zai4 yong3 dao4 shang4 xia4 fan1 teng2
yong3 dong4 she2 xing2 zhuang4 ru2 hai3 tun2 yi1 zhi2 yi3 yi1 tou2 de you1 shi4 ling3 xian1
他 仅 凭 腰 部 的 力 量 在 泳 道 上 下 翻 腾 蛹 动 蛇 行 状 如 海 豚 一 直 以 一 头 的 优 势 领 先

A11_10    pao4 yan3 da3 hao3 le zha4 yao4 zen3 me zhuang1 yue4 zheng4 cai2 yao3 le yao3
ya2 shu1 de tuo1 qu4 yi1 fu2 guang1 bang3 zi chong1 jin4 le shui3 cuan4 dong4 炮 眼 打 好
了 炸 药 怎 么 装 岳 正 才 咬 了 咬 牙 傈 地 脱 去 衣 服 光 膀 子 冲 进 了 水 窜 洞

A11_100    ke3 shei2 zhi1 wen2 wan2 hou4 ta1 yi1 zhao4 jing4 zi zhi3 jian4 zuo3 xia4 yan3
jian3 de xian4 you4 cu1 you4 hei1 yu3 you4 ce4 ming2 xian3 bu4 dui4 cheng1        可 谁 知 纹
完 后 她 一 照 镜 子 只 见 左 下 眼 睑 的 线 又 粗 又 黑 与 右 侧 明 显 不 对 称
```

简单做一下介绍。数据集中的数据分成3部分，每部分使用特定空格键隔开：

```
A11_10 … … … ke3 shei2 … … …可 谁 … … …
```

- 第一部分A11_i为序号，表示序列的条数和行号。
- 第二部分是拼音编号，这里使用的是汉语拼音，与真实的拼音标注不同的是，去除了拼音原始标注，而使用数字1、2、3、4来替代，分别代表当前读音的第一声到第四声，这点请读者注意。
- 第三部分是汉字的序列，这里是与第二部分的拼音部分一一对应的。

第二步：获取字库和训练数据

获取数据集中字库的个数也是一个非常重要的问题，一个非常好的办法是：使用set格式的数据读取全部字库中的不同字符。

创建字库和训练数据的完整代码如下：

```python
from tqdm import tqdm
pinyin_list = [];hanzi_list = []
vocab = set()

max_length = 64

with open("zh.tsv", errors="ignore", encoding="UTF-8") as f:
    context = f.readlines()
    for line in context:
        line = line.strip().split("")
        pinyin = line[1].split(" ");hanzi = line[2].split(" ")
        for _pinyin, _hanzi in zip(pinyin, hanzi):
            vocab.add(_pinyin);          vocab.add(_hanzi);

        pinyin = pinyin + ["PAD"] * (max_length - len(pinyin))
        hanzi = hanzi + ["PAD"] * (max_length - len(hanzi))
        if len(pinyin) <= max_length:
            pinyin_list.append(pinyin);hanzi_list.append(hanzi)

vocab = ["PAD"] + list(sorted(vocab))
vocab_size = len(vocab)
```

这里做一个说明，首先context读取了全部数据集中的内容，之后根据空格将其分成3部分。

除此之外，在对序列的处理上，还需要加上一个特定符号PAD，这是为了对单行序列进行补全的操作。最终的数据如下：

```
['liu2', 'yong3', …… …… , 'gan1', 'PAD', 'PAD', …… …… …]
['柳', '永', …… …… , '感', 'PAD', 'PAD', …… …… …]
```

pinyin_list和hanzi_list是两个列表，分别用来存放对应的拼音和汉字训练数据。最后不要忘记在字库中加上PAD符号。

第三步：根据字库生成Token数据

获取的拼音标注和汉字标注的训练数据并不能直接用于模型训练，模型需要转换成token的一系列数字列表，代码如下：

```python
def get_dataset():
    pinyin_tokens_ids = [ ]
    hanzi_tokens_ids = [ ]
```

```
for pinyin,hanzi in zip(tqdm(pinyin_list),hanzi_list):
    pinyin_tokens_ids.append([vocab.index(char) for char in pinyin])
    hanzi_tokens_ids.append([vocab.index(char) for char in hanzi])
return pinyin_tokens_ids,hanzi_tokens_ids
```

代码中创建了两个新的列表，分别对拼音和汉字的token进行存储，而获取根据字库序号编号后新的序列token。

第四步：PyTorch中的数据输入类

在对数据的具体使用上，读者可以通过for循环的形式将数据载入模型中。而在PyTorch中，也给我们提供了一种专用的数据输入类：

```
class TextSamplerDataset(torch.utils.data.Dataset):
    def __init__(self, pinyin_tokens_ids, hanzi_tokens_ids):
        super().__init__()
        self.pinyin_tokens_ids = pinyin_tokens_ids
        self.hanzi_tokens_ids = hanzi_tokens_ids

    def __getitem__(self, index):
        return
torch.tensor(self.pinyin_tokens_ids[index]),torch.tensor(self.hanzi_tokens_ids[index])

    def __len__(self):
        return len(pinyin_tokens_ids)
```

这里的TextSamplerDataset继承自torch.utils.data.Dataset，目的是完成数据输入类的显式声明，而在具体使用上，__getitem__函数用于完成对数据的按序号输出。

3.3.2　搭建文本与向量的桥梁——Embedding

在1.3.1节中，作者为文本内容中的每个汉字或拼音分配了一个独特的数字编号，旨在将文本数据输入深度学习模型中进行处理。然而，仅仅依靠单一的数字编号，深度学习模型难以深度理解文本内容。同时，这种映射方式也可能引发一些潜在问题。

那么，我们是否可以考虑采用另一种方法，比如使用one-hot编码来表示每个"词"或"字"呢？答案是肯定的。

以包含5个词的词汇表为例，若词"Queen"在表中的序号为2，则其词向量可表示为(0,1,0,0,0)。同理，词"king"的词向量就是(0,0,0,1,0)。这种编码方式被称为1-of-N representation，或称为one-hot编码。

尽管one-hot编码在表示词向量时简单明了，但也存在诸多问题。最显著的问题是，当词汇表规模庞大，如达到百万级别时，使用百万维度的向量来表示每个词显然是不切实际的。此外，这种编码方式产生的向量除一个位置为1外，其余位置均为0，表达效率极低，且在卷积神经网络中使用时可能导致网络难以收敛。

为了解决one-hot编码带来的向量长度过长和数值稀疏问题，我们可以采用词映射（Embedding）技术。通过训练，该技术能够将每个词映射到一个较短的词向量上，从而构成一个向量空间。在这个空间中，我们可以运用统计学方法来研究词与词之间的关系。

词映射技术能够将高维稀疏的one-hot向量转换为低维稠密向量，使得语义上相近的单词在向量空间中距离更近。作为自然语言处理中的常见技术，词映射为将文本数据转换为计算机可处理的数字形式提供了便利，为后续的处理和分析奠定了基础，如图3-18所示。

单词	长度为 3 的词向量		
我	0.3	-0.2	0.1
爱	-0.6	0.4	0.7
我	0.3	-0.2	0.1
的	0.5	-0.8	0.9
祖	-0.4	0.7	0.2
国	-0.9	0.3	-0.4

图 3-18　词映射 Embedding

从图3-18可以看到，对于每个单词，可以设定一个固定长度的向量参数，从而用这个向量来表示该词。这样做的好处是，它可以将文本通过一个低维向量来表达，避免了像one-hot编码那样产生高维稀疏向量的问题。此外，语义相似的词在向量空间中也会更接近，这种表示方式具有很强的通用性，可以应用于不同的任务。

在PyTorch中，处理词嵌入（Embedding）的方法是使用torch.nn.Embedding类。这个类可以将离散变量映射到连续的向量空间，将输入的整数序列转换为对应的向量序列，这些向量可以用于后续的神经网络模型中。例如，可以使用以下代码创建一个嵌入层，该层包含5个大小为3的向量：

```python
import torch

embedding_layer = torch.nn.Embedding(num_embeddings=6, embedding_dim=3)
```

其中，num_embeddings表示embedding_layer层所代表的词典数目（字库大小），embedding_dim表示Embedding向量维度大小。在训练过程中，embedding_layer层中的参数会自动更新。

而对于定义的embedding_layer层的使用，可以用如下方式完成：

```python
embedding = embedding_layer(torch.tensor([3]))
print(embedding.shape)
```

其中，数字3是字库中序号为3的索引所指代的字符，通过embedding_layer对其向量进行读取。一个完整的例子如下：

```python
import torch

text = "我爱我的祖国"
vocab = ["我","爱","的","祖","国"]

embedding_layer = torch.nn.Embedding(num_embeddings=len(vocab), embedding_dim=3)

token = [vocab.index("我"),vocab.index("爱"),vocab.index("我"),vocab.index("的
```

```
"),vocab.index("祖"),vocab.index("国")]
   token = torch.tensor(token)

   embedding = embedding_layer(token)
   print(embedding.shape)
```

首先通过全文本提取到对应的字符组成一个字库，之后根据字库的长度设定num_embeddings的大小，而对于待表达文本中的每个字符，根据其在字库中的位置建立一个索引序列，将其转换为torch的tensor格式后，通过对embedding_layer进行计算从而得到对应的参数矩阵，并打印其维度。请读者自行尝试。

3.3.3   自编码模型的确定

回到模型设计的核心议题。在3.3.1节中，我们已经成功构建了注意力模块的基础框架，该框架在计算模型中可即时投入使用。然而，通常情况下，仅凭单一的注意力层往往难以实现卓越的性能表现。鉴于此，若仅采用一层编码器对数据进行编码处理，其效果在准确率上可能难以与多层编码器相媲美。因此，一个直观且有效的策略便是增加编码器的层数，以便对数据进行更为深入细致的编码处理，从而有望提升模型的整体性能。通过堆叠多层编码器，我们期望模型在捕捉数据内在特征时能够展现出更高的灵敏度和准确性，进而在各项任务中取得更为出色的表现，如图3-19所示。

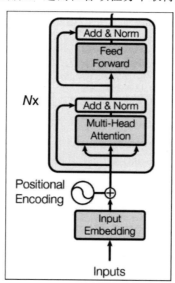

图 3-19   增加更多层的编码器对数据进行编码

在这里，为了节省篇幅，我们将使用3.3.1节完成的编码器BERT实现，仅演示其使用，代码如下：

```
def get_model(embedding_dim = 768):
    model = torch.nn.Sequential(
        bert.BERT(vocab_size=vocab_size),
        torch.nn.Dropout(0.1),
        torch.nn.Linear(embedding_dim,vocab_size)
    )
    return model)
```

这里是对前面章节中编码器构建的示例，使用了多头自注意力层和前馈层。需要注意的是，这里只是在编码器层中加入了更多层的"多头自注意力层"和"前馈层"，而不是直接加载了更多的"编码器"。这一点请读者务必注意。

3.3.4 模型训练部分的编写

接下来是模型训练部分的编写。作者在这里采用最简单的模型训练程序编写方式来完成代码的编写。

第一步是数据的获取。由于模型在训练过程中不可能一次性将所有的数据导入，因此需要创建一个"生成器"，将获取的数据按批次发送给训练模型。在这里，我们使用一个for循环来完成数据的输入任务：

```
batch_size = 256
from torch.utils.data import DataLoader
loader =
DataLoader(TextSamplerDataset(pinyin_tokens_ids,hanzi_tokens_ids),batch_size=batch_size
,shuffle=False)
```

这段代码用于完成数据的生成工作，即按既定的batch_size大小生成数据batch，之后在每个epoch的循环中将数据输入模型进行迭代训练。

接下来是完整的训练模型代码，具体如下：

```
import numpy as np
import torch
import bert
import get_data
max_length = 64
from tqdm import tqdm
vocab_size = get_data.vocab_size
vocab = get_data.vocab

def get_model(embedding_dim = 768):
    model = torch.nn.Sequential(
        bert.BERT(vocab_size=vocab_size),
        torch.nn.Dropout(0.1),
        torch.nn.Linear(embedding_dim,vocab_size)
    )
    return model

device = "cuda"
model = get_model().to(device)
optimizer = torch.optim.AdamW(model.parameters(), lr=2e-4)
lr_scheduler = torch.optim.lr_scheduler.CosineAnnealingLR(optimizer,T_max =
2400,eta_min=2e-6,last_epoch=-1)
criterion = torch.nn.CrossEntropyLoss()

pinyin_tokens_ids,hanzi_tokens_ids = get_data.get_dataset()

class TextSamplerDataset(torch.utils.data.Dataset):
```

```python
    def __init__(self, pinyin_tokens_ids, hanzi_tokens_ids):
        super().__init__()
        self.pinyin_tokens_ids = pinyin_tokens_ids
        self.hanzi_tokens_ids = hanzi_tokens_ids

    def __getitem__(self, index):

        return
torch.tensor(self.pinyin_tokens_ids[index]),torch.tensor(self.hanzi_tokens_ids[index])

    def __len__(self):
        return len(pinyin_tokens_ids)

model.load_state_dict(torch.load("./saver/model.pth"))
batch_size = 256
from torch.utils.data import DataLoader
loader = DataLoader(TextSamplerDataset(pinyin_tokens_ids,hanzi_tokens_ids),
batch_size=batch_size,shuffle=False)

for epoch in range(21):
    pbar = tqdm(loader, total=len(loader))
    for pinyin_inp, hanzi_inp in pbar:

        token_inp = (pinyin_inp).to(device)
        token_tgt = (hanzi_inp).to(device)

        logits = model(token_inp)
        loss = criterion(logits.view(-1,logits.size(-1)),token_tgt.view(-1))

        optimizer.zero_grad()
        loss.backward()
        optimizer.step()
        lr_scheduler.step()  # 执行优化器
        pbar.set_description(
            f"epoch:{epoch + 1}, train_loss:{loss.item():.5f},
lr:{lr_scheduler.get_last_lr()[0] * 100:.5f}")
    if (epoch + 1) % 2 == 0:
        torch.save(model.state_dict(), "./saver/model.pth")

torch.save(model.state_dict(), "./saver/model.pth")
```

　　通过将训练代码和模型代码组合在一起，即可实现模型的训练，读者可以运行代码查看结果。而最后预测部分，即使用模型进行自定义实战拼音和汉字的转换部分，请读者自行完成。

3.4　本章小结

　　首先需要说明的是，本章的模型设计并没有完全遵循Transformer中编码器的设计，而是仅建立了多层注意力层和前馈层。这是与真实的Transformer编码器不一致的地方。

其次，在数据设计上，作者选择将不同字符或拼音作为独立的字符进行存储。这种设计的优点是可以简化数据的最终生成过程，但缺点是增加了字符个数，从而增大了搜索空间，进而对训练提出了更高的要求。另一种划分方法是将拼音拆开，使用字母和音标分离的方式进行处理。有兴趣的读者可以尝试这种方法。

在撰写本章时，作者输入的数据由字（拼音）的嵌入（Embedding）和位置编码共同构成。这种叠加的嵌入值能够更好地捕捉每个字（拼音）在使用上的细微差别。然而，如果读者仅尝试使用单一的字（拼音）嵌入，可能会遇到一个问题——对于相同的音，这种单一的嵌入表示方法无法很好地对同音字进行区分。例如：

Yan3 jing4 眼睛 眼镜

在这种情况下，相同的发音无法分辨出到底是"眼睛"还是"眼镜"。有兴趣的读者可以进行测试，或者深入研究这一问题。

## 第 4 章

注意力机制详解之进阶篇

4

在第3章中，我们初步介绍了基础注意力机制的概念，向深度学习领域的探索者们展示了其蕴藏的巨大潜力和价值。作为当前深度学习研究中的关键组成部分，注意力机制的重要性不言而喻。本章将进一步深入探讨这一主题的进阶内容，集中阐述融合了相对位置编码（ROPE）的注意力机制。

相对位置编码的引入，极大地丰富了注意力机制的上下文信息处理能力。通过这种编码方式，注意力机制在处理序列数据时能够更精确地捕捉元素间的相对位置关系，从而提升对复杂文本结构的理解能力。这种增强的注意力机制不仅为文本生成等任务带来了显著的性能提升，还推动了相关技术的进一步发展。

在此基础上，我们将介绍一种全新的生成模型——自回归模型。这种模型充分利用了融合相对位置编码的注意力机制，通过逐步预测序列中的下一个元素，实现了更为准确和自然的文本生成。自回归模型的出现，不仅为文本生成领域带来了新的可能性，还进一步验证了相对位置编码在提升深度学习模型性能方面的巨大潜力。

在接下来的内容中，我们将详细讲解自回归模型的工作原理、实现方法以及在实际应用中的表现。通过本章的学习，读者将更加深入地理解注意力机制和相对位置编码在深度学习领域的重要作用，并领略自回归模型为文本生成等任务带来的创新与突破。

通过学习本章内容，读者将进一步加深对注意力机制的理解，掌握其在实际项目中的灵活运用，从而在自然语言处理领域迈出更加坚实的步伐。

4.1 注意力机制的第二种形态：自回归架构

首先我们需要了解什么是自回归（Autoregressive）架构，相对于我们在第3章学习的自编码模型，自回归就是一个从左往右学习的模型，根据句子中前面的单词预测下一个单词。例如，通过"今天的晚饭吃__"预测单词"馒头"。自回归的优点是长文本的生成能力很强，缺点是在分类任务中，单向的注意力机制不能完全捕捉token的内在联系。

然而，自回归模型能够取得重大的成功并不是偶然的，除拥有自注意力强大的特征抽取能力外，还有如下重大的突破：

- 采用旋转位置编码（Rotary Position Embedding，RoPE）。
- 添加旋转位置编码的注意力模型。
- 采用创新性的激活函数SwiGLU。

- 采用创新性的"三角掩码"和"错位"输入输出格式。

下面将依次对这些突破原因进行讲解。

4.1.1　自回归架构重大突破：旋转位置编码

自回归架构能够取得成功的第一个重大突破，即采用了清华大学提出的"旋转位置编码"。这是一种配合Attention（注意力）机制能达到"绝对位置编码的方式实现相对位置编码"的设计。正因为这种设计，使得旋转位置编码成为目前最佳的可用于Attention机制的相对位置编码方式之一。旋转位置编码的具体实现如图4-1所示。

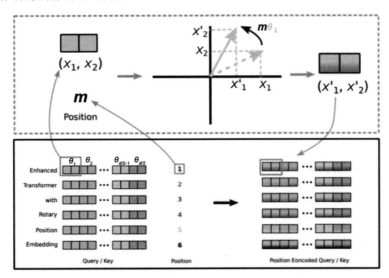

图 4-1　旋转位置编码

总的来说，旋转位置编码的目标是构建一个位置相关的投影矩阵，使得注意力中的query和key在计算时达到如下平衡：

$$(R_m q)^{\mathrm{T}}(R_n k) = q^{\mathrm{T}} R_{n-m} k$$

其中，q和k分别对应注意力机制中的query和key向量，m和n代表两个位置，R_i（以R为基础的符号）表示位置i处的投影矩阵。

这里我们提供了基于旋转位置编码的代码实现，完整代码如下：

```
class RotaryEmbedding(torch.nn.Module):
    def __init__(self, dim, scale_base = model_config.scale_base, use_xpos = True):
        super().__init__()
        inv_freq = 1.0 / (10000 ** (torch.arange(0, dim, 2).float() / dim))
        self.register_buffer("inv_freq", inv_freq)

        self.use_xpos = use_xpos
        self.scale_base = scale_base
        scale = (torch.arange(0, dim, 2) + 0.4 * dim) / (1.4 * dim)
        self.register_buffer('scale', scale)
```

```
def forward(self, seq_len, device=all_config.device):
    t = torch.arange(seq_len, device = device).type_as(self.inv_freq)
    freqs = torch.einsum('i , j -> i j', t, self.inv_freq)
    freqs = torch.cat((freqs, freqs), dim = -1)

    if not self.use_xpos:
        return freqs, torch.ones(1, device = device)

    power = (t - (seq_len // 2)) / self.scale_base
    scale = self.scale ** elt.Rearrange('n -> n 1')(power)# rearrange(power, )
    scale = torch.cat((scale, scale), dim = -1)

    return freqs, scale

def rotate_half(x):
    x1, x2 = x.chunk(2, dim=-1)
    return torch.cat((-x2, x1), dim=-1)

def apply_rotary_pos_emb(pos, t, scale = 1.):
        return (t * pos.cos() * scale) + (rotate_half(t) * pos.sin() * scale)

if __name__ == '__main__':
    embedding = torch.randn(size=(5,128,512))
    print(rotate_half(embedding).shape)
```

在上面的代码中,RotaryEmbedding类的作用是计算不同维度下的旋转位置编码。rotate_half函数的作用是对输入的张量进行部分旋转,更具体地说,这个函数将输入张量x沿着最后一个维度分成两半(x_1和x_2),然后按照$-x_2$和x_1的顺序重新拼接。apply_rotary_pos_emb_index函数的作用是对输入的query和key注入旋转位置编码的位置信息。

4.1.2 添加旋转位置编码的注意力机制与现有库包的实现

1. 手工实现旋转位置编码

在原有的自注意力机制的基础上,我们设计了一种添加旋转位置编码的新注意力机制。从标准的注意力模型来看,其结构如下:

$$Q = W_q X$$
$$K = W_k X$$
$$V = W_v X$$
$$\text{Attention}(Q, K, V, A) = \text{softmax}(\frac{QK^{\text{T}}}{\sqrt{d_k}})V$$

其中,X是输入,W_q、W_k、W_v分别是query、key、value的投影矩阵。相比于标准的注意力机制,在Q和K中引入了旋转位置编码的位置信息,以更好地捕捉序列中的位置相关性。而多头注意力就是将多个单头注意力的结果拼接起来:

$$\text{head}_i = \text{Attention}(\boldsymbol{Q}_i, \boldsymbol{K}_i, \boldsymbol{V}_i, \boldsymbol{A}_i)$$
$$\text{MultiHead}(\boldsymbol{Q}, \boldsymbol{K}, \boldsymbol{V}, \boldsymbol{A}) = \text{Concat}(\text{head}_1, \cdots, \text{head}_h)\boldsymbol{W}_o$$

在具体实现上，首先实现标准的自注意力模型，之后通过添加旋转位置编码的形式，完成独创性的注意力模型，代码如下：

```python
# 注入rope函数
def apply_rotary_pos_emb(self,pos, t, scale=1.):
    def rotate_half(x):
        x1, x2 = x.chunk(2, dim=-1)
        return torch.cat((-x2, x1), dim=-1)
    # return (t * torch.cos(pos.clone()) * scale) + (rotate_half(t) *
torch.sin(pos.clone()) * scale)
    return (t * pos.cos() * scale) + (rotate_half(t) * pos.sin() * scale)
...
# 生成rope
self.rotary_emb = layers.RotaryEmbedding(dim_head,
scale_base=model_cfg.xpos_scale_base, use_xpos=model_cfg.use_xpos and model_cfg.causal)
...
# 将生成的rope注入query与key
pos_emb, scale = self.rotary_emb(n, device=device)
q = self.apply_rotary_pos_emb(pos_emb, q, scale)
k = self.apply_rotary_pos_emb(pos_emb, k, scale ** -1)
```

🎮➕注意   apply_rotary_pos_emb用于为query和key注入旋转位置编码，然后实现注意力机制。

这样做的好处在于，通过注入独创性的旋转位置编码，使得注意力模型有了更好的外推性。相对于其他的位置特征，旋转位置编码能够最大程度地扩展生成模型的准确性。

2. 使用已有库包实现旋转位置编码

除我们手动实现的旋转位置编码RoPE外，实际上Python也有专门实现的旋转位置编码，读者可以使用如下代码安装已完成的RoPE库包，代码如下：

```
pip install rotary_embedding_torch
```

而在具体使用上，一个简单的使用示例如下：

```python
import torch  # 导入torch库
from rotary_embedding_torch import RotaryEmbedding

# 实例化旋转位置嵌入，并传递给所有的注意力层
rotary_emb = RotaryEmbedding(dim=32)  # 创建一个旋转嵌入实例，dim参数指定旋转矩阵的维度

# 模拟查询和键 - 维度应该以(seq_len, feature_dimension)结尾，前面可以有任意数量的维度（如批次、
头等）
q = torch.randn(1, 8, 1024, 64)  # 查询 - (批次，头数，序列长度，头的特征维度)
k = torch.randn(1, 8, 1024, 64)  # 键

# 在分离出头之后，在点积和随后的softmax（注意力计算）之前，对查询和键应用旋转
q = rotary_emb.rotate_queries_or_keys(q)  # 对查询应用旋转
```

```
k = rotary_emb.rotate_queries_or_keys(k)  # 对键应用旋转
# 然后像平常一样使用查询（q）和键（k）进行注意力计算
```

在将查询和键用于注意力计算之前，先对它们应用旋转。这是通过调用rotary_queries_or_keys
方法实现的，该方法将旋转矩阵应用于查询和键，以编码位置信息。

4.1.3　新型的激活函数 SwiGLU 详解

SwiGLU（Swish-Gated Linear Unit）是一种基于门控机制的激活函数，属于GLU（Gated Linear
Unit，门控线性单元）的变体。它通过引入门控机制，能够帮助神经网络更好地捕捉序列数据中的
长期依赖关系。GLU激活函数最初是在自然语言处理任务中提出的，并在机器翻译、语音识别等领
域取得了良好的效果。

1. 基本思想

SwiGLU激活函数的基本思想是通过引入一个门控机制来控制输入信号在激活函数中的传递方
式。这种机制有助于神经网络更好地学习和保留输入信息中的重要特征。

2. 组成结构

SwiGLU激活函数由两个主要部分组成：GLU（Gated Linear Unit，门控线性单元）和Swish函数。

- GLU：GLU接受输入信号并执行门控操作。具体来说，GLU使用一个sigmoid激活函数作为
  门控器，将输入信号转换为0~1的值。这个值表示输入信号的重要性或影响程度。然后，GLU
  将输入信号与门控值相乘，以便选择性地放大或抑制输入。
- Swish函数：Swish是一个非线性函数，类似于ReLU（Rectified Linear Unit）。它将输入信号
  进行非线性变换，定义为x * sigmoid(x)。Swish函数的特点是在输入为正数时逐渐趋向于线
  性变换，而在输入为负数时具有非线性的抑制效果。

3. 工作原理

SwiGLU激活函数将GLU和Swish部分结合起来，通过门控机制选择性地应用Swish变换，以产
生最终的激活输出。这种组合方式使得SwiGLU激活函数既具有非线性表达能力，又保持了一定的
线性性质，从而提高了神经网络的表示能力和学习能力。具体实现代码如下：

```
class SwiGLU(torch.nn.Module):
    def forward(self, x):
        x, gate = x.chunk(2, dim=-1)

        return torch.nn.functional.silu(gate) * x
```

GLU激活函数的关键在于它的门控机制。门控机制使得GLU能够选择性地过滤输入向量的某些
部分，并根据输入的上下文来调整输出。门控部分的作用是将输入进行二分类，决定哪些部分应该
被保留，哪些部分应该被抑制。

例如，在语言模型中，GLU激活函数可以帮助网络根据上下文选择性地关注某些单词或短语，
从而更好地理解句子的语义。门控机制可以有效地减少噪声和不相关信息的影响，提高网络的表达
能力和泛化能力。

4.1.4　"因果掩码"与"错位"输入输出格式详解

接下来，我们将深入探索注意力机制的"因果掩码"与"错位"输入输出格式。这一独特设计不仅为模型训练带来了新的视角，更在数据生成过程中展现了精妙之处。

在自回归模型的训练过程中，每一个token的生成都是按顺序逐个进行的。为了确保模型在生成当前token时不会"偷窥"到未来的信息，自回归模型的自注意力层被精心设计为只能关注输入序列中当前位置及其之前的字符。而实现这一功能的关键在于因果掩码（causal mask）的处理。通过将当前token之后的所有内容都进行掩码处理，确保了这些信息不会参与后续模型损失函数的计算，从而强制模型仅依靠之前输入的序列内容来预测下一个字符。简而言之，这种掩码处理机制有效地防止了模型在预测过程中使用未来信息，保证了预测的公正性和准确性。

下面我们通过一个简单的实例来进一步说明这一机制的实现过程。通过这个例子，读者可以更加直观地理解因果掩码处理是如何在自回归模型中发挥作用的，以及它是如何影响模型训练和数据生成的。

```python
def create_look_ahead_mask(size):
  mask = 1 - tf.linalg.band_part(tf.ones((size, size)), -1, 0)
  return mask
```

如果单独将代码打印出来：

```python
mask = create_look_ahead_mask(4)
print(mask)
```

这里的参数size设置成4，以此打印的结果如图4-2所示。

```
tf.Tensor(
[[0. 1. 1. 1.]
 [0. 0. 1. 1.]
 [0. 0. 0. 1.]
 [0. 0. 0. 0.]], shape=(4, 4), dtype=float32)
```

图 4-2　打印结果

可以看到，函数的实际作用是生成一个三角掩码，对输入的值做出依次增加的梯度，这样可以保持数据在输入模型的过程中，数据的接收也是依次增加的，当前的token只与其本身及其前面的token进行注意力计算，而不会与后续的token进行计算。

具体使用的函数示例如下：

```python
attention_score = attention_score.masked_fill(~mask, -torch.finfo(sim.dtype).max)
```

这一段内容的图形化效果如图4-3所示。

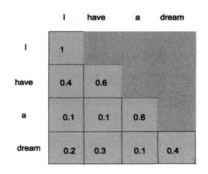

图 4-3　因果掩码器

接下来，我们将详细解读自回归模型的输入与输出结构。相较于早期的经典注意力架构模型，其输入和输出设计在保持相似性的基础上，呈现出了更为复杂的特质。

这是因为我们不仅需要提供与前期模型完全一致的输入序列，还需对它进行关键的错位操作。这一创新性步骤的引入为模型注入了新的活力，使模型在处理序列数据时能够展现出更加灵活和高效的能力。

以输入"你好人工智能"为例，在模型中，这段文字将被细致地表征为每个字符或词在输入序列中占据的特定位置，如图4-4所示。在这个过程中，我们深入挖掘每个字符或词的语义含义以及它们在整个序列中出现的位置信息。通过这种分析方式，自回归模型能够从多个维度捕获输入序列中的丰富信息，从而显著提高模型对自然语言的综合理解和处理能力。这样的处理方式使得模型在处理复杂多变的自然语言任务时，能够表现出更强的灵活性和准确性。

你　好　人　工　智　能　！

图 4-4　一个输入表述

但是，此时却不能将其作为单独的输入端或输出端输入模型中进行训练，而是需要对其进行错位表示，如图4-5所示。

图 4-5　错位表示

可以看到，在当前情景下，我们构建的数据输入和输出具有相同的长度，然而在位置上却呈现一种错位的输出结构。这种设计旨在迫使模型利用前端出现的文本，预测下一个位置会出现的字或词，从而训练模型对上下文信息的捕捉和理解能力。最终，在生成完整的句子输出时，会以自定义的结束符号SEP作为标志，标识句子生成的结束。

注意，对于输出结果来说，当使用经过训练的模型进行下一个真实文本预测时，相对于我们之前学习的编码器文本输出格式，输出的内容可能并没有相互关联，如图4-6所示。

图 4-6　自回归模型的输入和输出

可以看到，这段模型输出的前端部分和输入文本部分毫无关系（橙色部分，参见配套资源中的相关文件），而仅仅是对输出的下一个字符进行预测和展示。

因此，当我们需要预测一整段文字时，需要采用不同的策略。例如，可以通过滚动循环的方式，从起始符开始，不断将已预测的内容与下一个字符的预测结果进行黏合，逐步生成并展示整段文字。这样的处理方式可以确保模型在生成长文本时保持连贯性和一致性，从而得到更加准确和自然的预测结果。

4.2　进阶篇实战 1：无须位置表示的酒店评论情感判断

在我们完成自回归模型的基本内容后，现在已经具备了足够的知识来探索这一强大工具在具体应用中的潜力。接下来，我们将通过实战一个酒店评论生成的案例，来深化对自回归模型的理解，并体验其作为文本生成工具的独特魅力。

在这个实战项目中，我们将利用普通模型来生成针对酒店的评论。这类评论在旅游和酒店行业中具有极高的价值，因为它们能够提供关于服务质量、设施条件以及客户满意度的直接反馈。通过生成这些评论，我们不仅可以帮助酒店更好地了解客户的需求和期望，还能为潜在的客户提供有价值的参考信息。

4.2.1　数据集的准备与读取

为了实现这一目标，我们首先需要收集并准备一份包含大量真实酒店评论的数据集。这份数据集将作为我们训练自回归模型的基础，模型将通过学习这些评论中的语言模式和内容结构，来逐渐掌握生成类似文本的能力。

在数据准备完成后，我们将进入模型的训练阶段。在这一阶段中，我们将利用深度学习框架来构建和训练自回归模型。通过不断地调整模型参数和优化训练策略，我们将努力提升模型在生成评论时的准确性和流畅性。

作者在这里准备了一份包含7765条评论的数据集，并根据情感偏向将其标注为1（正向）和0（负向）。部分数据如下：

```
1,自助早餐非常好，服务很周到，下次还会去住。
1,离机场很近，房间很大，里面还有一面镜子
1,性价比较高，硬件设施比过去更加改善。满意！
...
0,"设施较差,服务低下,
0,"感觉环境,服务方面还不够位
0,事实上只能算一个好一点的招待所，只是大堂装修得好一点而已
```

而对于数据集的准备，首先需要完成文本与分类结果的提取，代码如下：

```
with open("../../dataset/ChnSentiCorp.txt","r",encoding="utf-8") as f:
    for line in f:
        result = line.strip().split(",")
        label = int(result[0])
        text = result[1]
```

通过对文本中每行的读取和划分，我们可以获取对应的文本内容以及代表情感标识的数字。

4.2.2　使用 sentencepiece 建立文本词汇表

在第3章中，我们采用了逐字读取的方法来构建相应的文本内容。这种方法的优势显而易见，其简洁性和易操作性使得我们只需对每个字进行划分，便能轻松地处理和分析文本数据。然而，这种基于单个文字的划分方式在表达文本内容的完整含义时存在一定的局限性。

为了更好地捕捉文本中的深层含义和上下文关系，我们需要寻求一种更高阶的文本划分方法。相较于逐字处理，根据语义对文本进行更细致的划分能够更全面地揭示文本的内在结构和意义。这种方法不仅考虑了单个文字的含义，还进一步探索了文字之间的关联和组合方式，从而能够更准确地反映文本的整体意图和信息。

为了实现这个目的，我们采用sentencepiece建立对应的文本词汇表，代码如下：

```
texts = []
with open("../dataset/ChnSentiCorp.txt", mode="r", encoding="UTF-8") as emotion_file:
    for line in tqdm(emotion_file.readlines()):
        line = line.strip().split(",")

        text = "".join(line[1:]) + '※'
        texts.append(text)

# 将训练文本数据写入'train_data.txt'文件中
with open('./vocab/train_data.txt', 'w', encoding='utf-8') as file:
    # 遍历train_text列表中的每一个句子
    for sentence in texts:
        # 将句子写入文件，并在每个句子后面添加一个换行符
        file.write(sentence + '\n')

# 使用sentencepiece的SentencePieceTrainer类的Train方法训练分词模型
# 指定输入文件为'train_data.txt'，模型前缀为'./data/my_model'，并设置词汇表大小为3120
spm.SentencePieceTrainer.Train('--input=./vocab/train_data.txt
 --model_prefix=./vocab/my_model --vocab_size=3120')
```

首先读取文本内容，然后根据步骤将文本写入文本库中。下一步是通过命令行的形式完成词库的训练。这里需要注意的是，词汇表的大小需要根据实际需求手动设置。训练结束后，在指定的文件夹中会生成两个新的文件my_model.model和my_model.vocab。而vocab就是我们生成的可视化词汇表。

```
<unk>   0
<s>0
</s>    0
,  -2.60627
的  -3.39513
。  -3.6643
```

```
了 -4.23578
※ -4.55821
是 -4.60923
酒店  -4.68633
不 -4.70485
我 -4.8063
在 -4.92763
…
```

至于其使用方法，我们可以载入生成的sentencepiece分词器的model，再对文本内容进行tokenizer处理。完整代码如下：

```python
import sentencepiece as spm
from tqdm import tqdm


class Tokenizer:
    def __init__(self,model_path = './vocab/my_model.model'):
        super().__init__()
        self.sp = spm.SentencePieceProcessor()
        self.sp.Load(model_path)

    def encode(self,text):
        token = self.sp.EncodeAsIds(text)
        return token

    def decode(self,token):

        _text = self.sp.DecodeIds(token.tolist())
        return (_text)

    def vocab_size(self):
        return len(self.sp)
```

4.2.3　编码情感分类数据集

下面我们使用训练好的编码器对文本情感内容进行编码处理，一个简单的编码方式如下：

```python
import numpy as np
from tqdm import tqdm
import torch

import tokenizer
tokenizer_emo = tokenizer.Tokenizer(model_path="../vocab/my_model.model")

print(tokenizer_emo.vocab_size())
max_length = 48



token_list = []
label_list = []
with open("../../dataset/ChnSentiCorp.txt","r",encoding="utf-8") as f:
```

```
    for line in f:
        result = line.strip().split(",")
        label = int(result[0])
        text = result[1]

        token = tokenizer_emo.encode(text)
        token = token[:max_length] + [0] * (max_length - len(token))

        token_list.append(token)
        label_list.append(label)

token_list = np.array(token_list)
label_list = np.array(label_list)
```

此时的token_list就是存储的token表示，而label_list是标记结果。

4.2.4   基于新架构文本分类模型设计

接下来对模型进行设计。在这里，我们直接使用前面的注意力模型，并通过堆叠的形式设置多个Block，从而完成注意力模型的编写。注意力部分代码如下：

```
from torch import Tensor
import torch, math, einops

def softclamp(t, value=50.):
    """
    这个函数实现了一种"软夹持"操作。它首先将输入张量 t 除以一个给定的值（默认为 50.），
    然后应用 tanh 函数，最后乘以相同的值。tanh 函数将输入映射到 [-1, 1] 的范围内，
    而通过这种变换，原始输入的范围被"软"限制在了一个由 value 参数控制的范围内。
    这种操作可以在需要限制数据范围但不希望引入硬截断的情况下使用
    """
    return (t / value).tanh() * value


class MultiHeadAttention(torch.nn.Module):
    def __init__(self, d_model, attention_head_num):
        super(MultiHeadAttention, self).__init__()
        self.attention_head_num = attention_head_num
        self.d_model = d_model

        assert d_model % attention_head_num == 0
        self.scale = d_model ** -0.5
        self.softcap_value = 50.
        self.per_head_dmodel = d_model // attention_head_num

        self.qkv_layer = torch.nn.Linear(d_model, 3 * d_model)

        self.out_layer = torch.nn.Linear(d_model, d_model)

    def forward(self, embedding, past_length=0):
        qky_x = self.qkv_layer(embedding)
```

```
        q, k, v = torch.split(qky_x, split_size_or_sections=self.d_model, dim=-1)
        q = einops.rearrange(q, "b s (h d) -> b h s d", h=self.attention_head_num)
        k = einops.rearrange(k, "b s (h d) -> b h s d", h=self.attention_head_num)
        v = einops.rearrange(v, "b s (h d) -> b h s d", h=self.attention_head_num)

        q = q * self.scale
        sim = einops.einsum(q, k, 'b h i d, b h j d -> b h i j')
        sim = softclamp(sim, self.softcap_value)

        mask_value = -torch.finfo(sim.dtype).max

        i, j = sim.shape[-2:]
        causal_mask = torch.ones((i, j),
dtype=torch.bool).triu(past_length).to(embedding.device)
        sim = sim.masked_fill(causal_mask, mask_value)

        attn = sim.softmax(dim=-1)
        out = einops.einsum(attn, v, 'b h i j, b h j d -> b h i d')
        embedding = einops.rearrange(out, "b h s d -> b s (h d)")
        embedding = self.out_layer(embedding)

        return embedding
```

下一步是结合新的激活函数构建feedforward层，代码如下：

```
import torch

class Swiglu(torch.nn.Module):

    def __init__(self, hidden_size=312, add_bias_linear=False):
        super(Swiglu, self).__init__()

        self.add_bias = add_bias_linear
        self.hidden_size = hidden_size

        self.dense_h_to_4h = torch.nn.Linear(
            hidden_size,
            hidden_size * 4,
            bias=self.add_bias
        )

        def swiglu(x):
            x = torch.chunk(x, 2, dim=-1)
            return torch.nn.functional.silu(x[0]) * x[1]

        self.activation_func = swiglu

        self.dense_4h_to_h = torch.nn.Linear(
            hidden_size * 2,
            hidden_size,
```

```
        bias=self.add_bias
    )

def forward(self, hidden_states):
    intermediate_parallel = self.dense_h_to_4h(hidden_states)
    intermediate_parallel = self.activation_func(intermediate_parallel)
    output = self.dense_4h_to_h(intermediate_parallel)
    return output
```

在这里，除对经典的SwiGLU激活函数进行使用外，还额外添加了全连接缩放层，对输入的向量进行表示。

此时，基于我们设置的注意力模型以及前馈层feedforwad代码，构建注意力模块attentionBlock，代码如下：

```
from torch import Tensor
import torch, math, einops
from module import attention_module,feedforward_layer

class EncoderBlock(torch.nn.Module):
    def __init__(self, d_model, num_heads):
        super(EncoderBlock, self).__init__()
        self.d_model = d_model
        self.num_heads = num_heads
        self.attention_norm = torch.nn.RMSNorm(d_model)
        self.self_attention = attention_module.MultiHeadAttention(d_model, num_heads)
        self.ffn = feedforward_layer.Swiglu(d_model)

    def forward(self, embedding):
        residual = embedding

        embedding = self.attention_norm(embedding)
        embedding = self.self_attention(embedding)
        embedding = self.ffn(embedding)

        return embedding + residual

class Encoder(torch.nn.Module):
    def __init__(self, d_model, num_heads, num_layers = 3):
        super(Encoder, self).__init__()
        self.layers = torch.nn.ModuleList([EncoderBlock(d_model, num_heads) for _ in
range(num_layers)])

    def forward(self, embedding):
        for layer in self.layers:
            embedding = layer(embedding)

        return embedding
```

Block的构建是通过多个注意力层（attention）和前馈层（feed-forward）共同完成的，而Encoder则是在多个Block堆叠的基础上构建的。通过堆叠多个Block模块，模型可以对特征进行逐层抽取。

这种设计的优点在于，不同层次的Block可以关注不同的特征，从多个维度对结果进行不同角度的分析，从而提升模型的表达能力和泛化性能。

最终模型的设计如下：

```python
import torch
import attention_module_noRoPE

class Classifier(torch.nn.Module):
    def __init__(self):
        super(Classifier, self).__init__()
        self.embedding_layer = torch.nn.Embedding(3120,312)
        self.encoder = attention_module_noRoPE.Encoder(d_model=312,num_heads=6)
        self.logits = torch.nn.Linear(14976,2)

    def forward(self, x):
        embedding = self.embedding_layer(x)
        embedding = self.encoder(embedding)
        embedding = torch.nn.Flatten()(embedding)
        logits = self.logits(embedding)

        return logits
```

这是基于新的注意力机制设计的文本分类模型。在这个模型中，我们使用带有注意力机制的编码器作为特征提取器，随后通过logits层作为分类器，对结果进行二分类计算。

4.2.5　情感分类模型的训练与验证

最后，完成情感分类模型的训练与验证。在这里，我们首先对数据集进行分割，切分出训练集与验证集，代码如下：

```python
token_list = np.array(token_list)
label_list = np.array(label_list)

np.random.seed(100);np.random.shuffle(token_list)
np.random.seed(100);np.random.shuffle(label_list)
```

情感分类模型的训练与验证代码如下：

```python
import torch
import attention_module_noRoPE
from tqdm import tqdm

class Classifier(torch.nn.Module):
    def __init__(self):
        super(Classifier, self).__init__()
        self.embedding_layer = torch.nn.Embedding(3120, 312)
        self.encoder = attention_module_noRoPE.Encoder(d_model=312, num_heads=6)
        self.logits = torch.nn.Linear(14976, 2)

    def forward(self, x):
        embedding = self.embedding_layer(x)
```

```
        embedding = self.encoder(embedding)
        embedding = torch.nn.Flatten()(embedding)
        logits = self.logits(embedding)
        return logits


from torch.utils.data import DataLoader
import get_dataset
BATCH_SIZE = 128
DEVICE = "cuda" if torch.cuda.is_available() else "cpu"

model = Classifier().to(DEVICE)

train_dataset = get_dataset.TextSamplerDataset(get_dataset.token_list,
get_dataset.label_list)
train_loader = DataLoader(train_dataset, batch_size=BATCH_SIZE, shuffle=True)

optimizer = torch.optim.AdamW(model.parameters(), lr=2e-4)
lr_scheduler = torch.optim.lr_scheduler.CosineAnnealingLR(optimizer, T_max=1200,
eta_min=2e-5, last_epoch=-1)
criterion = torch.nn.CrossEntropyLoss(ignore_index=-100)

# 假设验证数据集已经准备好
val_dataset = get_dataset.TextSamplerDataset(get_dataset.val_token_list,
get_dataset.val_label_list)
val_loader = DataLoader(val_dataset, batch_size=BATCH_SIZE, shuffle=False)

for epoch in range(12):
    # 训练阶段
    model.train()
    pbar = tqdm(train_loader, total=len(train_loader))
    for token_inp, label_inp in pbar:
        token_inp = token_inp.to(DEVICE)
        label_inp = label_inp.to(DEVICE).long()

        logits = model(token_inp)
        loss = criterion(logits, label_inp)

        optimizer.zero_grad()
        loss.backward()
        optimizer.step()
        lr_scheduler.step()  # 执行优化器
        pbar.set_description(f"epoch:{epoch + 1}, train_loss:{loss.item():.5f},
lr:{lr_scheduler.get_last_lr()[0] * 1000:.5f}")

    # 验证阶段
    model.eval()
    total_val_loss = 0
    correct = 0
    with torch.no_grad():
        for token_inp, label_inp in val_loader:
```

```
            token_inp = token_inp.to(DEVICE)
            label_inp = label_inp.to(DEVICE).long()

            logits = model(token_inp)
            loss = criterion(logits, label_inp)
            total_val_loss += loss.item()

            # 计算准确率
            _, predicted = torch.max(logits, 1)
            correct += (predicted == label_inp).sum().item()

    avg_val_loss = total_val_loss / len(val_loader)
    val_accuracy = correct / len(val_dataset)

    print(f'Epoch {epoch + 1}, Validation Loss: {avg_val_loss:.5f}, Validation Accuracy:
{val_accuracy:.5f}')
```

最终打印结果如下：

```
 Epoch 1, Validation Loss: 0.54762, Validation Accuracy: 0.72813
 Epoch 2, Validation Loss: 0.52357, Validation Accuracy: 0.73750
 Epoch 3, Validation Loss: 0.53501, Validation Accuracy: 0.78438
 ...
 Epoch 10, Validation Loss: 0.72541, Validation Accuracy: 0.78125
 Epoch 11, Validation Loss: 0.74452, Validation Accuracy: 0.79375
 Epoch 12, Validation Loss: 0.80455, Validation Accuracy: 0.7975
```

可以看到，经过12轮训练，在分割的单独测试集上，模型准确率达到0.7975。请读者自行运行代码验证结果。

4.3 进阶篇实战 2：基于自回归模型的酒店评论生成

我们使用新架构的模型完成了情感分类任务。可以看到，引入注意力机制能够很好地对特征进行抽取，从而高效地完成二分类的情感分类任务。然而，使用自注意力机制的模型并不仅限于此。除经典的分类任务外，我们还可以通过增加旋转位置编码来扩展模型的功能，使其能够胜任文本生成任务。

4.3.1 数据集的准备与读取

在4.2节中，我们已经完成了情感数据集的基本读取，并掌握了汉字文本内容编码的方法。对于本节的任务，即基于自回归模型的酒店评论生成，数据集的准备与读取代码如下：

```
import numpy as np
from tqdm import tqdm
import torch

import tokenizer
tokenizer_emo = tokenizer.Tokenizer(model_path="../vocab/my_model.model")
```

```
print(tokenizer_emo.vocab_size())
max_length = 48


token_list = []
with open("../../dataset/ChnSentiCorp.txt", mode="r", encoding="UTF-8") as
emotion_file:
    for line in tqdm(emotion_file.readlines()):
        line = line.strip().split(",")

        text = "".join(line[1:]) + '※'
        if True:
            token = tokenizer_emo.encode(text)
            for id in token:
                token_list.append(id)
token_list = torch.tensor(token_list * 2)

class TextSamplerDataset(torch.utils.data.Dataset):
    def __init__(self, data = token_list, seq_len = max_length):
        super().__init__()
        self.data = data
        self.seq_len = seq_len

    def __getitem__(self, index):
        rand_start = torch.randint(0, self.data.size(0) - self.seq_len, (1,))
        full_seq = self.data[rand_start : rand_start + self.seq_len + 1].long()
        return full_seq[:-1],full_seq[1:]


    def __len__(self):
        return self.data.size(0) // self.seq_len
```

首先，我们对文本内容进行读取。需要注意的是，对于每行文本内容，我们不再像上一节进行情感判定时那样，将每行作为独立的样本进行存储，而是采用了首位相连的形式进行添加。这种处理方式符合文本生成任务的训练需求，即模型只需按照指定格式生成文本内容，而无须理解其具体含义。

在TextSamplerDataset进行采样时，我们也是随机截取一段特定文本进行输出。随机截取可以在一定程度上增加文本的多样性，从而增强模型的泛化能力和健壮性。

4.3.2　基于自回归文本生成模型的设计

接下来，我们需要实现基于自回归文本生成模型的设计。首先是基本的模型设计，相对于4.2节完成的分类模型，由于自回归文本生成模型是生成任务，需要额外添加位置编码，即在4.1节讲解的旋转位置编码。添加了旋转位置编码的注意力模型如下：

```
class MultiHeadAttention_MHA(torch.nn.Module):
    def __init__(self, d_model, attention_head_num):
        super(MultiHeadAttention_MHA, self).__init__()
        self.attention_head_num = attention_head_num
```

```
        self.d_model = d_model

        assert d_model % attention_head_num == 0
        self.scale = d_model ** -0.5
        self.softcap_value = 50.
        self.per_head_dmodel = d_model // attention_head_num

        self.qkv_layer = torch.nn.Linear(d_model, 3 * d_model)
        self.rotary_embedding = RotaryEmbedding(self.per_head_dmodel // 2,
use_xpos=True)

        self.out_layer = torch.nn.Linear(d_model, d_model)

    def forward(self, embedding, past_length = 0):
        qky_x = self.qkv_layer(embedding)

        q, k, v = torch.split(qky_x, split_size_or_sections=self.d_model, dim=-1)
        q = einops.rearrange(q, "b s (h d) -> b h s d", h=self.attention_head_num)
        k = einops.rearrange(k, "b s (h d) -> b h s d", h=self.attention_head_num)
        v = einops.rearrange(v, "b s (h d) -> b h s d", h=self.attention_head_num)

        q, k = self.rotary_embedding.rotate_queries_and_keys(q, k, seq_dim=2)


        q = q * self.scale
        sim = einops.einsum(q, k, 'b h i d, b h j d -> b h i j')

        #sim = softclamp(sim, self.softcap_value)

        mask_value = -torch.finfo(sim.dtype).max

        i, j = sim.shape[-2:]
        causal_mask = torch.ones((i, j),
dtype=torch.bool).triu(past_length).to(embedding.device)
        sim = sim.masked_fill(causal_mask, mask_value)

        attn = sim.softmax(dim=-1)
        out = einops.einsum(attn, v, 'b h i j, b h j d -> b h i d')
        embedding = einops.rearrange(out, "b h s d -> b s (h d)")
        embedding = self.out_layer(embedding)

        return embedding
```

其中的参数past_length=0的作用是对因果掩码进行设计,在这里triu(past_length)函数的作用是从past_length位置开始,生成一个对三角矩阵,对此不理解的读者可以尝试如下函数:

```
causal_mask = torch.ones((5, 5), dtype=torch.bool).triu(0)
causal_mask = torch.ones((5, 5), dtype=torch.bool).triu(2)
```

打印结果并比较其中的内容。

而基于标准注意力层完成的自回归模型如下:

```python
from torch import Tensor
import torch, math, einops
from module import attention_module,feedforward_layer

class EncoderBlock(torch.nn.Module):
    def __init__(self, d_model, num_heads):
        super(EncoderBlock, self).__init__()
        self.d_model = d_model
        self.num_heads = num_heads
        self.attention_norm = torch.nn.RMSNorm(d_model)
        self.self_attention = attention_module.MultiHeadAttention(d_model, num_heads)
        self.ffn = feedforward_layer.Swiglu(d_model)

    def forward(self, embedding):
        residual = embedding

        embedding = self.attention_norm(embedding)
        embedding = self.self_attention(embedding)
        embedding = self.ffn(embedding)

        return embedding + residual

class Encoder(torch.nn.Module):
    def __init__(self, d_model, num_heads, num_layers = 3):
        super(Encoder, self).__init__()
        self.layers = torch.nn.ModuleList([EncoderBlock(d_model, num_heads) for _ in
range(num_layers)])

    def forward(self, embedding):
        for layer in self.layers:
            embedding = layer(embedding)

        return embedding

class GeneratorModule(torch.nn.Module):
    def __init__(self, d_model, num_heads,vocab_size = 3120):
        super(GeneratorModule, self).__init__()

        self.embedding_layer = torch.nn.Embedding(vocab_size, d_model)
        self.encoder = Encoder(d_model, num_heads)
        self.logits = torch.nn.Linear(d_model, vocab_size)

    def forward(self, x):
        embedding = self.embedding_layer(x)
        embedding = self.encoder(embedding)
        logits = self.logits(embedding)

        return logits
```

同样地，在模型设计中，我们采用了 Block 模块化的设计思想。通过堆叠多个 Block 模块，对文本的特征进行逐层抽取，并在 logits 层进行转换后输出。

　　另外，需要注意的是，由于我们的目标是完成自回归生成任务，因此在输出时需要一个专门的输出格式函数来处理输出。相关代码如下：

```python
@torch.no_grad()
    def generate(self, prompt=None, n_tokens_to_gen=20, temperature=1., top_k=3,
sample=False, eos_token=2, device="cuda"):
        """
        根据给定的提示（prompt）生成一段指定长度的序列。

        参数:
        - seq_len: 生成序列的总长度。
        - prompt: 序列生成的起始提示，可以是一个列表。
        - temperature: 控制生成序列的随机性。温度值越高，生成的序列越随机；温度值越低，生成的序列
越确定。
        - eos_token: 序列结束标记的token ID，默认为2。
        - return_seq_without_prompt: 是否在返回的序列中不包含初始的提示部分，默认为True。

        返回:
        - 生成的序列（包含或不包含初始提示部分，取决于return_seq_without_prompt参数的设置）
        """

        # 将输入的prompt转换为torch张量，并确保它在正确的设备上（如GPU或CPU）

        self.eval()
        # prompt = torch.tensor(prompt)
        prompt = prompt.clone().detach().requires_grad_(False).to(device)

        input_ids = prompt
        for token_n in range(n_tokens_to_gen):
            with torch.no_grad():
                indices_to_input = input_ids
                next_token_logits = self.forward(indices_to_input)
                next_token_logits = next_token_logits[:, -1]

            probs = torch.nn.softmax(next_token_logits, dim=-1) * temperature
            (batch, vocab_size) = probs.shape

            if top_k is not None:
                (values, indices) = torch.topk(probs, k=top_k)
                probs[probs < values[:, -1, None]] = 0
                probs = probs / probs.sum(axis=1, keepdims=True)

            if sample:
                next_indices = torch.multinomial(probs, num_samples=1)
            else:
                next_indices = torch.argmax(probs, dim=-1)[:, None]

            input_ids = torch.cat([input_ids, next_indices], dim=1)
```

```
        return input_ids
```

在上面的代码中，我们按照自回归模型的性质，每次根据传入的文本生成下一个字符，之后对获取的字符进行转换，再拼接到原始文本中，这样依次拼接的结果就是获取到的完整的生成内容。

4.3.3　评论生成模型的训练

下面进行评论生成模型的训练。在这里，我们可以仿照前面章节训练的过程，直接对模型进行训练，代码如下：

```python
import math
from tqdm import tqdm
import torch
from torch.utils.data import DataLoader
import model

device = "cuda"
model = model.GeneratorModule(d_model=312,num_heads=6)
model.to(device)
save_path = "./saver/generator_model.pth"
model.load_state_dict(torch.load(save_path),strict=False)

BATCH_SIZE = 360
seq_len = 48
import get_data_emotion

train_dataset = 
get_data_emotion.TextSamplerDataset(get_data_emotion.token_list,seq_len=seq_len)
train_loader = (DataLoader(train_dataset, batch_size=BATCH_SIZE,shuffle=True))

optimizer = torch.optim.AdamW(model.parameters(), lr = 2e-4)
lr_scheduler = torch.optim.lr_scheduler.CosineAnnealingLR(optimizer,T_max = 
1200,eta_min=2e-5,last_epoch=-1)
criterion = torch.nn.CrossEntropyLoss()

for epoch in range(60):
    pbar = tqdm(train_loader,total=len(train_loader))
    for token_inp,token_tgt in pbar:
        token_inp = token_inp.to(device)
        token_tgt = token_tgt.to(device)
        logits = model(token_inp)
        loss = criterion(logits.view(-1, logits.size(-1)), token_tgt.view(-1))

        optimizer.zero_grad()
        loss.backward()
        optimizer.step()
        lr_scheduler.step()  # 执行优化器
        pbar.set_description(f"epoch:{epoch +1}, train_loss:{loss.item():.5f}, 
lr:{lr_scheduler.get_last_lr()[0]*1000:.5f}")

    torch.save(model.state_dict(), save_path)
```

读者可以自行尝试运行代码查看结果。

4.3.4　使用训练好的模型生成评论

接下来，我们使用训练好的模型生成对应的评论。根据自回归模型的指引，我们只需要设置一个起始内容，即可根据需要生成特定的文本。代码如下：

```
import torch
import model

import tokenizer
tokenizer_emo = tokenizer.Tokenizer(model_path="../vocab/my_model.model")

device = "cuda"
model = model.GeneratorModule(d_model=384,num_heads=6)
model.to(device)

save_path = "./saver/generator_model.pth"
model.load_state_dict(torch.load(save_path),strict=False)

model.to(device)
model.eval()

for _ in range(10):
    text = "位置"
    prompt_token = tokenizer_emo.encode(text)
    prompt_token = torch.tensor([prompt_token]).long().to(device)
    result_token = model.generate(prompt=prompt_token,
n_tokens_to_gen=64,top_k=5,temperature=0.99,device=device)[0].cpu().numpy()
    text = tokenizer_emo.decode(result_token).split("※")[0]
    print(text)
```

部分生成结果如下：

位置很好，就在火车站对面，离火车站很近的了，交通很便利，从机场来讲是到市中心，去机场的机场，可以坐在车上。

位置不错，在市中心，交通方便，房间也很大，服务也很好，就是房间的隔音效果比较差，而且很多人性化的服务，服务也不错，总的来说很满意

位置很不错，离火车站很近，也很方便。房间装修很好就是电视太小。

位置很好，就在繁华的路边，出门走5分钟就可以到了。总体来说还可以。

位置很好，就在火车站附近，步行到中心也很方便。房间也很干净，就是有一点点小，不过还是挺干净的，服务员也很有礼貌，有机会会来度假区住这样的酒店

读者可以自行尝试学习。

4.4　本章小结

在本章中，我们深入探讨了自回归模型在文本情感判定和文本生成任务中的应用。自回归模型以其能够预测序列中下一个元素的能力而闻名，这使得它们在处理文本数据时表现出色。我们首先介绍

了自回归模型的基本原理，然后通过具体案例展示了如何利用这些模型来分析文本中的情感倾向。

进一步地，我们详细阐述了一种特殊的自回归模型——加载了旋转位置编码（RoPE）以及新架构的文本生成模型。可以看到，新架构的文本生成模型不仅提高了模型对文本结构的理解能力，还增强了生成文本的连贯性和相关性。

随着自回归模型和RoPE技术的不断发展，我们相信这些先进的方法将为文本处理领域带来革命性的变化，推动自然语言处理技术向更高层次的智能发展。在未来的研究中，我们期待看到更多创新的模型和算法，以解决当前面临的挑战，并解锁文本生成的无限可能。

第 5 章

注意力机制详解之高级篇

在之前的章节中，我们已经详尽地探讨了基于自编码与自回归架构的生成模型，并借助实例清晰地展现了这两种架构在文本生成领域中的实际应用以及它们之间的异同。自编码模型凭借其卓越的信息压缩与重构能力，在捕捉文本深层特征方面展现出了不俗的实力；而自回归模型则依靠其强大的序列建模能力，在产出流畅连贯的文本方面令人瞩目。

为了进一步阐释基于自回归架构的注意力机制，我们还特别探讨了旋转位置编码的设计与运用。实践表明，加载了位置编码的注意力模型在文本生成任务上表现更为出色，能够更精准地把握文本中的位置信息，从而提升生成内容的质量。

在本章中，我们将把注意力转向注意力机制的另一重要组成部分——前馈层（Feedforward）。我们将首先引入一种新颖的模型：混合专家模型（Mixture of Experts，MoE），如图5-1所示。这种模型通过集成多个专家的知识，能够在处理复杂任务时展现出更高的灵活性和泛化能力。

图 5-1　混合专家模型

我们将探讨如何把混合专家模型巧妙地融入注意力机制中，具体做法是用它来替换传统的前馈层。这一创新设计旨在充分利用混合专家模型在处理多样化信息时的优势，从而进一步提升注意力机制的效能。我们相信，通过这种方式的改进，注意力机制将能够在文本生成等任务中发挥出更为强大的潜力，为自然语言处理领域带来新的突破。

5.1　替代前馈层的混合专家模型详解

混合专家模型（MoE）是一种深度学习架构，它通过集成多个专家模型（即子模型）来提升整体模型的预测性能和效率。这种架构主要由两部分组成：门控网络（路由器机制）和多个专家网络。每个专家网络专门处理输入数据的一个子集或特定特征，而门控网络则负责根据输入动态地选择合适的专家模型进行处理，它们之间使用专门的负载平衡与优化对资源进行调配。

MoE模型的优势包括提高模型的灵活性、性能以及计算资源的高效利用，尤其在处理复杂或多样化任务时表现突出。然而，设计和训练MoE模型也面临一些挑战，如平衡专家的数量和质量，以及优化门控网络的决策能力。MoE模型在自然语言处理、计算机视觉和推荐系统等领域有着广泛的应用前景。

5.1.1　混合专家模型的基本结构

混合专家模型是一种深度学习中的集成学习方法，它通过组合多个专家模型（即子模型）来形成一个整体模型，旨在实现高效计算与优异性能的平衡。混合专家模型的基本结构如图5-2所示。

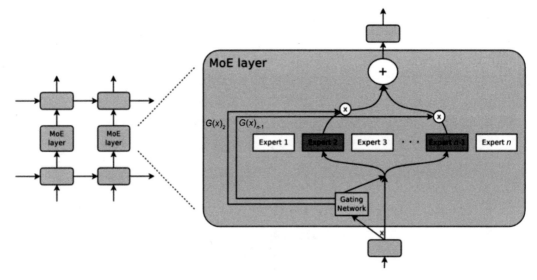

图 5-2　混合专家模型的基本结构

其基本结构可以归纳为以下几个关键要点。

（1）专家网络（Expert Networks）：

- MoE模型包含多个专家网络，每个专家网络都是一个独立的模型，负责处理某个特定的子任务。
- 这些专家网络可以是小型的多层感知机（MLP）或更复杂的结构，如Transformer等，各自在其擅长的领域内进行训练和优化。

（2）门控网络（Gating Network）：

- 门控网络是MoE模型中的另一个关键组件，负责根据输入数据的特征动态地决定哪个专家模型应该被激活以生成最佳预测。

● 门控网络通常输出一个概率分布，表示每个专家模型被选中的概率。这个概率分布可以通过softmax函数来计算，确保所有专家的权重之和为1。

（3）稀疏性（Sparsity）：

● 在MoE模型中，对于给定的输入，通常只有少数几个专家模型会被激活，这种特性使得MoE模型具有很高的稀疏性。

● 稀疏性带来了计算效率的提升，因为只有特定的专家模型对当前输入进行处理，减少了不必要的计算开销。

（4）输出组合（Output Combination）：

● 被激活的专家模型会各自产生输出，这些输出随后会被加权求和，得到MoE模型的最终输出结果。

● 加权求和的过程根据门控网络输出的概率分布来进行，确保每个专家的贡献与其被选中的概率成正比。

混合专家模型通过动态地选择和组合多个专家模型来处理输入数据，实现了高效计算与优异性能的平衡。这种结构使得MoE模型能够根据不同的任务和数据，灵活地调整其计算复杂度和模型容量，从而在各种深度学习应用场景中展现出强大的潜力。

5.1.2　混合专家模型中的"专家"与"调控"代码实现

混合专家模型（MoE）作为一种深度学习结构，其核心思想在于通过集成多个专门化的网络组件（即"专家"）来提升模型的表示能力和泛化性能。MoE的两个主要组成部分相互协作，共同实现这一目标。

首先是专家（Experts）部分。在MoE架构中，传统的前馈神经网络层被扩展为一组可选择的专家网络。这些专家通常也是由前馈神经网络构成的，但每个专家都专注于处理特定类型的数据或特征。这种设计使得模型能够在不同的情境下调用最合适的专家，从而更精确地捕捉数据的复杂性和多样性。通过专家的专门化学习，MoE能够在训练过程中更有效地分配计算资源，提高模型的效率和性能。

作者实现了一个专家层，代码如下：

```python
class Expert(torch.nn.Module):
    def __init__(self, n_embd):
        super().__init__()
        self.net = torch.nn.Sequential(
            torch.nn.Linear(n_embd, 4 * n_embd),
            torch.nn.ReLU(),
            torch.nn.Linear(4 * n_embd, n_embd),
            torch.nn.Dropout(0.1),
        )

    def forward(self, x):
        return self.net(x)
```

门控网络无疑是MoE架构中的核心组件，其重要性在于它掌控着在推理和训练过程中专家的选择权。简而言之，门控网络充当着智能调度员的角色，根据输入数据的特性，精准地调配各个专家的参与程度。

在最基础的操作层面，门控网络的运作可以概括为以下步骤：首先，接收输入数据（x），这个数据可能是一个特征向量，包含待处理任务的关键信息，如图5-3所示。

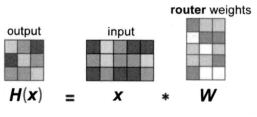

图 5-3   门控网络

接下来，我们将这个输入数据与路由器的权重矩阵（W）进行矩阵乘法运算。这一过程实质上是在对输入数据进行线性变换，目的是提取出对于后续专家选择至关重要的特征，如图5-4所示。

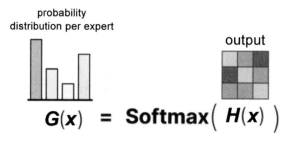

图 5-4   门控网络的调控

通过这种计算方式，门控网络能够为每个专家生成一个相应的得分，或称为"门控值"。这些门控值反映了在当前输入情境下，各个专家对于任务处理的适合程度。基于这些门控值，我们可以进一步应用softmax函数等策略，来确定每个专家在最终输出中的贡献权重，从而实现MoE架构中灵活且高效的专家组合与调用。

在最后阶段，我们利用门控网络（即路由器）生成的得分，与每个专家的输出进行结合，以选出最合适的专家贡献。具体来说，我们将每个专家的输出与其对应的门控得分相乘，这一步骤实质上是在对每个专家的预测结果进行加权。加权后的专家输出随后被相加，形成MoE模型的最终输出，如图5-5所示。

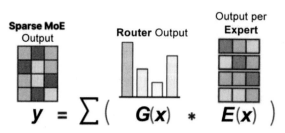

图 5-5   门控网络与专家模型的计算

现在，我们将整个过程综合起来，以便更全面地理解输入数据在门控路由器和专家之间的流动路径，如图5-6所示。

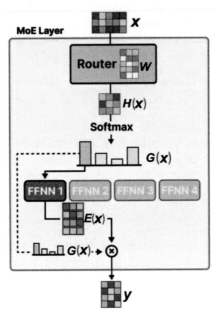

图 5-6　门控路由与专家模型的选择

- 输入数据的接收：首先，模型接收输入数据，这些数据可能是文本、图像或其他类型的特征向量，包含待处理任务的关键信息。
- 路由器的处理：输入数据随后被传递给路由器（即门控网络）。在这里，数据与路由器的权重矩阵进行矩阵乘法运算，生成一组得分。这些得分反映了在当前输入情境下，各个专家对于任务处理的适合程度。
- 专家的激活与输出：基于路由器的得分，一部分专家会被激活，而其余专家则保持休眠状态。被激活的专家会独立地处理输入数据，并生成各自的预测结果或输出向量。
- 输出的加权与合并：每个被激活的专家的输出都会与其对应的门控得分相乘，进行加权处理。随后，这些加权后的输出被相加，形成MoE模型的最终预测结果。

通过这种方式，MoE架构能够在不同的输入情境下动态地选择合适的专家组合，以实现更高效、更精确的数据处理与预测。作者实现了对于门控机制与专家模型的稀疏MoE，其代码如下：

```python
import torch

# 定义一个专家模型，它是一个简单的全连接网络
class Expert(torch.nn.Module):
    def __init__(self, n_embd):
        super().__init__()
        self.net = torch.nn.Sequential(
            torch.nn.Linear(n_embd, 4 * n_embd),  # 线性层，将维度扩大4倍
            torch.nn.ReLU(),  # ReLU激活函数
            torch.nn.Linear(4 * n_embd, n_embd),  # 线性层，恢复原始维度
            torch.nn.Dropout(0.1),  # Dropout层，防止过拟合
        )
```

```
    def forward(self, x):
        return self.net(x)  # 前向传播

# 定义一个Top-K路由器，用于选择前K个最佳专家
class TopkRouter(torch.nn.Module):
    def __init__(self, n_embed, num_experts, top_k):
        super(TopkRouter, self).__init__()
        self.top_k = top_k  # 选择前K个专家
        self.linear = torch.nn.Linear(n_embed, num_experts)  # 线性层，输出为专家数量

    def forward(self, mh_output):
        logits = self.linear(mh_output)  # 通过线性层得到每个专家的得分
        # 选择得分最高的前K个专家及其索引
        top_k_logits, indices = logits.topk(self.top_k, dim=-1)
        # 创建一个与logits形状相同且全为-inf的张量
        zeros = torch.full_like(logits, float('-inf'))
        # 将前K个专家的得分填充到zeros中对应的位置
        sparse_logits = zeros.scatter(-1, indices, top_k_logits)
        # 对sparse_logits进行softmax操作，使得得分转换为概率分布
        router_output = torch.nn.functional.softmax(sparse_logits, dim=-1)
        return router_output, indices  # 返回专家的概率分布和索引

# 定义一个稀疏的混合专家（MoE）模型
class SparseMoE(torch.nn.Module):
    def __init__(self, n_embed, num_experts, top_k):
        super(SparseMoE, self).__init__()
        self.router = TopkRouter(n_embed, num_experts, top_k)  # 路由器，用于选择专家
        # 创建一个专家列表，每个专家都是一个Expert实例
        self.experts = torch.nn.ModuleList([Expert(n_embed) for _ in
range(num_experts)])
        self.top_k = top_k  # 选择前K个专家

    def forward(self, x):
        # 通过路由器得到专家的概率分布和索引
        gating_output, indices = self.router(x)
        final_output = torch.zeros_like(x)  # 初始化最终输出为与输入形状相同的全零张量

        # 将输入和路由器的输出展平，以便进行后续处理
        flat_x = x.view(-1, x.size(-1))
        flat_gating_output = gating_output.view(-1, gating_output.size(-1))

        # 遍历每个专家，根据其概率分布对输入进行处理
        for i, expert in enumerate(self.experts):
            # 找出当前专家是前K个专家的token
            expert_mask = (indices == i).any(dim=-1)
            flat_mask = expert_mask.view(-1)  # 展平操作
            # 如果当前专家是至少一个token的前K个专家之一
            if flat_mask.any():
                # 选出这些token的输入
                expert_input = flat_x[flat_mask]
                # 将这些token输入给当前专家进行处理
                expert_output = expert(expert_input)
                # 获取当前专家对这些token的概率分布
                gating_scores = flat_gating_output[flat_mask, i].unsqueeze(1)
```

```
        # 根据概率分布对专家的输出进行加权
        weighted_output = expert_output * gating_scores
        # 将加权后的输出累加到最终输出中对应的位置
        final_output[expert_mask] += weighted_output.squeeze(1)

        return final_output   # 返回最终输出
```

上面的代码实现了一个稀疏的混合专家（Sparse Mixture of Experts，Sparse MoE）模型，其中包含一个路由器和多个专家。路由器负责根据输入选择前 K 个最佳专家，而每个专家则是一个简单的全连接网络。最终输出是所有选定专家的加权输出之和。

5.2　高级篇实战 1：基于混合专家模型的情感分类实战

在5.1节中，我们已经对混合专家模型（MoE）做了详尽的介绍。接下来，我们将进入实战环节，利用MoE模型来完成评论情感分类任务。我们将以第4章中的情感分类任务为蓝本，借鉴其框架与流程，作为本节实战内容的基础。

在模型构建环节，我们将采取一个创新性的举措：将原本的注意力层替换为MoE层。这一调整的目的是借助MoE层特有的机制来提升模型在处理复杂情感分类任务时的表现与准确性。

5.2.1　基于混合专家模型的 MoE 评论情感分类实战

为了完成这次基于MoE的评论情感分类实战，我们将遵循第4章中情感分类任务的设计思路，对训练主体部分进行构建。在模型设计方面，我们只需将注意力层替换为MoE层，即可开始我们的实战演练。单独的MoE层如图5-7所示。

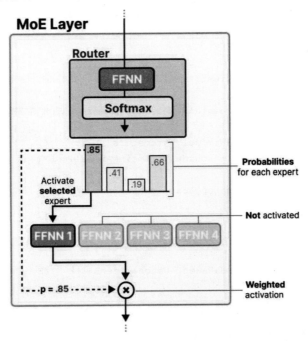

图 5-7　单独的 MoE 层

通过这样的调整，我们期待MoE模型能够在评论情感分类任务上展现出卓越的性能。完整训练代码如下：

```python
import torch
from 第5章 import baseMOE
from tqdm import tqdm

class Classifier(torch.nn.Module):
    def __init__(self):
        super(Classifier, self).__init__()
        self.embedding_layer = torch.nn.Embedding(3120, 312)
        self.encoder = torch.nn.ModuleList([baseMOE.SparseMoE(312,4,2) for _ in range(3)])
        self.logits = torch.nn.Linear(14976, 2)

    def forward(self, x):
        embedding = self.embedding_layer(x)

        for layer in self.encoder:
            embedding = layer(embedding)

        embedding = torch.nn.Flatten()(embedding)
        logits = self.logits(embedding)
        return logits

from torch.utils.data import DataLoader
import get_dataset
BATCH_SIZE = 128
DEVICE = "cuda" if torch.cuda.is_available() else "cpu"

model = Classifier().to(DEVICE)

train_dataset = get_dataset.TextSamplerDataset(get_dataset.token_list,
get_dataset.label_list)
train_loader = DataLoader(train_dataset, batch_size=BATCH_SIZE, shuffle=True)

optimizer = torch.optim.AdamW(model.parameters(), lr=2e-4)
lr_scheduler = torch.optim.lr_scheduler.CosineAnnealingLR(optimizer, T_max=1200,
eta_min=2e-5, last_epoch=-1)
criterion = torch.nn.CrossEntropyLoss(ignore_index=-100)

# 假设验证数据集已经准备好
val_dataset = get_dataset.TextSamplerDataset(get_dataset.val_token_list,
get_dataset.val_label_list)
val_loader = DataLoader(val_dataset, batch_size=BATCH_SIZE, shuffle=False)

for epoch in range(12):
    # 训练阶段
    model.train()
    pbar = tqdm(train_loader, total=len(train_loader))
```

```
    for token_inp, label_inp in pbar:
        token_inp = token_inp.to(DEVICE)
        label_inp = label_inp.to(DEVICE).long()

        logits = model(token_inp)
        loss = criterion(logits, label_inp)

        optimizer.zero_grad()
        loss.backward()
        optimizer.step()
        lr_scheduler.step()  # 执行优化器
        pbar.set_description(f"epoch:{epoch + 1}, train_loss:{loss.item():.5f},
lr:{lr_scheduler.get_last_lr()[0] * 1000:.5f}")

    # 验证阶段
    model.eval()
    total_val_loss = 0
    correct = 0
    with torch.no_grad():
        for token_inp, label_inp in val_loader:
            token_inp = token_inp.to(DEVICE)
            label_inp = label_inp.to(DEVICE).long()

            logits = model(token_inp)
            loss = criterion(logits, label_inp)
            total_val_loss += loss.item()

            # 计算准确率
            _, predicted = torch.max(logits, 1)
            correct += (predicted == label_inp).sum().item()

    avg_val_loss = total_val_loss / len(val_loader)
    val_accuracy = correct / len(val_dataset)

    print(f'Epoch {epoch + 1}, Validation Loss: {avg_val_loss:.5f}, Validation Accuracy:
{val_accuracy:.5f}')
```

此时经过12轮的模型训练，最终结果如下：

```
...
Epoch 10, Validation Loss: 0.47300, Validation Accuracy: 0.80937
Epoch 11, Validation Loss: 0.53913, Validation Accuracy: 0.80312
Epoch 12, Validation Loss: 0.55707, Validation Accuracy: 0.81250
```

可以看到，此时的结果提高了约两个百分点，具体请读者运行代码自行验证。

另外，值得关注的是，在MoE框架下，MoE层通常可以划分为两种类型：稀疏专家混合模型（Sparse Mixture of Experts）与密集专家混合模型（Dense Mixture of Experts）。它们的对比如图5-8所示。

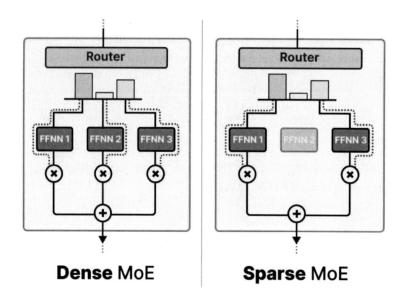

图 5-8　稀疏 MoE 与密集 MoE 的对比

　　这两种模型都依赖于路由器机制来选择合适的专家进行处理，但它们在专家的选择上有所不同。稀疏MoE模型在每次前向传播时仅激活少数几个专家，这种策略有助于提升计算效率和模型的专注度，使得每个被选中的专家都能充分发挥其专长。相比之下，密集MoE模型则会考虑所有的专家，但会根据输入的不同以不同的权重分布来选择各个专家。这种全面考虑的策略虽然计算成本相对较高，但能够更全面地整合各个专家的意见，从而在处理某些复杂任务中展现出更优越的性能。

5.2.2　混合专家模型中负载平衡的实现

　　在前面的代码实现中，针对专家的负载均衡，我们使用了TopkRouter进行设置，这是一种对路由器进行负载平衡的方法，其使用了一个简单的扩展策略，称为 KeepTopK。这种策略的核心思想是，通过动态选择负载最低或性能最优的K个专家节点来处理请求，从而确保系统的稳定性和响应速度。

　　具体来说，KeepTopK策略会实时监控各个专家节点的负载情况，并根据预设的评估标准，如响应时间、CPU使用率、内存占用率等，对节点进行排序。当新的请求到达时，TopkRouter会根据当前的排序结果，将请求路由到性能最佳的K个节点之一。这种方法不仅能够有效平衡负载，减少某些节点的过载风险，还能确保用户请求得到快速且可靠的处理。整体计算结果说明如下。

　　（1）首先计算所有的输出权重，如图5-9所示。

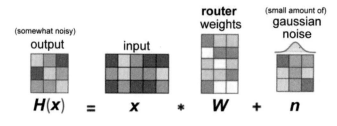

图 5-9　加载了 KeepTopK 运算的输出

（2）然后，除希望激活的前 K 个专家（例如两个）外的所有专家权重都将被设为 $-\infty$，如图5-10所示。

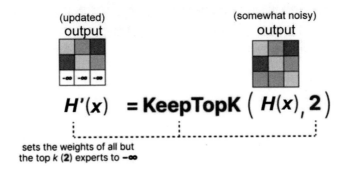

图 5-10　去除额外的专家

（3）将这些专家权重设为 $-\infty$ 时，softmax操作后的输出概率将变为0，如图5-11所示。

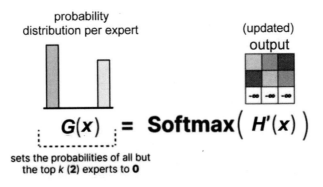

图 5-11　经过 softmax 计算后输出概率置为 0

（4）此时通过KeepTopK策略将每个token路由到若干选定的专家。这种方法被称为 Token 选择策略（Token Choice），如图5-12所示。它允许一个给定的token被路由到一个专家（见图5-12左图），或者被分配给多个专家（见图5-12右图）。

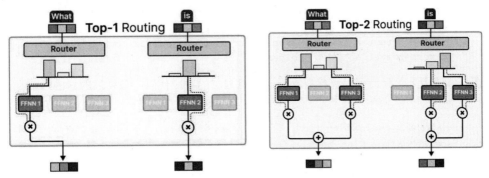

图 5-12　token 选择策略

路由器（Router）或门控网络（Gate Network）部分。这一组件在MoE架构中扮演着至关重要的角色，负责决定哪些数据（通常以token的形式）应该被发送到哪些专家进行处理。路由器网络根据输入数据的特性，动态地生成一个分配方案，确保每个token都能被路由到最合适的专家。这种动态路由机制使得MoE能够在处理不同输入时展现出高度的灵活性和适应性。通过优化路由器网络的设计，MoE可以在保持计算效率的同时，最大化地利用各个专家的专长，从而提升整体模型的性能。

选择单个专家可以提升我们在计算时的速度，而选择多个专家可以对各个专家的贡献进行加权，并将其整合起来，从而提高一定的准确性。至于选择哪种方式，还需要在实际应用中进行权衡和处理。

5.2.3 修正后的 MoE 门控函数

在混合专家模型的实际使用中，我们本质上追求的是一种均衡状态，即避免所有token都集中于某一组"热门"的expert上。为了实现这一目标，我们需要在系统中引入一种机制，以确保token的分配既不过于集中，也不过于分散。因此，我们采用了一种策略，那就是在来自门控线性层的logits上添加标准正态噪声，其代码如下：

```
class NoisyTopkRouter(torch.nn.Module):
    def __init__(self, n_embed, num_experts, top_k):
        super(NoisyTopkRouter, self).__init__()
        self.top_k = top_k
        self.topkroute_linear = torch.nn.Linear(n_embed, num_experts)
        # add noise
        self.noise_linear = torch.nn.Linear(n_embed, num_experts)

    def forward(self, mh_output):
        # mh_ouput is the output tensor from multihead self attention block
        logits = self.topkroute_linear(mh_output)

        # Noise logits
        noise_logits = self.noise_linear(mh_output)

        # Adding scaled unit gaussian noise to the logits
        noise = torch.randn_like(logits) * torch.nn.functional.softplus(noise_logits)
        noisy_logits = logits + noise

        top_k_logits, indices = noisy_logits.topk(self.top_k, dim=-1)
        zeros = torch.full_like(noisy_logits, float('-inf'))
        sparse_logits = zeros.scatter(-1, indices, top_k_logits)
        router_output = torch.nn.functional.softmax(sparse_logits, dim=-1)
        return router_output, indices
```

而在具体使用上，我们可以直接替换稀疏注意力层的对应代码，替换后的新的稀疏混合专家模型如下：

```
# 定义一个稀疏的混合专家模型（MoE）
class SparseMoE(torch.nn.Module):
    def __init__(self, n_embed, num_experts, top_k):
        super(SparseMoE, self).__init__()
        self.router = NoisyTopkRouter(n_embed, num_experts, top_k)#路由器，用于选择专家
        # 创建一个专家列表，每个专家都是一个Expert实例
        self.experts = torch.nn.ModuleList([Expert(n_embed) for _ in
range(num_experts)])
        self.top_k = top_k  # 选择前K个专家
```

```
def forward(self, x):
    # 通过路由器得到专家的概率分布和索引
    gating_output, indices = self.router(x)
    final_output = torch.zeros_like(x)  # 初始化最终输出为与输入形状相同的全零张量

    # 将输入和路由器的输出展平，以便进行后续处理
    flat_x = x.view(-1, x.size(-1))
    flat_gating_output = gating_output.view(-1, gating_output.size(-1))

    # 遍历每个专家，根据其概率分布对输入进行处理
    for i, expert in enumerate(self.experts):
        # 找出当前专家是前K个专家的token
        expert_mask = (indices == i).any(dim=-1)
        flat_mask = expert_mask.view(-1)  # 展平操作
        # 如果当前专家是至少一个token的前K个专家之一
        if flat_mask.any():
            # 选出这些token的输入
            expert_input = flat_x[flat_mask]
            # 将这些token输入给当前专家进行处理
            expert_output = expert(expert_input)
            # 获取当前专家对这些token的概率分布
            gating_scores = flat_gating_output[flat_mask, i].unsqueeze(1)
            # 根据概率分布对专家的输出进行加权
            weighted_output = expert_output * gating_scores
            # 将加权后的输出累加到最终输出中对应的位置
            final_output[expert_mask] += weighted_output.squeeze(1)

    return final_output  # 返回最终输出
```

读者可以自行学习验证。

这种噪声的引入实际上为模型注入了一种随机性，使得token在选择expert时不再完全依赖于原始的logits值。通过这种方式，我们可以有效地打破可能存在的"热门"expert的垄断地位，让其他相对"冷门"的expert也有机会得到token的分配。这不仅提高了模型的整体健壮性，还有助于防止模型在训练过程中出现过早收敛或陷入局部最优解的问题。

此外，KeepTopK策略还具备灵活性和可扩展性，可以根据实际运行情况进行动态调整。例如，在高峰期，系统可以自动增加 K 的值，以容纳更多的处理节点，从而提升整体的处理能力。而在低峰期，则可以减小 K 值，以节省资源并提高能效。

5.3 带有 MoE 的注意力模型

混合专家模型（MoE）的主要作用是作为前馈神经网络层（Feedforward Neural Network，FFNN）的替代品。通过引入这种替代方案，我们获得了诸多显著的好处。

首先，MoE通过集成多个"专家"子模型，显著增强了模型的表达能力和容量。相较于单一的前馈层，这种结构能够更细致地捕捉数据的复杂特征，从而在处理高度非线性问题时展现出更优越的性能。其次，MoE模型通过条件计算实现了高效的资源利用。在传统的FFNN中，所有神经元在每次前向传播时都会被激活，这可能导致计算资源的浪费。而在MoE中，只有部分专家会被选择性地

激活，这种稀疏性不仅降低了计算成本，还使得模型能够更专注于当前任务相关的特征，如图5-13所示。

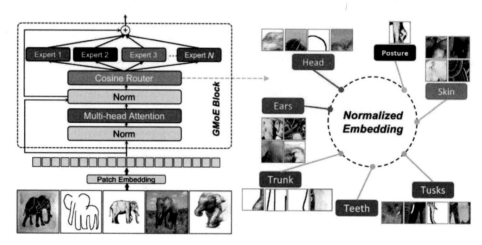

图 5-13   针对不同部位判定的 MoE 层

此外，MoE还具备出色的可扩展性。随着数据量的增长和任务的复杂化，我们可以通过增加专家数量来轻松扩展模型，而无须从头开始训练整个网络。这种灵活性使得MoE能够轻松应对不断变化的应用场景和需求。最后，通过引入专家之间的竞争机制，MoE还能够促进模型内部的多样性和健壮性。不同的专家可以学习到不同的数据特征和表示方式，从而增强了模型对噪声和异常值的抗干扰能力。这种特性使得MoE在处理实际应用中的复杂数据时表现出更高的稳定性和可靠性。

5.3.1   注意力机制中的前馈层不足

在前面探讨注意力机制的章节中，我们曾提及，在注意力层之后，通常会紧接一个标准的前馈神经网络（FFNN）。这个前馈神经网络在模型中的作用举足轻重，它使模型能够充分利用注意力机制所生成的上下文信息，并将这些信息进一步转换和提炼，从而捕捉到数据中更为复杂和深层次的关系，如图5-14所示。

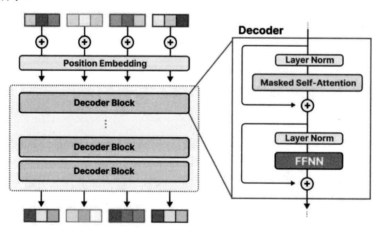

图 5-14   注意力层之后接上 FFNN

然而，随着模型对数据处理需求的提升，FFNN的规模也呈现出迅速增长的趋势。为了有效地学习并表达这些复杂的数据关系，FFNN通常需要对接收到的输入进行显著的维度扩展。这意味着，在实践中，我们需要运用一个庞大的全连接层（Fully Connected Layer，FCL）来完成这一关键任务。

具体来看，传统的前馈层是由一系列串联的全连接层构成的，这些层级结构通过调整内部神经元的数量来实现对输入信息的逐层抽象与处理。传统的前馈层如图5-15所示。

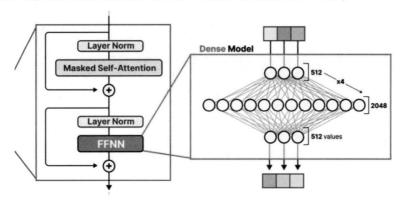

图 5-15　传统的前馈层

这种设计虽然在一定程度上提升了模型的表达能力，但同时也带来了计算资源和存储空间的挑战。因此，在构建和应用这类模型时，我们需要精心权衡其性能与资源消耗之间的平衡。

在传统的注意力模型中，FFNN被称为密集模型（Dense Model），因为它的所有参数（包括权重和偏置项）都会被激活。所有参数都被用于计算输出，没有任何部分被遗弃。如果我们仔细观察密集模型，可以发现输入在某种程度上激活了所有参数。密集模型如图5-16所示。

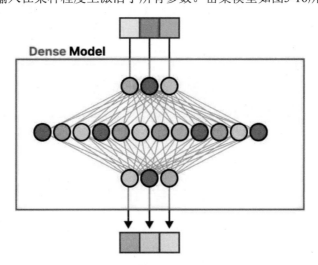

图 5-16　密集模型

相比之下，稀疏模型（Sparse Model）在运行时仅激活其总参数集中的一小部分，这种特性使其与专家混合模型紧密相连。为了更直观地阐述这一点，我们可以设想将一个密集模型（即传统意义上的全连接模型）分解为多个独立的部分，这些部分在MoE的框架中被称作"专家"。每个专家都负责处理特定类型的数据或特征，并在训练过程中专注于学习其专长领域内的知识。稀疏模型如图5-17所示。

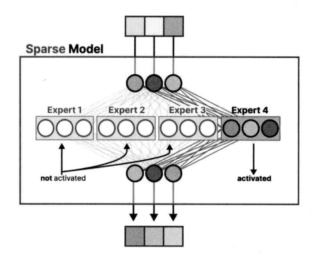

图 5-17   稀疏模型

稀疏性的概念采用了条件计算的思想。在传统的稠密模型中，所有的参数都会对所有输入数据进行处理。相比之下，稀疏性允许我们仅针对整个系统的某些特定部分进行计算。这意味着并非所有参数都会在处理每个输入时被激活或使用，而是根据输入的特定特征或需求，只有部分参数集合被调用和运行。

在模型运行时，我们不再像密集模型那样同时激活所有参数，而是根据输入数据的特性动态地选择并激活一部分专家。这种机制使得MoE能够在不同情境下调用最合适的专家组合，从而更精确地捕捉数据的复杂性和多样性。同时，由于每次只激活部分专家，MoE在计算效率和资源消耗方面相较于密集模型具有显著优势。这种可选择的稀疏专家模型如图5-18所示。

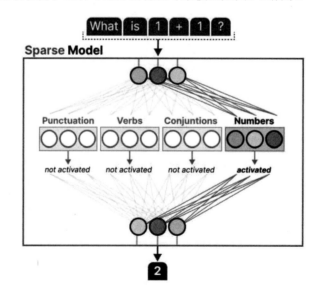

图 5-18   可选择的稀疏专家模型

在图5-19和图5-20中，根据颜色的深浅可以看到，对于输入的文本内容，其中的每个词汇或字母（根据token划分）都被不同的专家所关注。

```python
class MoeLayer(nn.Module):
    def __init__(self, experts: List[nn.Module],
        super().__init__()
        assert len(experts) > 0
        self.experts = nn.ModuleList(experts)
        self.gate = gate
        self.args = moe_args
```

图 5-19　不同专家所关注的部分

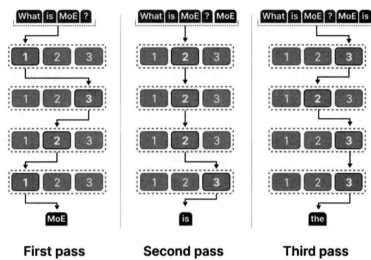

图 5-20　每个注意力中的专家

这种灵活性使得混合专家模型能够更精细地捕捉和响应数据中的复杂模式，从而提升了模型的整体性能和泛化能力。同时，由于每个专家都专注于其特定领域的知识表示，这种结构也有助于实现模型内部的知识分工和模块化，进一步提高了模型的解释性和可维护性。

5.3.2　MoE 天然可作为前馈层

在前面的工作中，我们已经成功设计并实现了混合专家模型（MoE）的程序代码，更进一步地，我们利用这个独立且完整的MoE模型完成了情感分类的实战演练。通过实战结果，我们清晰地观察到，MoE模型本身便具备出色的特征抽取能力，可以作为一个高效的特征抽取层来使用。在情感分类任务中，MoE模型展现出了良好的性能，准确地完成了分类任务。

传统的注意力机制中的前馈层，在很大程度上，其核心功能和作用可由特定的混合专家模型（MoE）来有效替代。可替代注意力模型中前馈层的MoE如图5-21所示。

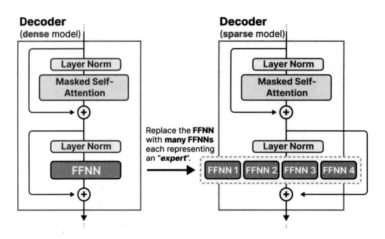

图 5-21　可替代注意力模型中前馈层的 MoE

在5.3.1节中，我们已经对MoE模型做了详细的阐述，尽管可以将专家模型理解为被分解的密集模型的隐藏层，但事实上这些专家模型本身往往就是功能完备的前馈神经网络（FFNN）。可作为FFNN的完整MoE模型如图5-22所示，使用专家模型作为前馈层如图5-23所示。

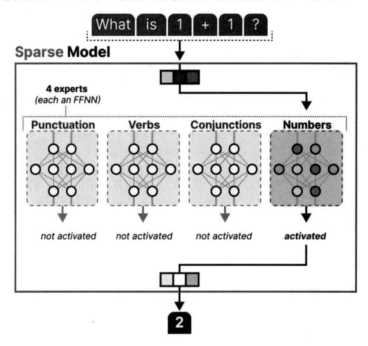

图 5-22　可作为 FFNN 的完整 MoE 模型

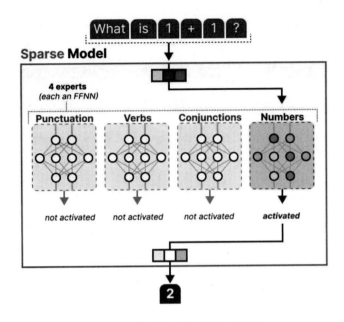

图 5-23 使用专家模型作为前馈层

  而一般注意力模型在使用过程中，由于存在多个模块的叠加，给定的文本在生成之前会依次通过这些不同模块中的多个专家。在这个过程中，不同的token在传递过程中可能会被不同的专家所处理，这导致了在模型内部形成了多样化的处理"路径"。叠加注意力模块中的专家路径示意如图5-24所示。

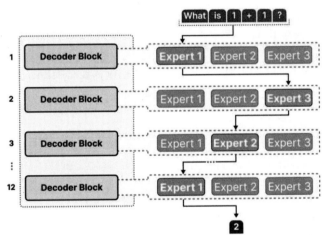

图 5-24 叠加注意力模块中的专家路径

  如果我们更新对解码器块的视觉呈现，它将展现出一个包含多个FFNN的架构，其中每个FFNN都代表一个特定的"专家"。这种设计意味着，在推理阶段，解码器块内拥有多个可供选择的FFNN专家，模型能够根据输入数据的特性动态地选择合适的专家来处理信息。

  而不同的专家在混合专家模型（MoE）中选择关注的token各不相同，这种差异性使得随着输入文本的变化，模型会动态地选择不同的"路径"进行处理。换言之，每个专家都专注于捕获输入数据的特定特征或模式，从而根据输入内容的不同，整体模型的关注路径也会相应地调整，如图5-25所示。

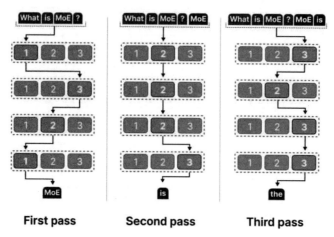

图 5-25　输入路径不同选择的专家不同

我们可以观察到，这种随着输入内容变化而变化的关注路径，实际上为模型提供了一种灵活且动态的特征选择机制。这种机制使得模型能够在处理不同输入时，更加精准地聚焦于关键信息，从而提升了模型的泛化能力和处理复杂任务的能力。

更重要的是，这种动态选择关注点的特性，正是我们所期望的。它意味着模型可以根据具体任务需求和输入数据的特性，自适应地调整其关注重点，以实现更加高效和准确的特征抽取和分类。这种灵活性不仅增强了模型的实用性，也为深度学习领域的发展注入了新的活力。

5.3.3　结合 MoE 的注意力机制

下面我们完成结合MoE的注意力机制。在这里，我们仅需要替换Encoder部分的原始FFNN层，即可完成MoE的替换，代码如下：

```python
from 第5章 import baseMOE
class EncoderBlock(torch.nn.Module):
    def __init__(self, d_model, num_heads):
        super(EncoderBlock, self).__init__()
        self.d_model = d_model
        self.num_heads = num_heads
        self.attention_norm = torch.nn.RMSNorm(d_model)
        self.self_attention = attention_module.MultiHeadAttention(d_model, num_heads)

        #self.ffn = feedforward_layer.Swiglu(d_model)
        #读者可以替换FFNN部分完成
        self.ffn = baseMOE.SparseMoE(d_model,4,2)

    def forward(self, embedding):
        residual = embedding

        embedding = self.attention_norm(embedding)
        embedding = self.self_attention(embedding)
```

```
embedding = self.ffn(embedding)

return embedding + residual
```

读者可以自行尝试。

5.4　高级篇实战 2：基于通道注意力的图像分类

使用卷积进行图像识别已经成为计算机视觉领域的一种重要技术。卷积神经网络（CNN）通过其独特的卷积层结构，能够有效地提取图像中的特征信息，进而实现高精度的图像识别。

在图像识别过程中，卷积层扮演着关键角色。它通过滑动卷积核（也称为滤波器）来遍历整个图像，捕捉图像中的局部特征，如边缘、纹理等。这种局部特征提取方式不仅有助于减少模型的参数数量，还能提高模型对图像平移、缩放等变换的健壮性。

随着卷积层的逐层深入，网络能够逐渐捕捉到更加抽象和高级的特征表示。这些特征在后续的分类或识别任务中发挥着至关重要的作用。通过堆叠多个卷积层，CNN能够构建起一个深层次的特征提取网络，从而实现对图像内容的深入理解和准确识别。

此外，卷积神经网络还通过引入池化层、全连接层等组件，进一步完善了图像识别的流程。池化层主要用于降低特征图的维度，减少计算量，同时增强特征的健壮性。全连接层则负责将提取到的特征映射到最终的分类结果上。

本节将介绍图像分类数据集MNIST，并讲解单纯使用卷积完成MNIST图像分类任务，之后还会介绍使用通道注意力的图像分类模型。

5.4.1　数据集的准备

为了让读者聚焦于我们的模型设计，这里使用一个较简单的灰度图像数据集MNIST。实际上，MNIST是一个手写数字的数据库，它有60 000个训练样本集和10 000个测试样本集。MNIST数据集中的图像如图5-26所示。

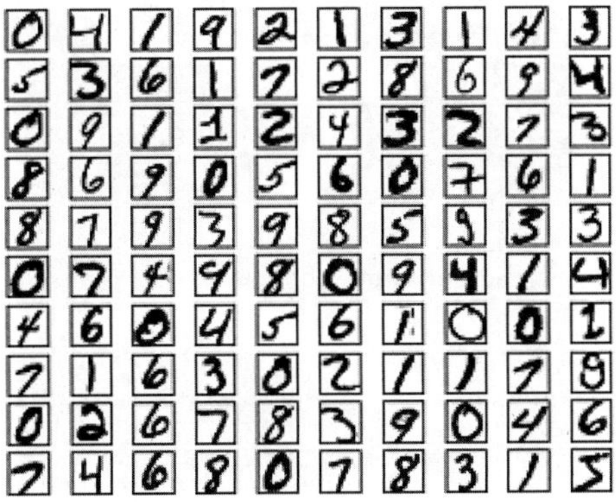

图 5-26　MNIST 文件手写体

读者可以通过本书自带的MNIST数据集获取图像数据，代码如下：

```
from torch.utils.data import Dataset
```

```
from torchvision.transforms.v2 import PILToTensor,Compose
import torchvision

# 手写数字
class MNIST(Dataset):
    def __init__(self,is_train=True):
        super().__init__()

self.ds=torchvision.datasets.MNIST('../../dataset/mnist/',train=is_train,download=True)
        self.img_convert=Compose([
            PILToTensor(),
        ])

    def __len__(self):
        return len(self.ds)

    def __getitem__(self,index):
        img,label=self.ds[index]
        return self.img_convert(img)/255.0,label

if __name__=='__main__':
    import matplotlib.pyplot as plt

    ds=MNIST()
    img,label=ds[0]
    print(label)
    plt.imshow(img.permute(1,2,0))
    plt.show()
```

在上面的代码中，我们读取了MNIST数据集，并将第一幅图像进行可视化展示，结果如图5-27所示。

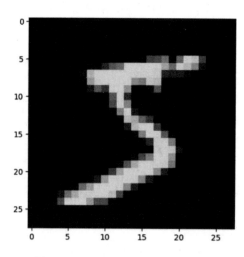

图 5-27　MNIST 数据集中的一幅图

读者可以自行运行代码查看结果。

5.4.2　图像识别模型的设计

在数字图像处理中，有一种基本的处理方法，称为线性滤波。它将待处理的二维数字看作一个大型矩阵，图像中的每个像素可以看作矩阵中的每个元素，像素的大小就是矩阵中的元素值。

而使用的滤波工具是另一个小型矩阵，这个矩阵被称为卷积核。卷积核的大小远远小于图像矩阵。具体的计算方式是：对于图像大矩阵中的每个像素，计算其周围的像素和卷积核对应位置的乘积，之后将结果相加，最终得到的终值就是该像素的值。这样就完成了一次卷积。最简单的图像卷积运算如图5-28所示。

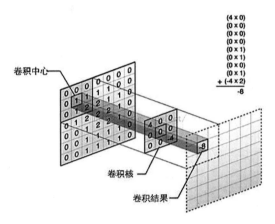

图 5-28　最简单的图像卷积运算

关于卷积的基本知识本书不做过多阐述，有兴趣的读者可以参考另一本作者讲解图像识别的书《PyTorch深度学习与计算机视觉实践》。

我们设计的基本MNIST图像分类模型如下：

```python
import torch
import torch.nn as nn
import numpy as np
import einops.layers.torch as elt

class MnistNetword(nn.Module):
    def __init__(self):
        super(MnistNetword, self).__init__()
        #前置的特征提取模块
        self.convs_stack = nn.Sequential(
            nn.Conv2d(1,12,kernel_size=7),    #第一个卷积层
            nn.ReLU(),
            nn.Conv2d(12,24,kernel_size=5),   #第二个卷积层
            nn.ReLU(),
            nn.Conv2d(24,6,kernel_size=3)     #第三个卷积层
        )
        #最终分类器层
        self.logits_layer = nn.Linear(in_features=1536,out_features=10)

    def forward(self,inputs):
```

```
image = inputs
x = self.convs_stack(image)
#elt.Rearrange的作用是对输入数据的维度进行调整,读者可以使用torch.nn.Flatten函数来替代
x = elt.Rearrange("b c h w -> b (c h w)")(x)
logits = self.logits_layer(x)
return logits

model = MnistNetword()
torch.save(model,"model.pth")
```

在上面的代码中,我们首先设定了3个卷积层作为前置的特征提取层,最后一个全连接层作为分类器层。这里需要注意的是,对于分类器的全连接层,输入维度需要手动计算。当然,读者可以一步一步地尝试打印特征提取层的结果,使用shape函数打印维度后计算。

5.4.3　结合通道注意力图像分类模型

注意力机制在深度学习中多种多样,它们侧重于模型在处理信息时对不同部分的关注度。而 SE 块(Squeeze-and-Excitation Block)所引入的正是一种独特的注意力机制——通道注意力机制,这与我们通常理解的注意力机制有所不同。

通道注意力机制的核心思想在于,它旨在深入探索每个卷积核通道中的特征信息,并通过综合这些特征来揭示不同通道之间的内在联系。具体来说,SE 块首先通过挤压(squeeze)操作,将每个通道的全局空间信息压缩为一个标量值,这个值在某种程度上代表了该通道特征的重要性。随后,通过激励(excitation)操作,这些标量值被用于重新调整(或加权)原始通道特征,以增强模型对重要特征的关注度并抑制不相关的特征。

1. 什么是通道注意力机制

在卷积神经网络中,每个卷积层都会输出多个特征图(feature maps),每个特征图对应一个通道(channel)。传统上,这些通道是被同等对待的,即每个通道对最终决策的贡献被认为是相同的。通道注意力的结构如图 5-29 所示。

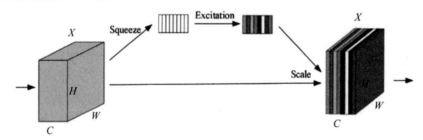

图 5-29　通道注意力 SEblock

SE块是SENet(Squeeze-and-Excitation Networks)中的核心组件,它通过两个精心设计的操作——Squeeze和Excitation,实现了对通道关系的显式建模和特征重新校准,从而显著提升了卷积神经网络的性能。

2. Squeeze操作

Squeeze操作的主要目的是将全局空间信息有效地压缩到一个通道描述符中。对于给定的特征图

U，其维度通常为(H, W, C)，其中H和W分别代表特征图的高度和宽度，C代表通道数。Squeeze操作通过全局平均池化（Global Average Pooling，GAP）来实现，具体过程如下。

- 全局平均池化：对于特征图U中的每个通道，计算其所有空间位置上的平均值。这样，每个通道就被压缩为一个单一的标量值，整个特征图U被压缩成一个维度为$(1, 1, C)$的特征向量Z。
- 通道描述符：这个特征向量Z可以看作通道级别的全局特征描述符，每个元素代表了对应通道的全局特征响应。这些响应值反映了不同通道在全局范围内的特征重要性。

3. Excitation操作

Excitation操作基于Squeeze操作得到的通道描述符Z，进一步学习通道间的相互依赖关系，并为每个通道生成一个权重。这一操作通过两个全连接层（FC）和一个激活函数来实现，具体过程如下：

- 降维与升维：首先，通过第一个全连接层对通道描述符Z进行降维处理，减少通道数至C/r（r为降维比例，手动设置），以减少计算量和防止过拟合。然后，通过ReLU激活函数增加非线性。接下来，通过第二个全连接层将通道数恢复回C，以生成与原始通道数相同的权重向量S。
- Sigmoid激活：最后，通过Sigmoid激活函数将权重向量S中的每个元素压缩到0和1之间，得到一个归一化的权重向量。这些权重代表了不同通道的重要程度，值越大，表示该通道的特征越重要。

SE块通过Squeeze和Excitation这两个关键操作，实现了对通道关系的显式建模和特征重新校准，使网络能够自适应地调整不同通道的特征响应，从而显著提升卷积神经网络的性能。这种通道注意力机制在多个视觉任务中表现出了优异的性能，证明了其有效性和通用性。

这种通道注意力机制不仅提高了模型对特征选择的敏感性，还使得网络能够更加高效地利用有限的计算资源。通过自适应地调整通道特征的权重，SE块能够帮助深度学习模型在处理复杂任务时实现更加精准和高效的特征提取与表示，从而提升模型的整体性能。

实现的SE模块的代码如下：

```
class SEBlock(torch.nn.Module):
    def __init__(self, in_chnls, ratio):
        super(SEBlock, self).__init__()
        self.squeeze = torch.nn.AdaptiveAvgPool2d(1)
        self.compress = torch.nn.Conv2d(in_chnls, in_chnls // ratio, kernel_size=1,
stride=1, padding=0)
        self.excitation = torch.nn.Conv2d(in_chnls // ratio, in_chnls, kernel_size=1,
stride=1, padding=0)

    def forward(self, x):
        out = self.squeeze(x)
        out = self.compress(out)
        out = torch.nn.functional.silu(out)   # 使用正确的激活函数名称
        out = self.excitation(out)
        out = torch.sigmoid(out)   # 使用 torch.sigmoid 而不是 torch.nn.functional.sigmoid

        # 将 out 缩放到与输入 x 相同的形状
        return x * out
```

此时，完整的加载SE模块的图像分类模型如下：

```python
class MnistModel(torch.nn.Module):
    def __init__(self):
        super(MnistModel, self).__init__()
        self.conv = torch.nn.Conv2d(1, 3, kernel_size=3, stride=1, padding=1)
        self.senet = SEBlock(in_chnls=3, ratio=1)
        self.logits_layer = torch.nn.Linear(75,10)
    def forward(self, x):
        image = self.conv(x)
        image = self.senet(image)
        image = torch.nn.Flatten()(image)
        logits = self.logits_layer(image)
        return logits
```

5.4.4 图像识别模型 SENet 的训练与验证

接下来，我们将完成图像识别模型的训练与验证部分。在下面的代码中，我们首先载入数据集，经过36轮训练后，可以完成对应的图像验证。

```python
from torch.utils.data import DataLoader
from get_dataset import MNIST
import se_model
from tqdm import tqdm
import torch

DEVICE='cuda' if torch.cuda.is_available() else 'cpu' # 设备
BATCH_SIZE = 128

dataset=MNIST() # 数据集
model = se_model.MnistModel().to(DEVICE)
optimizer =torch.optim.AdamW(model.parameters(),lr=1e-5)    # 优化器
loss_fn = torch.nn.CrossEntropyLoss()

dataloader=DataLoader(dataset,batch_size=BATCH_SIZE,shuffle=True)      # 数据加载器
for epoch in range(36):
    pbar = tqdm(dataloader, total=len(dataloader))
    for imgs, labels in pbar:
        imgs, labels = imgs.to(DEVICE), labels.to(DEVICE) #将数据和标签移动到指定的设备上

        # 前向传播
        outputs = model(imgs)
        loss = loss_fn(outputs, labels)

        # 反向传播和优化
        optimizer.zero_grad()   # 清空梯度
        loss.backward()         # 反向传播计算梯度
        optimizer.step()        # 更新模型参数

        # 更新进度条信息
        pbar.set_description(f"Epoch {epoch + 1}/{36}, Loss: {loss.item():.4f}")
```

```
model.eval()                    # 设置模型为评估模式
val_dataset = MNIST(is_train=False)  # 验证数据集
val_dataloader = DataLoader(val_dataset, batch_size=BATCH_SIZE, shuffle=False)  # 验
证数据加载器，通常不需要打乱

correct = 0                     # 正确预测的计数
total = 0                       # 总样本数

with torch.no_grad():           # 不需要计算梯度，节省内存和计算资源
    for imgs, labels in tqdm(val_dataloader, total=len(val_dataloader)):
        imgs, labels = imgs.to(DEVICE), labels.to(DEVICE)  #将数据和标签移动到指定的设备上

        # 前向传播
        outputs = model(imgs)
        _, predicted = torch.max(outputs.data, 1)          # 得到预测结果

        # 计算准确率
        total += labels.size(0)  # 更新总样本数
        correct += (predicted == labels).sum().item()      # 更新正确预测的计数

# 计算并打印准确率
accuracy = 100 * correct / total
print(f'Validation Accuracy of the model on the test images: {accuracy:.2f}%')
```

训练结果如下：

```
Epoch 1/12, Loss: 2.0573: 100%|██████████| 469/469 [00:07<00:00, 59.84it/s]
Epoch 2/12, Loss: 1.8317: 100%|██████████| 469/469 [00:08<00:00, 54.44it/s]
Epoch 3/12, Loss: 1.6672: 100%|██████████| 469/469 [00:08<00:00, 52.12it/s]
...
Epoch 34/36, Loss: 0.4118: 100%|██████████| 469/469 [00:09<00:00, 51.70it/s]
Epoch 35/36, Loss: 0.2805: 100%|██████████| 469/469 [00:09<00:00, 51.72it/s]
Epoch 36/36, Loss: 0.3113: 100%|██████████| 469/469 [00:09<00:00, 51.44it/s]
100%|██████████| 79/79 [00:01<00:00, 66.53it/s]
Validation Accuracy of the model on the test images: 90.83%
```

可以看到，经过36轮训练后，我们的模型在验证集上获得了接近91%的准确率。这是一个较好的结果，读者可以自行运行代码验证结果。

上面我们详细阐述了整合MoE的注意力模型，探讨了其如何提升模型的表示能力和泛化性能。接下来，我们将进一步探讨基于MoE与注意力机制的图像分类方法，揭示这一组合如何在图像识别领域发挥重要作用。

5.5 高级篇实战 3：基于 MoE 与自注意力的图像分类

在本节中，我们将进一步探讨基于MoE与注意力机制的图像分类方法（准确率有极大提高），揭示这一组合如何在图像识别领域发挥重要作用。

在图像分类任务中，模型的挑战在于如何准确捕捉图像中的关键信息，并据此做出正确的类别判断。MoE与注意力机制的结合为这一问题提供了有效的解决方案。具体来说，通过引入MoE，我们可以将多个专家模型集成到一个框架中，每个专家负责处理图像中的特定部分或特征。这种分而治之的策略，使得模型能够更精细地理解图像内容，提高分类的准确性。

同时，注意力机制的引入，进一步增强了模型对关键信息的聚焦能力。在图像分类过程中，注意力机制可以引导模型自动关注图像中最具判别性的区域，从而忽略不相关或冗余的信息。这种机制与MoE的结合，使得每个专家模型能够在其擅长的领域内发挥最大的作用，共同提升模型整体的分类性能。

5.5.1　基于注意力机制的 ViT 模型

Vision Transformer（ViT）模型是最新提出的、将注意力机制应用在图像分类中的模型。Vision Transformer算法会将整幅图像拆分成小图像块，然后把这些小图像块的线性映射序列作为注意力模块的输入数据送入网络，再进行图像分类的训练，如图5-30所示。

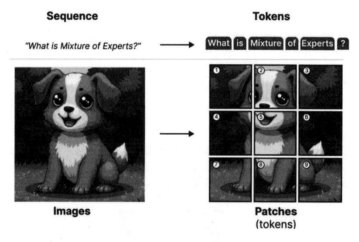

图 5-30　VIT 进行图像分块

ViT是注意力机制在图像识别领域的一项开创性的应用，其舍弃了传统基于卷积神经网络的图像识别模式，采用了全新的Transformer架构来处理图像数据。这种架构的核心思想是自注意力机制，它允许模型在同一序列中的不同位置之间建立相互依赖的关系，从而实现对图像特征的全局捕捉和长距离依赖的处理。与传统的卷积神经网络相比，ViT具有以下几个显著优势。

- 长距离依赖处理：传统卷积神经网络在处理局部特征时表现出色，但在处理长距离依赖方面相对较弱。而ViT通过自注意力机制，可以有效地捕捉到图像中不同位置之间的依赖关系，从而提高模型在处理长距离依赖任务时的性能。
- 可解释性：虽然深度学习模型通常被认为是"黑箱"，但ViT在一定程度上具有可解释性。通过对模型的中间层输出进行分析，我们可以了解到模型在不同层次上关注的图像特征。这有助于我们理解模型的工作原理，并在需要时进行调试和优化。
- 并行计算能力：由于Transformer架构天然具有并行计算能力，因此在处理大量图像数据时，ViT可以充分利用GPU资源，实现高效的计算。

- 全局感知：ViT通过自注意力机制，可以在不同层次的特征之间建立起关联关系，从而实现对图像全局信息的感知。这使得模型在处理复杂图像任务时，能够更好地捕捉到图像的整体结构和语义信息。
- 易于迁移学习：由于ViT摒弃了传统的卷积神经网络结构，因此可以很容易地将其预训练好的权重迁移到其他任务上。这使得模型具有更强的泛化能力，可以在不同的图像识别任务中取得良好的效果。

ViT的整体结构如图5-31所示。

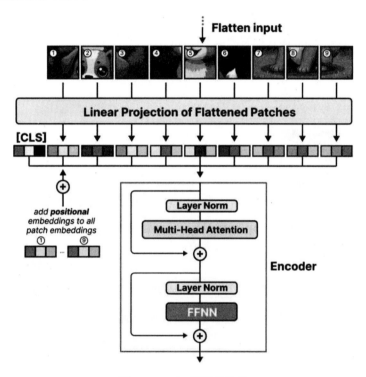

图 5-31　ViT 的整体结构

可以看到，同前面章节讲解的编码器类似，ViT也是由同样的组件构成的。

- Patch Embedding：将整幅图像拆分成小图像块，然后把这些小图像块的线性映射序列作为Transformer的输入送入网络。
- Position Embedding：由于Transformer没有循环结构，因此需要添加位置编码来保留输入序列中的位置信息。
- Transformer Encoder：使用多头自注意力机制对每个小图像块映射后的向量进行加权求和，得到新的向量。
- 分类器：最后使用一个全连接层对每个小图像块的向量进行分类。

其中最重要的是Patch Embedding和注意力模块。下面我们将对其展开讲解。

5.5.2　Patch 和 Position Embedding

Patch Embedding又称为图像分块映射，在Transformer结构中，需要输入的是一个二维矩阵(L,D)，其中L是sequence的长度，D是sequence中每个向量的维度，因此需要将三维的图像矩阵转换为二维的矩阵。

图像的输入不是一个一个的字符，而是一个一个的像素。假设每个像素有C个通道，图片有宽W和高H，因此一幅图片的所有数据可以用一个大小为$[H,W,C]$的张量来无损地表示。例如，在MNIST数据集中，数据的大小就是28×28。但是，一个一个像素输入Transformer粒度太细了，一幅最小的图片也要784（28×28）个token。因此，一般把图片切成一些小块（Patch）当作token输入。同时，Patch的大小$[h,w]$必须是能够被图片的宽和高整除的，如图5-32所示。

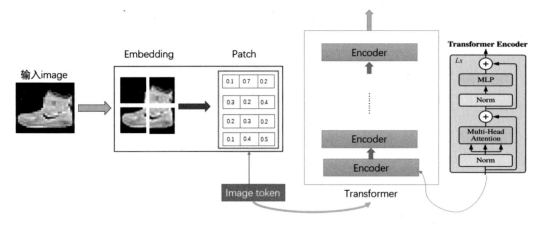

图 5-32　Patch Embedding 图像转换

这些图像的token意义上等价于文本的token，都是原来信息的序列表示。不同的是，文本的token是通过分词算法分到的特定字库中的序号，这些序号即字典的index。也就是说，文本的token是一个数字；而图像的一个token（Patch）是一个矩阵。

具体来看，如果输入图片大小为28×28×1，这是一个单通道的灰度图，Patch Embedding将图片分为固定大小的Patch，Patch大小为4×4，则每幅图像会生成28×28 / 4×4=49个Patch，这个数值可以作为映射后的序列长度，值为49，而每个Patch的大小是4×4×1=16。因此，每幅图片完成Patch Embedding映射后的矩阵大小为[49,16]，图片映射为49个token，每个token维度为16。

$$[49,16] \leftrightarrow 28 \times 28 = \left(\frac{28 \times 28}{4 \times 4}\right) \times (4 \times 4) = 49 \times 16$$

而对于多通道（一般通道数为3）的彩色图片的处理，首先对原始输入图像进行切块处理。假设输入的图像大小为224×224，我们将图像切成一个个固定大小为16×16的方块，每一个小方块就是一个Patch，那么每幅图像中Patch的个数为(224×224)/(16×16) = 196个。切块后，我们得到了196个[16, 16, 3]的Patch，之后把这些Patch送入Flattened Patches层，这个层的作用是将输入序列展平。所以输出后也有196个token，每个token的维度经过展平后为16×16×3 = 768，所以输出的维度为[196, 768]。

有时为了针对项目目标的分类特殊性，还需要加上一个特殊字符cls，因此最终的维度是[token

数+1,token维度]。到目前为止，已经通过Patch Embedding将一个视觉问题转换为一个序列处理问题。

下面我们以多通道的彩色图片处理为例，完成Patch Embedding的计算。在实际代码实现中，只需通过卷积和展平操作即可实现Patch Embedding。使用卷积核大小为16×16，步长（stride）为16，卷积核个数为768，卷积后再展平，size变化为：[224, 224, 3]→[14, 14, 768]→[196, 768]。代码如下：

```python
class PatchEmbed(torch.nn.Module):
    def __init__(self, img_size=224, patch_size=16, in_c=3, embed_dim=768):
        super().__init__()
        """
        此函数用于初始化相关参数
        :param img_size: 输入图像的大小
        :param patch_size: 一个Patch的大小
        :param in_c: 输入图像的通道数
        :param embed_dim: 输出的每个token的维度
        :param norm_layer: 指定归一化方式，默认为None
        """
        patch_size = (patch_size, patch_size)  # 16 -> (16, 16)
        self.img_size = img_size = (img_size, img_size)  # 224 -> (224, 224)
        self.patch_size = patch_size
        # 计算原始图像被划分为(14, 14)个小块
        self.grid_size = (img_size[0] // patch_size[0], img_size[1] // patch_size[1])
        self.num_patches = self.grid_size[0] * self.grid_size[1]  # 计算Patch的个数为
14*14=196个
        # 定义卷积层
        self.proj = torch.nn.Conv2d(in_channels=in_c, out_channels=embed_dim,
kernel_size=patch_size, stride=patch_size)
        # 定义归一化方式
        self.norm = torch.nn.LayerNorm(embed_dim)

    def forward(self,image):
        """
            此函数用于前向传播
            :param x: 原始图像
            :return: 处理后的图像
            """
        B, C, H, W = image.shape

        # 检查图像高宽和预先设定是否一致，不一致则报错
        assert H == self.img_size[0] and W == self.img_size[
            1], f"Input image size ({H}*{W}) doesn't match model
({self.img_size[0]}*{self.img_size[1]})."

        # 对图像依次作卷积、展平和调换处理: [B, C, H, W] -> [B, C, HW] -> [B, HW, C]
        x = self.proj(image).flatten(2).transpose(1, 2)
        # 归一化处理
        x = self.norm(x)
        return x
```

在上面的代码中，我们使用卷积层完成Patch Embedding的操作，即对输入的图形格式进行转换。图像的每个Patch和文本一样，也有先后顺序，是不能随意打乱的，所以需要再给每个token添加

位置信息，有时还需要添加一个特殊字符class token。ViT模型中使用了一个可训练的向量作为位置向量的参数，添加在图像处理后的矩阵上。而对于位置Embedding来说，最终要输入Transformer Encoder的序列维度为[197, 768]。代码如下：

```
self.num_tokens = 1
self.pos_embed = torch.nn.Parameter(torch.zeros(1, num_patches + self.num_tokens,
embed_dim))
x = x + self.pos_embed
```

需要注意，这里self.num_tokens为额外添加的、作为分类指示器的class token提供了位置编码。

5.5.3   可视化的 V-MoE 详解

Vision-MoE（V-MoE）是将混合专家模型（MoE）机制融入注意力图像模型中的一个典范案例。该模型创新性地将ViT架构中原本密集的前馈神经网络（FFNN）层替换为稀疏的MoE层。这一变革旨在通过动态路由机制，在推理时仅激活对特定输入最相关的专家子集，从而大幅提升计算效率与模型性能。模型如图5-33所示。

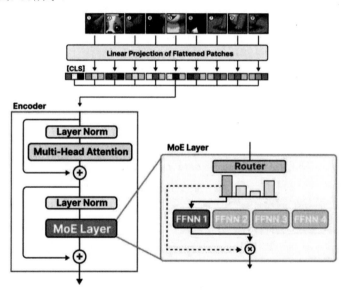

图 5-33   V-MoE 模型

V-MoE模型的设计不仅优化了计算资源的分配，减少了不必要的计算开销，还通过引入专家间的多样性和互补性，增强了模型处理复杂视觉任务的能力。这种方法鼓励模型在面对多样化图像数据时，能够更灵活地调整其内部表示，捕捉更加精细和丰富的特征信息。

此外，V-MoE框架还允许研究者根据实际应用需求，灵活调整专家的数量和类型，以及专家间的连接方式，这为探索更加高效和定制化的视觉模型提供了新的视角。例如，在大型语言模型的成功启发下，V-MoE尝试引入大规模专家库，结合自注意力机制和MoE的优势，推动图像理解和生成任务的边界。

对于在实际中操作V-MoE，由于路由器的设置，某些图像token会被丢弃（不被选择），如图5-34所示。

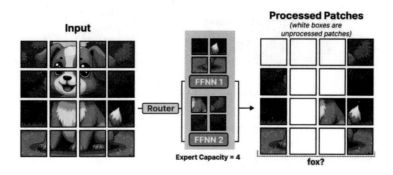

图 5-34　路由对每个 token 的去留做出决定

具体在操作上，MoE网络会为每个图像块分配重要性得分，并优先处理这些得分较高的图像块，从而避免溢出图像块的丢失，如图5-35所示。

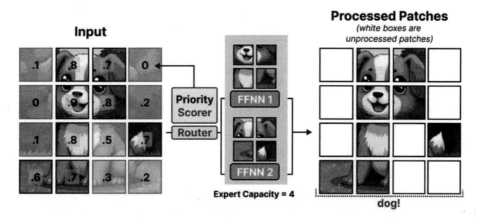

图 5-35　MoE 网络对每个图像 token 进行评分

但是对于选择的结果来说，即使token数量减少，我们仍然能够看到重要的图像块被成功路由，如图5-36所示。

图 5-36　不同选择比例下被保留的图像 token

通过V-MoE，可以看到，这就像是所有图像块被选择后，将保留后的图像token重新组合成一个新的图像块发送到每个专家。生成输出后，这些图像块会再次与路由矩阵相乘，如图5-37所示。

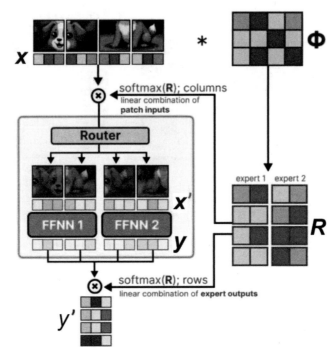

图 5-37　经过 MoE 选择的 ViT 模型

随着研究的深入，V-MoE的应用场景也在不断拓展，从基础图像分类、目标检测到高级语义分割、图像生成等领域，都展现出其巨大的潜力。未来，V-MoE有望成为连接深度学习理论与实际应用的重要桥梁，为人工智能在视觉领域的发展注入新的活力。同时，如何进一步优化MoE的路由策略、平衡模型复杂度与性能之间的关系，以及探索MoE与其他先进网络结构的融合方式，将是该领域研究的关键方向。

5.5.4　V-MoE 模型的实现

最后，我们将实现V-MoE模型。与前面设置的注意力模型相同，我们首先需要完成VitBlock的设计，与注意力block相同，只需要将前馈层进行替换，代码如下：

```
from 第5章 import baseMOE
class VITBlock(torch.nn.Module):
    def __init__(self, d_model, num_heads):
        super(VITBlock, self).__init__()
        self.d_model = d_model
        self.num_heads = num_heads
        self.attention_norm = torch.nn.RMSNorm(d_model)
        self.self_attention = attention_module.MultiHeadAttention(d_model, num_heads)
        self.ffn = baseMOE.SparseMoE(d_model,4,2)

    def forward(self, embedding):
        residual = embedding

        embedding = self.attention_norm(embedding)
        embedding = self.self_attention(embedding)
```

```
        embedding = self.ffn(embedding)

        return embedding + residual
```

基于此，完成的ViT模型如下：

```
class VIT(torch.nn.Module):
    def __init__(self,dim = 312):
        super(VIT, self).__init__()
        self.patch_embedding = PatchEmbed()
        self.position_embedding = torch.nn.Parameter(torch.rand(1, 16, dim))
        self.vit_layers = VITBlock(d_model=312, num_heads=6)
        self.logits_layer = torch.nn.Linear(4992,10)
    def forward(self, x):
        embedding = self.patch_embedding(x) + self.position_embedding
        embedding = self.vit_layers(embedding)
        embedding = torch.nn.Flatten()(embedding)
        logits = self.logits_layer(embedding)

        return logits
```

5.5.5　基于图像识别模型 V-MoE 的训练与验证

最后，完成基于图像识别模型V-MoE的训练与验证。与5.4.4节的处理方法类似，我们同样使用MNIST数据集，之后将模型部分进行替换，代码如下：

```
from torch.utils.data import DataLoader
from get_dataset import MNIST
import vmoe_model
from tqdm import tqdm
import torch

DEVICE='cuda' if torch.cuda.is_available() else 'cpu' # 设备
BATCH_SIZE = 128

dataset=MNIST() # 数据集
model = vmoe_model.VIT().to(DEVICE)
optimizer =torch.optim.AdamW(model.parameters(),lr=1e-5)    # 优化器
loss_fn = torch.nn.CrossEntropyLoss()

dataloader=DataLoader(dataset,batch_size=BATCH_SIZE,shuffle=True)    # 数据加载器
for epoch in range(36):
    pbar = tqdm(dataloader, total=len(dataloader))
    for imgs, labels in pbar:
        imgs, labels = imgs.to(DEVICE), labels.to(DEVICE) #将数据和标签移动到指定的设备上

        # 前向传播
        outputs = model(imgs)
        loss = loss_fn(outputs, labels)

        # 反向传播和优化
```

```
        optimizer.zero_grad()              # 清空梯度
        loss.backward()                    # 反向传播计算梯度
        optimizer.step()                   # 更新模型参数

        # 更新进度条信息
        pbar.set_description(f"Epoch {epoch + 1}/{36}, Loss: {loss.item():.4f}")

model.eval()    # 设置模型为评估模式
val_dataset = MNIST(is_train=False)     # 验证数据集
# 验证数据加载器，通常不需要打乱
val_dataloader = DataLoader(val_dataset, batch_size=BATCH_SIZE, shuffle=False)

correct = 0     # 正确预测的计数
total = 0       # 总样本数

with torch.no_grad():  # 不需要计算梯度，节省内存和计算资源
    for imgs, labels in tqdm(val_dataloader, total=len(val_dataloader)):
        imgs, labels = imgs.to(DEVICE), labels.to(DEVICE) #将数据和标签移动到指定的设备上

        # 前向传播
        outputs = model(imgs)
        _, predicted = torch.max(outputs.data, 1)  # 得到预测结果

        # 计算准确率
        total += labels.size(0)  # 更新总样本数
        correct += (predicted == labels).sum().item()  # 更新正确预测的计数

# 计算并打印准确率
accuracy = 100 * correct / total
print(f'Validation Accuracy of the model on the test images: {accuracy:.2f}%')
```

经过36轮训练，可以得到如下结果：

```
Epoch 1/36, Loss: 1.2793: 100%|███████████| 469/469 [00:17<00:00, 27.44it/s]
Epoch 2/36, Loss: 0.8980: 100%|███████████| 469/469 [00:16<00:00, 29.11it/s]
Epoch 3/36, Loss: 0.5704: 100%|███████████| 469/469 [00:16<00:00, 29.24it/s]
...
Epoch 34/36, Loss: 0.1492: 100%|███████████| 469/469 [00:15<00:00, 30.04it/s]
Epoch 35/36, Loss: 0.1521: 100%|███████████| 469/469 [00:15<00:00, 29.57it/s]
Epoch 36/36, Loss: 0.0992: 100%|███████████| 469/469 [00:15<00:00, 30.46it/s]
100%|███████████| 79/79 [00:01<00:00, 50.53it/s]
Validation Accuracy of the model on the test images: 96.30%
```

此时，在经历了相同的训练轮次之后，我们的模型在验证集上展现出了令人瞩目的性能，取得了约97%的准确率。这一成绩相较于我们之前采用的SENet图像识别任务而言，V-MoE模型无疑实现了质的飞跃。这种显著的提升不仅证明了V-MoE模型在图像识别领域的优越性，更凸显出其在处理复杂图像任务时的强大潜力。

进一步深入分析，V-MoE模型之所以能够取得如此出色的表现，主要归功于其独特的网络结构和优化算法。该模型通过引入更高效的特征提取方式和更精细的分类策略，显著提升了图像识别的

准确度和效率。此外，V-MoE还具备更强的泛化能力，能够更好地适应不同的图像场景和识别需求。

　　展望未来，我们有信心认为V-MoE模型将在图像识别领域发挥更加重要的作用。随着技术的不断进步和应用的不断深化，我们相信V-MoE将助力更多创新应用的诞生，推动整个图像识别行业的持续发展。

5.5.6　使用已有的库包实现 MoE

　　前面我们实现的MoE库包，实际上对于模型的程序设计来说，使用已经实现好的MoE库包来完成模型的设计也是可行的。读者可以安装已有的库，如下所示：

```
pip install st_moe_pytorch
```

这是使用已完成的MoE模型的基本内容。在具体使用上，我们可以使用MoE并加载在前面章节中讲解的SwiGLU激活函数来共同实现前馈层，代码如下：

```python
import torch
from st_moe_pytorch import MoE
from st_moe_pytorch import SparseMoEBlock


class Swiglu(torch.nn.Module):

    def __init__(self, hidden_size=384, add_bias_linear=False):
        super(Swiglu, self).__init__()

        self.add_bias = add_bias_linear
        self.hidden_size = hidden_size
        self.dense_h_to_4h = torch.nn.Linear(
            hidden_size,
            hidden_size * 4,
            bias=self.add_bias
        )

        def swiglu(x):
            x = torch.chunk(x, 2, dim=-1)
            return torch.nn.functional.silu(x[0]) * x[1]

        self.activation_func = swiglu

        self.dense_4h_to_h = torch.nn.Linear(
            hidden_size * 2,
            hidden_size,
            bias=self.add_bias
        )

    def forward(self, hidden_states):
        intermediate_parallel = self.dense_h_to_4h(hidden_states)
        intermediate_parallel = self.activation_func(intermediate_parallel)
        output = self.dense_4h_to_h(intermediate_parallel)
        return output
```

```python
class MOE(torch.nn.Module):
    def __init__(self,dim = 512):
        """
            from:https://github.com/lucidrains/st-moe-pytorch
        """
        super(MOE, self).__init__()
        self.moe = MoE(
            dim=dim,  # MoE模型的维度
            num_experts=16,  # 专家数量，增加此值可以在不增加计算量的情况下增加模型的参数
            gating_top_n=2,  # 默认选择前两个专家，但也可以更多（论文中测试了3个，但使用了较低的阈值）

            # 训练时，决定一个token是否被路由到第二个及以后专家的阈值，对于两个专家路由，0.2是最优的，对于3个显然应该更低
            threshold_train=0.2,
            threshold_eval=0.2,  # 评估时的阈值，与train时的意义相同
            # 每个批次的专家有固定的容量。我们需要一些额外的容量以防路由不完全平衡
            capacity_factor_train=1.25,
            # 评估时的容量因子，capacity_factor_* 的值应设置为大于或等于1
            capacity_factor_eval=2.,
            balance_loss_coef=1e-2,    # 辅助专家平衡损失的乘数
            router_z_loss_coef=1e-3,   # 路由z损失的权重
        )

        self.moe_block = SparseMoEBlock(
            self.moe,
            add_ff_before=True,
            add_ff_after=True
        )
        self.norm = torch.nn.RMSNorm(dim)
        self.moe_linear = torch.nn.Linear(dim,dim,bias=False)
        self.activity_layer = Swiglu(hidden_size = dim)

    def forward(self, x):
        x = self.norm(x)
        enc_out = self.moe_block(x)[0]
        enc_out = self.activity_layer(enc_out)#torch.nn.functional.gelu(enc_out)
        enc_out = self.moe_linear(enc_out)
        return enc_out
```

从上面的代码可以看到，我们通过载入已完成的模块从而直接实现MoE。而在具体使用上，我们同样可以直接替换注意力Block中的前馈层，以完成新架构的注意力模型。这一点请读者自行尝试。

5.6　本章小结

在本章中，我们深入探讨了混合专家模型的精妙架构，并详细阐述了如何巧妙地将这一模型融入注意力机制之中。具体做法是通过替换传统注意力模块中的前馈神经网络层来实现。这一系列的理论推导与技术创新，不仅拓宽了模型设计的视野，更为提升深度学习模型的性能开辟了新路径。

通过演示一系列精心设计的实战案例，我们直观且有力地见证了混合专家模型在注意力机制中的显著成效。这些案例涵盖从自然语言处理到图像识别等多个领域，无一不展现出，在引入了MoE的注意力框架下，模型的预测准确性实现了质的飞跃。这一提升不仅体现在数值上的精度增加，更反映在模型对于复杂、多样数据的理解能力和泛化性能的显著增强上。

更重要的是，混合专家模型的应用还为解决大规模数据集上的训练难题提供了新的策略。通过动态地选择不同专家来处理不同部分的数据，MoE模型不仅有效缓解了计算资源的压力，还促进了模型对于特征的精细捕捉与高效利用，从而在保持高效训练的同时，大幅提升了模型的最终性能。

此外，我们还探讨了混合专家模型在实际应用中可能面临的挑战，如模型复杂度的增加、专家选择机制的设计优化，以及如何在保持模型性能的同时，进一步降低计算和存储成本等。这些讨论不仅为我们深入理解MoE模型的运作机制提供了更多视角，也为后续的研究与应用指明了方向。

可以看到，随着深度学习技术的持续演进，混合专家模型与注意力机制的深度融合将有望引领更多领域的突破性进展。我们期待看到，通过不断的探索与创新，这一强大的组合能够解锁更多未知的应用场景，为人工智能的发展注入新的活力与可能性。

## 第 6 章

注意力机制详解之调优篇

6

在之前的篇章中，我们已经深入探讨了注意力机制的核心概念与基本原理。从初级的认识起步，我们详细阐释了如何在自编码与自回归模型中巧妙地融入位置信息，以提升模型对序列数据的感知能力。更进一步，在注意力机制的高级探索中，我们引入了一种创新的方法——混合专家模型，用以替代传统的注意力机制的前馈层。

这种替代并非简单的替换，而是在深入理解注意力机制运作机制的基础上，寻求更高效、更灵活的模型结构。混合专家模型的引入，不仅为模型带来了更强的表达能力和泛化性能，还在一定程度上缓解了计算资源和模型复杂度之间的矛盾。

接下来，我们将继续探索注意力机制的更多可能性。我们将讨论如何在实际应用中优化这一结构，以及如何通过调整模型的各个组件，进一步提升模型的整体性能。

6.1 注意力模型优化方案讲解

MHA（多头注意力机制）构成了一种核心的注意力计算方法。其独特之处在于，它能够将输入数据切分为若干独立的"头"，这些头并行地执行注意力计算。每个头专注于学习输入数据的不同特征部分，从而能够捕捉到序列中丰富多样的信息。最终，这些头所学习到的信息会被有效地合并，以生成一个全面且细致的输出表示，该表示综合了序列在各个不同方面的信息。

通过这种方式，MHA不仅提高了模型的表达能力，还增强了其对复杂序列数据的理解能力。每个头可以专注于不同的信息片段，使得模型能够同时关注到序列中的多个重要特征，从而在处理诸如自然语言理解、语音识别等任务时表现出色。

接下来将深入探索注意力模型的多种优化策略，包括MQA模型——其中所有头共享统一的键（keys）和值（values）、MLA模型——通过低秩压缩技术来精简键值对以及GQA模型——采用分组查询机制来提升注意力的效率，如图6-1所示。

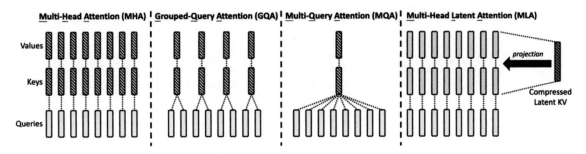

图 6-1　不同优化的注意力模型

　　图6-1展现了3种具有代表性的多头注意力模型的优化方案。接下来，我们将逐一剖析这些模型的原理、特点及其优势，并提供具体的实现细节。通过深入理解这些优化策略，我们将能够更灵活地运用注意力机制，以适应不同的应用场景和需求。

　　此外，在第9章中，我们将以实战的方式，详细介绍如何基于Diffusion技术构建一个创新的图像生成模型。通过将这些先进的注意力优化策略应用于实际项目中，我们将展示如何有效提升模型的性能，并生成更加逼真、富有创意的图像作品。无论是对于学术研究还是工业应用，这些内容都将为读者提供宝贵的参考和启示。

6.1.1　注意力模型优化 1：MQA 模型

　　MQA（Multi-Query Attention，多查询注意力）是2019年提出的一种注意力机制，它是MHA（多头注意力）机制的变体，并专门为自回归解码而设计。

　　传统的MHA将输入分为多个独立的头，针对每个头分别进行注意力的计算。在MHA中，Q（查询）、K（键）、V（值）会依据每个头进行不同的变换，这意味着每个头都有其独特的感知领域和参数集，能够学习输入数据中的不同特征。但是，当头数量众多时，这种方法可能会导致计算量激增。

　　我们实现的MQA代码如下：

```
# 导入必要的库
import torch
import torch.nn as nn
import einops  # 一个用于高效操作张量的库


# 定义MultiHeadAttention_MQA类，继承自torch.nn.Module
class MultiHeadAttention_MQA(torch.nn.Module):
    # 初始化函数
    def __init__(self, d_model, attention_head_num):
        super(MultiHeadAttention_MQA, self).__init__()    # 调用父类的初始化函数
        self.attention_head_num = attention_head_num      # 注意力头的数量
        self.d_model = d_model  # 模型的维度

        # 确保d_model可以被attention_head_num整除
        assert d_model % attention_head_num == 0
        self.scale = d_model ** -0.5  # 缩放因子，用于缩放注意力分数
        self.per_head_dmodel = d_model // attention_head_num  # 每个注意力头的维度
```

```
    # 定义一个线性层，用于生成Q、K、V。注意，K和V的维度被减少了
    self.qkv_layer = torch.nn.Linear(d_model, (d_model + 2 * self.per_head_dmodel))

    # 定义一个旋转嵌入层，用于旋转Q和K
    self.rotary_embedding = RotaryEmbedding(self.per_head_dmodel // 2,
use_xpos=True)

    # 定义一个输出线性层
    self.out_layer = torch.nn.Linear(d_model, d_model)

# 前向传播函数
def forward(self, embedding, past_length=0):
    B, S, D = embedding.shape  # 获取输入张量的形状：批量大小、序列长度、维度

    # 通过线性层生成Q、K、V
    qky_x = self.qkv_layer(embedding)
    q, k, v = torch.split(qky_x, [self.d_model, self.per_head_dmodel,
self.per_head_dmodel], dim=-1)

    # 对Q进行重排，以便每个注意力头都能独立处理其部分
    q = einops.rearrange(q, "b s (h d) -> b h s d", h=self.attention_head_num)

    # 扩展K和V的维度，以便它们可以与Q进行广播操作。这里实现了MQA的关键部分：共享K和V
    k = k.unsqueeze(2).expand(B, -1, self.attention_head_num, -1).transpose(1, 2)
    v = v.unsqueeze(2).expand(B, -1, self.attention_head_num, -1).transpose(1, 2)

    # 使用旋转嵌入层旋转Q和K
    q, k = self.rotary_embedding.rotate_queries_and_keys(q, k, seq_dim=2)

    # 缩放Q
    q = q * self.scale

    # 计算注意力分数
    sim = einops.einsum(q, k, 'b h i d, b h j d -> b h i j')

    # 创建一个因果掩码，用于遮蔽未来的位置
    i, j = sim.shape[-2:]
    causal_mask = torch.ones((i, j),
dtype=torch.bool).triu(past_length).to(embedding.device)
    # 用一个很大的负数遮蔽未来的位置
    sim = sim.masked_fill(causal_mask, -torch.finfo(sim.dtype).max)

    # 通过softmax计算注意力权重
    attn = sim.softmax(dim=-1)

    # 使用注意力权重对V进行加权求和，得到输出
    out = einops.einsum(attn, v, 'b h i j, b h j d -> b h i d')

    # 重新排列输出的形状，以便与输入的形状相匹配
    embedding = einops.rearrange(out, "b h s d -> b s (h d)")
```

```
# 通过输出线性层得到最终的输出
embedding = self.out_layer(embedding)

return embedding  # 返回输出张量
```

相较于MHA，MQA采用了一种更高效的方法。它让所有头共享同一组 K 和 V 矩阵，从而简化了计算过程并减少了参数量。在MQA中，仅有 Q 矩阵保留了多头的特性，即每个头仍有不同的变换。这种做法显著降低了 K 和 V 矩阵的参数量，进而提升了推理速度。但需要注意，这种优化可能会以牺牲一定的精度为代价。

6.1.2　注意力模型优化 2：MLA 模型

MLA（Multi-head Latent Attention，多头潜在注意力）机制通过巧妙地运用低秩键值联合压缩技术，成功地打破了推理过程中键值缓存所面临的性能瓶颈。这一创新不仅显著提升了推理效率，还为模型的高效运行提供了有力支持。MLA的核心思想在于将查询（ Q ）、键（ K ）和值（ V ）投影到一个精心设计的低秩空间中。通过这种投影方式，模型能够在保持必要信息的同时，大幅减少所需参数的数量，进而实现更加迅捷的推理过程。

具体来说，MLA机制在操作中引入了一组可学习的低秩投影矩阵，这些矩阵能够将原始的 Q 、 K 、 V 矩阵映射到一个维度更低的潜在空间。在这一空间中，原本高维数据中的冗余和噪声得到了有效剔除，而关键信息则得以保留和强化。因此，当模型在进行注意力计算时，它能够更加专注于那些对结果影响最大的因素，从而提升推理的准确性和效率。

我们实现的MLA模型如下：

```
# 定义一个基于Multi-head Attention并使用MLA（Multi-head Latent Attention）机制的类
class MultiHeadAttention_MLA(torch.nn.Module):
    def __init__(self, d_model, attention_head_num):
        super(MultiHeadAttention_MLA, self).__init__()
        self.attention_head_num = attention_head_num  # 注意力头的数量
        self.d_model = d_model  # 模型的维度

        # 确保d_model可以被attention_head_num整除
        assert d_model % attention_head_num == 0
        self.scale = d_model ** -0.5  # 缩放因子，用于缩放注意力分数
        self.softcap_value = 50.  # 一个软限制值，但在此代码中未看到其具体使用
        self.per_head_dmodel = d_model // attention_head_num  # 每个注意力头的维度

        # 定义Q的线性变换和归一化层
        self.q_rope_dense = torch.nn.Linear(self.per_head_dmodel, self.per_head_dmodel
    * 2)

        self.q_norm = torch.nn.RMSNorm(self.per_head_dmodel * 2)

        # 定义Q和K在低秩空间中的维度
        self.qk_nope_dim = self.per_head_dmodel
        self.qk_rope_dim = self.per_head_dmodel

        # 定义K和V的投影维度及其相关层
```

```python
        self.kv_proj_dim = self.d_model
        self.kv_proj_dim_VS_qk_rope_dim = (self.kv_proj_dim + self.qk_rope_dim)
        self.kv_layernorm = torch.nn.RMSNorm(self.kv_proj_dim)
        self.kv_dense = torch.nn.Linear(self.kv_proj_dim, (self.d_model +
self.attention_head_num * self.qk_nope_dim))

        # 定义一个线性层，用于生成Q、K、V的初始表示
        self.qkv_layer = torch.nn.Linear(d_model, (d_model +
self.kv_proj_dim_VS_qk_rope_dim))

        # 定义旋转嵌入，用于Q和K的旋转操作
        self.rotary_embedding = RotaryEmbedding(self.per_head_dmodel // 2)

        # 定义输出层
        self.out_layer = torch.nn.Linear(d_model, d_model)

    def forward(self, embedding, past_length=0):
        # 获取输入embedding的形状
        B, S, D = embedding.shape

        # 通过线性层生成Q、K、V的初始表示
        qky_x = self.qkv_layer(embedding)

        # 分割Q和压缩的KV
        q, compressed_kv = torch.split(qky_x, split_size_or_sections=[self.d_model,
self.kv_proj_dim_VS_qk_rope_dim], dim=-1)

        # 对Q进行重排、线性变换和归一化
        q = einops.rearrange(q, "b s (h d) -> b h s d", h=self.attention_head_num)
        q = self.q_norm(self.q_rope_dense(q))

        # 分割Q为两部分，并对其中一部分应用旋转嵌入
        q, q_for_rope = torch.split(q, [self.qk_nope_dim, self.qk_rope_dim], dim=-1)
        q_for_rope = self.rotary_embedding.rotate_queries_or_keys(q_for_rope)

        # 分割压缩的KV，并对K部分进行归一化和线性变换
        KV_for_lora, K_for_rope = torch.split(compressed_kv, [self.kv_proj_dim,
self.qk_rope_dim], dim=-1)
        KV_for_lora = self.kv_layernorm(KV_for_lora)
        KV = self.kv_dense(KV_for_lora)
        KV = einops.rearrange(KV, "b s (h d) -> b h s d", h=self.attention_head_num)
        K, V = torch.split(KV, [self.qk_nope_dim, self.per_head_dmodel], dim=-1)

        # 扩展K_for_rope以匹配注意力头的数量
        K_for_rope = einops.repeat(K_for_rope, "b s d -> b h s d",
h=self.attention_head_num)

        # 合并Q和K的头部，准备进行注意力计算
        q_heads = torch.cat([q, q_for_rope], dim=-1)
        k_heads = torch.cat([K, K_for_rope], dim=-1)
```

```
            v_heads = V  # V之前已经被重排过了

            # 缩放Q并计算注意力分数
            q_heads = q_heads * self.scale
            sim = einops.einsum(q_heads, k_heads, 'b h i d, b h j d -> b h i j')

            # 应用因果掩码，并计算softmax注意力权重
            mask_value = -torch.finfo(sim.dtype).max
            i, j = sim.shape[-2:]
            causal_mask = torch.ones((i, j),
dtype=torch.bool).triu(past_length).to(embedding.device)
            sim = sim.masked_fill(causal_mask, mask_value)
            attn = sim.softmax(dim=-1)

            # 使用注意力权重对v进行加权，并得到输出embedding
            out = einops.einsum(attn, v_heads, 'b h i j, b h j d -> b h i d')
            embedding = einops.rearrange(out, "b h s d -> b s (h d)")
            embedding = self.out_layer(embedding)

            return embedding
```

从上面的代码可以看到，MLA机制的这种低秩投影方式还具有很好的灵活性和可扩展性。它可以根据具体任务的需求和数据的特点来调整投影矩阵的维度和数量，以达到最佳的推理效果。这种灵活性使得MLA能够广泛应用于各种不同的深度学习场景中，为解决各种复杂问题提供了有力的工具支持。

6.1.3　注意力模型优化 3：GQA 模型

GQA分组查询注意力机制是分组查询注意力的简称，作为2023年崭露头角的MHA（多头注意力）变体，其通过独特的设计，在模型效率和性能之间找到了新的平衡点。在GQA中，查询头被精心划分为 G 组，这样的设计使得每个查询头都能拥有独立的参数空间，而每个组则共享一套Key和Value矩阵。这种结构被命名为GQA-G，即具有 G 组分组查询注意力，它在保持注意力机制灵活性的同时，也实现了参数的高效利用。

中间组数的设置是GQA模型中的一大亮点，它巧妙地在模型质量和计算速度之间做了权衡。实验表明，与MQA（多头查询注意力）相比，GQA凭借适中的组数设置，实现了更高的插值模型质量。同时，与原始的MHA相比，GQA在计算速度上表现出明显的优势。

我们实现的GQA代码如下：

```
class MultiHeadAttention_GQA(torch.nn.Module):
    """
    多头注意力机制的GQA实现版本，用于处理序列数据中的自注意力。

    参数：
    - embed_dim: 嵌入向量的维度。
    - query_heads: 查询头的数量。
    - kv_heads: 键值头的数量，默认为2。
    - dropout: dropout概率，默认为0.0。
```

```
    - bias: 是否在线性层中使用偏置项，默认为True。
    - layer_norm: 是否使用层归一化，默认为True。
    - layer_norm_eps: 层归一化时的epsilon值，默认为1e-5。
    - gamma_init: 初始化时的增益值，默认为1.0。
    - device: 指定设备，默认为None。
    - dtype: 指定数据类型，默认为None
    """

    def __init__(self, d_model: int, attention_head_num: int, kv_heads: int = 2,
                 dropout: float = 0.0, bias: bool = True, layer_norm: bool = True,
                 layer_norm_eps: float = 1e-5, gamma_init: float = 1.0, device=None,
dtype=None):
        super().__init__()
        self.embed_dim = embed_dim = d_model
        self.query_heads = query_heads = attention_head_num

        # 确保query_heads可以被kv_heads整除
        assert query_heads % kv_heads == 0, print("query_heads % kv_heads must be 0")
        self.kv_heads = kv_heads
        self.dropout = dropout
        self.layer_norm = layer_norm
        self.gamma_init = gamma_init

        # 检查embed_dim是否可以被query_heads和kv_heads整除
        if self.query_heads % self.kv_heads != 0:
            raise ValueError(
                f"query_heads ({query_heads}) must be divisible by "
                f"kv_heads ({kv_heads})"
            )
        elif (embed_dim % self.query_heads != 0) or (embed_dim % self.kv_heads != 0):
            raise ValueError(
                f"embed_dim ({embed_dim}) must be divisible by "
                f"query_heads ({query_heads}) and kv_heads ({kv_heads})"
            )

        # 计算每个头的维度
        head_dim = embed_dim // query_heads
        # 确保head_dim可以被8整除且不超过128
        if not head_dim % 8 == 0:
            raise ValueError(
                f"head_dim (embed_dim / num_heads = {head_dim}) must be divisible by 8"
            )
        if not head_dim <= 128:
            raise ValueError(
                f"head_dim (embed_dim / num_heads = {head_dim}) must be <= 128"
            )

        # 查询、键值投影层
        self.q_proj = torch.nn.Linear(embed_dim, embed_dim, bias=bias, device=device,
dtype=dtype)
```

```
        kv_embed_dim = embed_dim // query_heads * kv_heads
        self.k_proj = torch.nn.Linear(embed_dim, kv_embed_dim, bias=bias, device=device,
dtype=dtype)
        self.v_proj = torch.nn.Linear(embed_dim, kv_embed_dim, bias=bias, device=device,
dtype=dtype)

        # 层归一化
        self.norm = None
        if layer_norm:
            self.norm = torch.nn.RMSNorm(embed_dim, eps=layer_norm_eps, device=device,
dtype=dtype)

        # 输出投影层
        self.out_proj = torch.nn.Linear(embed_dim, embed_dim, bias=bias, device=device,
dtype=dtype)

        self.d_model = embed_dim
        self.mga_dim = embed_dim // 3
        self.qkv_layer = torch.nn.Linear(embed_dim, (embed_dim + self.mga_dim +
self.mga_dim))
        self.per_head_dmodel = embed_dim // query_heads
        self.rotary_embedding = RotaryEmbedding(self.per_head_dmodel // 2,
use_xpos=True)

        self._reset_parameters()

    def _reset_parameters(self):
        # 初始化查询投影层权重
        torch.nn.init.xavier_normal_(self.q_proj.weight)
        if self.q_proj.bias is not None:
            torch.nn.init.constant_(self.q_proj.bias, 0)
        # 初始化键值投影层权重
        torch.nn.init.xavier_normal_(self.k_proj.weight)
        if self.k_proj.bias is not None:
            torch.nn.init.constant_(self.k_proj.bias, 0)

        # 根据MAGNETO的初始化策略初始化键值投影层和输出投影层权重
        torch.nn.init.xavier_normal_(self.v_proj.weight, gain=self.gamma_init)
        if self.v_proj.bias is not None:
            torch.nn.init.constant_(self.v_proj.bias, 0)
        torch.nn.init.xavier_normal_(self.out_proj.weight, gain=self.gamma_init)
        if self.out_proj.bias is not None:
            torch.nn.init.constant_(self.out_proj.bias, 0)

    def forward(self, embedding, past_length=0, need_weights: bool = False, is_causal:
bool = False,  average_attn_weights: bool = False):
        # 输入形状: (b, n, d)
        B, S, D = embedding.shape
        # 通过qkv_layer获取查询、键值和额外的MGA维度
        qky_x = self.qkv_layer(embedding)
```

```python
    q, k, v = torch.split(qky_x, split_size_or_sections=[self.d_model, self.mga_dim,
self.mga_dim], dim=-1)

    # 将'd'维度展开成'h'个独立的注意力头
    q = einops.rearrange(q, "b n (h d) -> b n h d", h=self.query_heads)
    k = einops.rearrange(k, "b n (h d) -> b n h d", h=self.kv_heads)
    v = einops.rearrange(v, "b n (h d) -> b n h d", h=self.kv_heads)

    # 应用注意力机制，然后将'h'个注意力头重新折叠回'd'
    x, attn = self.scaled_dot_product_gqa(
        query=q,
        key=k,
        value=v,
        past_length=past_length,
        is_causal=is_causal,
        need_weights=need_weights,
        average_attn_weights=average_attn_weights,
        force_grouped=False,
    )
    x = einops.rearrange(x, "b n h d -> b n (h d)")

    # 根据MAGNETO架构，在线性输出投影之前应用额外的层归一化
    if self.layer_norm:
        assert self.norm is not None
        x = self.norm(x)
    # 线性投影注意力输出
    x = self.out_proj(x)
    return x

def scaled_dot_product_gqa(
    self, query: Tensor, key: Tensor,
    value: Tensor, dropout: float = 0.0, past_length=0,
    scale = None, mask = None, is_causal = None,
    need_weights: bool = False, average_attn_weights: bool = False, force_grouped:
bool = False,
    ):

    if (mask is not None) and (is_causal is not None):
        raise ValueError(
            "Only one of 'mask' and 'is_causal' should be provided, but got both."
        )
    elif not query.ndim == key.ndim == value.ndim == 4:
        raise ValueError(
            f"Expected query, key, and value to be 4-dimensional, but got shapes "
            f"{query.shape}, {key.shape}, and {value.shape}."
        )

    query = einops.rearrange(query, "b n h d -> b h n d")
    key = einops.rearrange(key, "b s h d -> b h s d")
    value = einops.rearrange(value, "b s h d -> b h s d")
```

```python
        query, key = self.rotary_embedding.rotate_queries_and_keys(query, key,
seq_dim=2)

        bq, hq, nq, dq = query.shape
        bk, hk, nk, dk = key.shape
        bv, hv, nv, dv = value.shape
        if not (bq == bk == bv and dq == dk == dv):
            raise ValueError(
                "Expected query, key, and value to have the same batch size (dim=0) and
"
                f"embedding dimension (dim=3), but got query: {query.shape}, "
                f"key: {key.shape}, and value: {value.shape}."
            )
        elif (hk != hv) or (nk != nv):
            raise ValueError(
                "Expected key and value to have the same size in dimensions 1 and 2, but
"
                f"got key: {key.shape} and value: {value.shape}."
            )
        elif hq % hk != 0:
            raise ValueError(
                "Expected query heads to be a multiple of key/value heads, but got "
                f"query: {query.shape} and key/value: {key.shape}."
            )

        if scale is None:
            scale = query.size(-1) ** 0.5
        query = query / scale

        num_head_groups = hq // hk
        query = einops.rearrange(query, "b (h g) n d -> b g h n d", g=num_head_groups)
        similarity = einops.einsum(query, key, "b g h n d, b h s d -> b g h n s")

        i, j = similarity.shape[-2:]

        mask = torch.ones((i, j), dtype=torch.bool).triu(past_length).to(query.device)
        mask_value = -torch.finfo(similarity.dtype).max
        similarity = similarity.masked_fill(mask, mask_value)

        attention = torch.nn.functional.softmax(similarity, dim=-1)
        if dropout > 0.0:
            attention = torch.nn.functional.dropout(attention, p=dropout)

        out = einops.einsum(attention, value, "b g h n s, b h s d -> b g h n d")

        out = einops.rearrange(out, "b g h n d -> b n (h g) d")

        attn_weights = None
        if need_weights:
```

```
attn_weights = einops.rearrange(attention, "b g h n s -> b n s (h g)")
if average_attn_weights:
    attn_weights = attn_weights.mean(dim=1)

return out, attn_weights
```

从MHA过渡到GQA，意味着将H个键和值头缩减为单一的键和值头，这一变化显著减小了键值缓存的大小。因此，在数据处理过程中，所需加载的数据量得以大幅度降低，具体减少了H倍。这一改进不仅提升了模型的运算效率，也为处理大规模数据提供了更加可行的解决方案。GQA正是在这样的背景下应运而生的。通过分组查询的方式，既保留了多头注意力的多样性，又在很大程度上优化了模型的计算负担。

6.1.4　注意力模型优化 4：差分注意力模型

经典的Transformer模型凭借注意力机制在序列数据处理领域大放异彩，它运用softmax函数为每个token分配权重，以此凸显各token在当前任务中的重要性。然而，当面对长文本或错综复杂的语境时，Transformer常会出现注意力分散的问题，即过度关注与任务无关的内容，产生所谓的"注意力噪声"。这种噪声干扰了模型对关键信息的精准捕捉，尤其在信息分布稀疏的长文本环境下，模型的效率受到显著影响。过多的噪声不仅耗费计算资源，更削弱了模型在处理长上下文时的表现，进而损害了其关键信息提取能力。

为了解决这一难题，差分Transformer应运而生。它创新性地提出了差分注意力机制（Differential Attention Mechanism），在注意力得分的计算过程中融入差分思想。具体而言，该机制通过计算两个独立softmax注意力图之间的差值，有效滤除了噪声。这种差分策略与电子工程中的差分放大器异曲同工，均是通过消除共模噪声来强化对有效信号的捕捉能力，从而提升模型在复杂语境下的表现。差分注意力机制如图6-2所示。

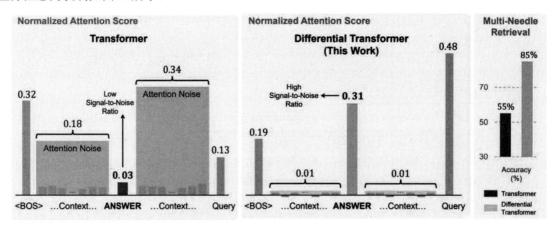

图 6-2　差分注意力机制

使用差分搭建的注意力代码实现如下：

```
import torch,math,random
import torch.nn as nn
import torch.nn.functional as F
```

```python
class SwiGLU(nn.Module):
    """
    SwiGLU Activation Function.
    Combines the Swish activation with Gated Linear Units.
    """

    def __init__(self, d_model):
        """
        Args:
            d_model (int): Dimension of the input features.
        """
        super().__init__()
        # Intermediate projection layers
        # Typically, SwiGLU splits the computation into two parts
        self.WG = nn.Linear(d_model, d_model * 2)
        self.W1 = nn.Linear(d_model, d_model * 2)
        self.W2 = nn.Linear(d_model * 2, d_model)

    def forward(self, x):
        """
        Forward pass for SwiGLU.

        Args:
            x (Tensor): Input tensor of shape (batch, sequence_length, d_model).

        Returns:
            Tensor: Output tensor after applying SwiGLU.
        """
        # Apply the gates
        g = F.silu(self.WG(x))  # Activation part
        z = self.W1(x)  # Linear part
        # Element-wise multiplication and projection
        return self.W2(g * z)


# 定义一个名为MultiHeadDifferentialAttention的类，它继承自nn.Module
class MultiHeadDifferentialAttention(nn.Module):
    """
    多头差分注意力机制类。
    使用差分注意力替换了传统的softmax注意力。
    集成了因果掩码以确保自回归行为
    """

    def __init__(self, d_model, num_heads):
        """
        初始化函数。

        参数:
            d_model (int): 模型的维度，必须能被num_heads整除。
```

```
        num_heads (int)：注意力头的数量。
    """
    super().__init__()  # 调用父类的初始化函数
    # 确保d_model可以被num_heads整除
    assert d_model % num_heads == 0, "d_model必须能被num_heads整除"

    self.num_heads = num_heads  # 注意力头的数量
    self.d_head = d_model // num_heads  # 每个注意力头的维度

    # 为查询、键和值定义线性投影，每个头投影到2 * d_head的维度
    self.W_q = nn.Linear(d_model, 2 * self.d_head * num_heads, bias=False)
    self.W_k = nn.Linear(d_model, 2 * self.d_head * num_heads, bias=False)
    self.W_v = nn.Linear(d_model, 2 * self.d_head * num_heads, bias=False)
    self.W_o = nn.Linear(2 * self.d_head * num_heads, d_model, bias=False)

    # 定义可学习的lambda重参数化参数
    self.lambda_q1 = nn.Parameter(torch.randn(num_heads, self.d_head))
    self.lambda_k1 = nn.Parameter(torch.randn(num_heads, self.d_head))
    self.lambda_q2 = nn.Parameter(torch.randn(num_heads, self.d_head))
    self.lambda_k2 = nn.Parameter(torch.randn(num_heads, self.d_head))

    # 初始化lambda_init
    random_integer = random.randint(1, 99)
    self.lambda_init = 0.8 - 0.6 * math.exp(-0.3 * (random_integer - 1))

    # 定义RMSNorm的缩放参数
    self.rms_scale = nn.Parameter(torch.ones(2 * self.d_head))
    self.eps = 1e-5  # 用于数值稳定性的epsilon

    # 初始化权重（可选，但推荐）
    self._reset_parameters()

def _reset_parameters(self):
    """
    初始化参数以提高训练稳定性
    """
    # 使用Xavier均匀分布初始化权重
    nn.init.xavier_uniform_(self.W_q.weight)
    nn.init.xavier_uniform_(self.W_k.weight)
    nn.init.xavier_uniform_(self.W_v.weight)
    nn.init.xavier_uniform_(self.W_o.weight)
    nn.init.constant_(self.rms_scale, 1.0)  # 初始化rms_scale为1.0

def forward(self, X, past_length = 1):
    """
    前向传播函数。

    参数：
        X (Tensor)：输入张量，形状为(batch, sequence_length, d_model)。
```

返回：
　　Tensor：应用差分注意力后的输出张量
```
"""
batch, N, d_model = X.shape  # 获取输入张量的形状

# 将输入投影到查询、键和值
Q = self.W_q(X)  # 形状: (batch, N, 2 * num_heads * d_head)
K = self.W_k(X)  # 形状: (batch, N, 2 * num_heads * d_head)
V = self.W_v(X)  # 形状: (batch, N, 2 * num_heads * d_head)

# 重塑和置换以进行多头注意力处理
# 新形状: (batch, num_heads, sequence_length, 2 * d_head)
Q = Q.view(batch, N, self.num_heads, 2 * self.d_head).transpose(1, 2)
K = K.view(batch, N, self.num_heads, 2 * self.d_head).transpose(1, 2)
V = V.view(batch, N, self.num_heads, 2 * self.d_head).transpose(1, 2)

# 将Q和K分割成Q1、 Q2和K1、K2
Q1, Q2 = Q.chunk(2, dim=-1)  # 每个的形状: (batch, num_heads, N, d_head)
K1, K2 = K.chunk(2, dim=-1)  # 每个的形状: (batch, num_heads, N, d_head)

# 使用重参数化计算lambda
# lambda_val = exp(lambda_q1 . lambda_k1) - exp(lambda_q2 . lambda_k2) +
lambda_init
# 计算每个头的点积, lambda_val的形状: (num_heads,)
lambda_q1_dot_k1 = torch.sum(self.lambda_q1 * self.lambda_k1, dim=-1).float()
lambda_q2_dot_k2 = torch.sum(self.lambda_q2 * self.lambda_k2, dim=-1).float()
lambda_val = torch.exp(lambda_q1_dot_k1) - torch.exp(lambda_q2_dot_k2) +
self.lambda_init

# 扩展lambda_val以匹配注意力维度
# 形状: (batch, num_heads, 1, 1)
lambda_val = lambda_val.unsqueeze(0).unsqueeze(-1).unsqueeze(-1)

# ------------------- 实现因果掩码 ------------------- #
# 创建一个因果掩码以防止对未来标记的注意力
# 掩码的形状: (1, 1, N, N)
#mask = torch.tril(torch.ones((N, N),
device=X.device)).unsqueeze(0).unsqueeze(0)
mask = torch.ones((N, N), dtype=torch.bool,
device=X.device).triu(past_length).unsqueeze(0).unsqueeze(0)
# 将1替换为0.0, 0替换为-inf
mask = mask.masked_fill(mask == 0, float('-inf')).masked_fill(mask == 1, 0.0)
# -------------------------------------------------- #

# 计算注意力分数
scaling = 1 / math.sqrt(self.d_head)  # 缩放因子
A1 = torch.matmul(Q1, K1.transpose(-2, -1)) * scaling  # (batch, num_heads, N, N)
A2 = torch.matmul(Q2, K2.transpose(-2, -1)) * scaling  # (batch, num_heads, N, N)

# 应用因果掩码
```

```
        A1 = A1 + mask   # 掩蔽未来位置
        A2 = A2 + mask   # 掩蔽未来位置

        # 应用softmax以获取注意力权重
        attention1 = F.softmax(A1, dim=-1)  # (batch, num_heads, N, N)
        attention2 = F.softmax(A2, dim=-1)  # (batch, num_heads, N, N)
        attention = attention1 - lambda_val * attention2  # (batch, num_heads, N, N)

        # 将注意力权重应用于值
        O = torch.matmul(attention, V)  # (batch, num_heads, N, 2 * d_head)

        # 使用RMSNorm独立地规范化每个头
        # 首先，为RMSNorm重塑形状
        O_reshaped = O.contiguous().view(batch * self.num_heads, N, 2 * self.d_head)

        # 计算RMSNorm
        rms_norm = torch.sqrt(O_reshaped.pow(2).mean(dim=-1, keepdim=True) + self.eps)
        O_normalized = (O_reshaped / rms_norm) * self.rms_scale

        # 重塑回(batch, num_heads, N, 2 * d_head)
        O_normalized = O_normalized.view(batch, self.num_heads, N, 2 * self.d_head)

        # 缩放正则化输出
        O_normalized = O_normalized * (1 - self.lambda_init)  # Scalar scaling

        # 重新连接所有的头
        # 新的维度: (batch, N, num_heads * 2 * d_head)
        O_concat = O_normalized.transpose(1, 2).contiguous().view(batch, N,
self.num_heads * 2 * self.d_head)

        # 最终输出
        out = self.W_o(O_concat)  # (batch, N, d_model)

        return out


# 定义一个DiffTransformer层，继承自PyTorch的nn.Module
class DiffTransformerLayer(nn.Module):
    """
    DiffTransformer架构的单层。
    由多头差分注意力（Multi-Head Differential Attention）和随后的SwiGLU前馈网络组成
    """

    # 初始化函数
    def __init__(self, d_model, num_heads):
        """
        参数:
            d_model (int): 模型的维度。
            num_heads (int): 注意力头的数量。
            # 注意：原代码中提到了lambda_init，但在函数参数中并未包含，可能是一个遗漏或特定版本的
```

实现差异

```
            # lambda_init (float): Differential Attention中lambda的初始值。计算公式为 0.8
- 0.6 * math.exp(-0.3 * (l - 1)), 其中l是层数，表示lambda_init是衰减的
        """
        # 调用父类的初始化函数
        super().__init__()
        # 定义RMSNorm层，用于归一化
        self.norm1 = torch.nn.RMSNorm(d_model)
        # 定义多头差分注意力层
        self.attn = MultiHeadDifferentialAttention(d_model, num_heads)
        # 再次定义RMSNorm层，用于后续的归一化
        self.norm2 = torch.nn.RMSNorm(d_model)
        # 定义SwiGLU前馈网络层
        self.ff = SwiGLU(d_model)

    # 前向传播函数
    def forward(self, x):
        """
        单个transformer层的前向传播。

        参数:
            x (Tensor): 输入张量，形状为(batch, sequence_length, d_model)。

        返回:
            Tensor: 经过该层处理后的输出张量
        """
        # 应用多头差分注意力，并加上残差连接
        y = self.attn(self.norm1(x)) + x
        # 应用SwiGLU前馈网络，并加上残差连接
        z = self.ff(self.norm2(y)) + y
        # 返回处理后的输出张量
        return z
```

下面是使用差分注意力模型的一个简单例子，如下所示：

```
d_model = 768
num_heads = 12

# Instantiate the model
model = DiffTransformerLayer(d_model=d_model,num_heads=num_heads)

# Move model to device (GPU if available)
device = torch.device("cuda" if torch.cuda.is_available() else "cpu")
model.to(device)

embedding = torch.randn(size=(2,48,d_model)).to(device)
# Forward pass
logits = model(embedding)  # (batch, N, vocab_size)
print(logits.shape)  # Should output: torch.Size([2, 128, 30522])
```

请读者自行验证代码的结果。

6.2 调优篇实战 1：基于 MLA 的人类语音情感分类

随着信息技术的不断发展，如何让机器识别人类情绪，这个问题受到了学术界和工业界的广泛关注。目前，情绪识别有两种方式，一种是检测生理信号，如呼吸、心率和体温等；另一种是检测情感行为，如人脸微表情识别、语音情绪识别（Speech Emotion Recognition，SER）和姿态识别。语音情绪识别是一种生物特征属性的识别方法，可通过一段语音的声学特征（与语音内容和语种无关）来识别说话人的情绪状态。语音情绪识别示例如图6-3所示。

图 6-3 语音情绪识别示例

在6.1节中，我们完成了基于文本的评论情感分类模型，并完成了一个具有示范意义的模型训练。本节将继续完成一项语音实战任务，即基于MLA的人类语音情感分类。

6.2.1 情绪数据的获取与标签的说明

首先是语音情绪数据集的下载。这里我们使用瑞尔森情感语音和歌曲视听数据库RAVDESS。RAVDESS语音数据集部分包含1440个文件：每个演员进行60次试验×24名演员=1440次试验。RAVDESS包含24名专业演员（12名女性和12名男性），用中性的北美口音说出两个词汇匹配的陈述。言语情绪包括平静、快乐、悲伤、愤怒、恐惧、惊讶和厌恶。每种表情都在两种情绪强度（正常和强烈）和一种额外的中性表情下产生。

读者可以自行下载对应的数据集。这里我们使用Audio_Speech_Actors_01-24.zip这个子数据集进行情感分类。下载后的数据集结构如图6-4所示。

图 6-4 左图是 Audio 文件夹，右图是单个文件夹数据

下面讲解情绪文件的标签问题。这个数据包含中性、平静、快乐、悲伤、愤怒、恐惧、厌恶、惊讶8种情感。请读者注意一下，本项目只使用里面的Audio_Speech_Actors_01-24.zip数据集，说话的语句只有Kids are talking by the door和Dogs are sitting by the door。

在这个数据集中，每个音频文件都拥有一个独一无二的文件名，例如如图6-4所示的

03-01-01-01-01-01-01.wav。这些文件名由7部分数字标识符构成，并非随意命名。这些数字标识符实际上赋予了文件名特定的标签意义，通过文件名就能够了解音频文件的某些属性或特征：

- 模态（01 =全AV，02 =仅视频，03 =仅音频）。
- 人声通道（01 =语音，02 =歌曲）。
- 情绪（01=中性，02=平静，03=快乐，04=悲伤，05=愤怒，06=恐惧，07=厌恶，08=惊讶）。
- 情绪强度（01=正常，02=强烈）。注意："中性"情绪没有强烈的强度。
- 内容（01 = Kids are talking by the door，02 = Dogs are sitting by the door）。
- 重复（01=第一次重复，02=第二次重复）。
- 演员（01~24。奇数为男性，偶数为女性）。

通过对比，03-01-02-01-01-01-01.wav这个文件对应的信息如下：

- 纯音频 (03)。
- 语音（01）。
- 平静 (02)。
- 正常强度 (01)。
- 语调"正常" (01)。
- 第一次重复 (01)。
- 第一号男演员（01）。

另外，需要注意的是，在这个数据集中，音频的采样率为22050，这一点可以设定或采用在第5章介绍的librosa进行读取。

6.2.2　情绪数据集的读取

下面对情绪数据集进行读取。在读取数据之前需要注意，数据集中每个文件都存放在不同的文件夹中，而每个文件夹都包含若干不同的情绪文件。因此，在读取数据时，首先需要实现文件夹的读取函数：

```python
import numpy as np
import torch
import os
import librosa as lb
import soundfile

# 这个是列出所有目录下文件夹的函数
def list_folders(path):
    """
    列出指定路径下的所有文件夹名
    """
    folders = []
    for root, dirs, files in os.walk(path):
        for dir in dirs:
            folders.append(os.path.join(root, dir))
    return folders
```

```
def list_files(path):
    files = []
    for item in os.listdir(path):
        file = os.path.join(path, item)
        if os.path.isfile(file):
            files.append(file)
    return files
```

由于这里读取的是音频数据，我们在第5章对音频数据降维时完成了基于librosa库包的音频读取和转换，可以把相应的代码用在这个示例中，代码如下：

```
#注意采样率的变更
def audio_features(wav_file_path, mfcc = True, chroma = False, mel = False, sample_rate
= 22050):
    audio, sample_rate = lb.load(wav_file_path, sr=sample_rate)
    if len(audio.shape) != 1:
        return None
    result = np.array([])
    if mfcc:
        mfccs = np.mean(lb.feature.mfcc(y=audio, sr=sample_rate, n_mfcc=40).T, axis=0)
        result = np.hstack((result, mfccs))
    if chroma:
        stft = np.abs(lb.stft(audio))
        chroma = np.mean(lb.feature.chroma_stft(S=stft, sr=sample_rate).T, axis=0)
        result = np.hstack((result, chroma))
    if mel:
        mel = np.mean(lb.feature.melspectrogram(y=audio, sr=sample_rate, n_mels=40,
fmin=0, fmax=sample_rate//2).T, axis=0)
        result = np.hstack((result, mel))
    # print("file_title: {}, result.shape: {}".format(file_title, result.shape))
    return result
```

这里需要注意，由于读取的是不同数据集，而采样率会随着数据集的不同而变化，因此这里的采样率为22050。

下面展示完整的数据读取代码。为了便于理解，我们对每种情绪进行文字定义，并将这些定义与相应的情绪序号进行关联。需要注意，在前面的讲解中，情绪序号是排在文件名中第3个位置的数据。因此，我们可以通过对文件名进行文本分割，提取出情绪序号，并根据序号与情绪的对应关系，读取并理解相应情绪的标签，代码如下：

```
ravdess_label_dict = {"01": "neutral", "02": "calm", "03": "happy", "04": "sad", "05":
"angry", "06": "fear", "07": "disgust", "08": "surprise"}

folders = list_folders("./dataset")
label_dataset = []
train_dataset = []
for folder in folders:
    files = list_files(folder)
    for _file in files:

        label = _file.split("\\")[-1].replace(".wav","").split("-")[2]
```

```
            ravdess_label = ravdess_label_dict[label]
            label_num = int(label) - 1   #这里减1是由于初始位置是1，而一般列表的初始位置是0

            result = audio_features(_file)
            train_dataset.append(result)
            label_dataset.append(label_num)

    train_dataset = torch.tensor(train_dataset,dtype=torch.float)
    label_dataset = torch.tensor(label_dataset,dtype=torch.long)

    print(train_dataset.shape)
    print(label_dataset.shape)
```

最终的打印结果是将训练数据和label数据转换为torch的向量，如下所示：

```
    torch.Size([1440,40])
    torch.Size([1440])
```

这里我们仅使用了MFCC的特征作为音频特征，对于其他特征，读者可以自行尝试。特别需要注意，这个示例中MFCC的维度是40，这与后续模型的输入维度相同，如果修改了输入特征长度后，后续的模型维度也要修改。

6.2.3 语音情感分类模型的设计和训练

接下来，我们需要完成情感分类模型的设计与训练。首先是模型部分，根据我们在6.2.2节获取的输入数据与标签信息，完成模型的设计，代码如下：

```
    import torch
    import torch.nn as nn
    import torch.optim as optim

    from module import attention_module,feedforward_layer
    class EncoderBlock(torch.nn.Module):
        def __init__(self,d_model = 128,attention_head_num = 4,hidden_dropout = 0.1):
            super().__init__()
            self.hidden_dropout = hidden_dropout
            assert d_model%attention_head_num == 0,print("d_model % n_head must be Zero")
            self.d_model = d_model
            self.attention_head_num = attention_head_num
            self.per_head_num = d_model//attention_head_num

            self.input_layernorm = torch.nn.RMSNorm(d_model)
            self.mha =
attention_module.MultiHeadAttention_MLA(d_model,attention_head_num)

            self.post_attention_layernorm = torch.nn.RMSNorm(d_model)
            self.mlp = feedforward_layer.Swiglu(hidden_size=d_model)

        def forward(self,x, past_length = 0):
            residual = x
```

```
        embedding = self.input_layernorm(x)

        embedding = self.mha(embedding,past_length=past_length)
        embedding = torch.nn.functional.dropout(embedding,p = self.hidden_dropout)
        layernorm_output = self.post_attention_layernorm(embedding + residual)
        mlp_output = self.mlp(layernorm_output)

        output = torch.nn.functional.dropout(mlp_output, p=self.hidden_dropout)
        output = residual + output

        return output

# 定义模型
class DNN(torch.nn.Module):
    def __init__(self, input_size = 40, hidden_size = 128, output_size = 8):
        super(DNN, self).__init__()
        self.hidden = torch.nn.Linear(input_size, hidden_size)
        self.encoder_block = EncoderBlock(d_model = hidden_size, attention_head_num =
4)
        self.relu = torch.nn.ReLU()
        self.output = torch.nn.Linear(hidden_size, output_size)

    def forward(self, x):
        x = torch.unsqueeze(x, 1)
        x = self.hidden(x)
        x = self.encoder_block(x, past_length=0)
        x = torch.nn.Flatten()(x)
        x = self.relu(x)
        x = self.output(x)
        return x
```

上面这段代码定义了一个深度神经网络模型，它包含一个线性层、一个编码块（EncoderBlock）、一个ReLU激活函数层和一个输出层。编码块内部使用了多头注意力机制（MultiHeadAttention_MLA）和前馈网络（SwiGLU），并在注意力和前馈网络后应用了残差连接和层归一化（RMSNorm）。模型的前向传播首先将输入数据通过隐藏层，然后通过编码块，接着应用ReLU激活函数，最后通过输出层得到预测结果。

请读者运行代码验证结果。

6.3　本章小结

本章我们详细讲解了3种针对多头注意力模型的优化架构，分别是MQA、MLA以及GQA。这些架构从不同角度出发，对原始的注意力模型进行了精心的重构和优化，旨在提升模型的性能、效率和适应性。

具体来说，MQA架构通过改进注意力的计算方式，增强了模型对关键信息的捕捉能力，使得模型在处理复杂任务时更加准确和高效。MLA架构则着重优化模型的内存占用和计算速度，通过精简模型结构和引入高效的计算策略，降低了模型的运算成本，提高了模型的实时性。而GQA架构则是一种更全面的优化方案，它不仅改进了注意力的计算方式，还引入了全局信息，从而提升了模型对整体上下文的理解能力，使其在处理长序列和复杂场景时表现出色。

　　这些优化架构的提出，不仅丰富了多头注意力模型的理论体系，也为实际应用中的模型选择提供了更多的可能性。我们相信，随着研究的不断深入和技术的不断进步，这些优化架构将在未来的深度学习领域中发挥更加重要的作用，推动相关应用取得更好的效果。

## 第 7 章

旅游特种兵迪士尼大作战：DeepSeek API调用与高精准路径优化

DeepSeek大语言模型是一款基于Transformer架构的先进人工智能系统，深度融合了自主研发的深度神经网络技术。其核心创新在于独特的高性能注意力机制（Multi-head Latent Attent，MLA）与混合专家模型（MoE）的有机结合。通过海量多源异构语料数据的深度预训练，并采用监督微调（Supervised Fine-tuning）与基于人类反馈的强化学习（RLHF）等前沿技术，模型在语义理解、知识推理和任务执行等方面的精确度达到了行业领先水平。

为确保模型输出的安全性与合规性，DeepSeek在训练过程中创新性地嵌入了多层次的内容审核与过滤系统。这一设计不仅保证了模型输出的质量，也使其能够更好地适应不同应用场景的需求。在实际应用中，DeepSeek大语言模型展现出卓越的多任务处理能力，可精准执行包括语义解析、逻辑推理、智能问答、文本创作、代码生成等复杂任务，为用户提供专业级的智能服务。DeepSeek官网宣传语如图7-1所示。

图 7-1　DeepSeek 官网宣传语

本章将详细介绍DeepSeek大语言模型在线API的调用方法。我们将从账户注册开始，逐步讲解API密钥的获取、基础对话流程的建立，并通过一个具体案例展示其强大的应用能力：特种兵式迪士尼乐园智能游玩路径优化。

7.1　基于在线 API 的大模型调用

DeepSeek拥有一套全新的大模型调用方法，既可以通过对话的方式与大模型进行交互，也可以使用API调用的形式完成大模型的使用。DeepSeek对话窗口如图7-2所示。

图 7-2　开启免费的 DeepSeek 对话

读者可以免费使用和测试基于网页的DeepSeek。下面我们将以在线大模型API调用的形式开始讲解该大模型。

7.1.1　DeepSeek 的注册与 API 获取

DeepSeek拥有一套完整的注册与API获取流程，读者可以在其官网首页进行注册，如图7-3所示。

图 7-3　DeepSeek 的注册

读者可以根据自己的方式进行注册，登录后即可在页面上看到用户的用量信息，如图7-4所示。

图 7-4　注册用户信息

可以看到，第一次登录账户会赠送500万tokens，这是我们可以使用的token总量。之后读者可以单击左侧的API keys链接创建自己的API key，如图7-5所示。

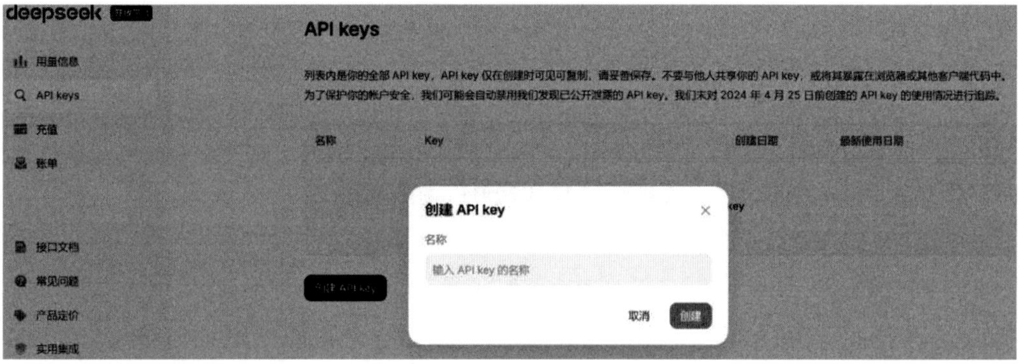

图 7-5　创建 API keys

输入名称后自动生成API key，用户需要记录此key的信息。下面的代码是一个使用该API key完成的函数调用：

```python
from openai import OpenAI

client = OpenAI(api_key="sk-a4a8d4832f1349aXXxxx8e75f77d7e21",
base_url="https://api.deepseek.com")

response = client.chat.completions.create(
model="deepseek-chat",
messages=[
{"role": "system", "content": "You are a helpful assistant"},
{"role": "user", "content": "Hello"},
],
stream=False
)
```

```
print(response.choices[0].message.content)
```

输出结果如下：

```
Hello! How can I assist you today? 😊
```

更多API的用法，读者可以参考登录用户主页左侧的菜单，查询API相关文档。

7.1.2　带有特定格式的 DeepSeek 的 API 调用

在许多应用场景中，用户需要模型严格按照JSON格式输出数据，以确保输出的结构化和标准化，便于后续的逻辑处理和解析。为了满足这一需求，DeepSeek提供了强大的JSON Output功能，确保模型输出的字符串始终是合法的JSON格式。使用JSON Output功能的注意事项介绍如下。

1. 设置response_format参数

在请求中，需将response_format参数设置为{'type': 'json_object'}，以明确指示模型输出JSON格式的内容。

2. 提示词中需包含JSON关键字

在system或user的提示词中，必须明确包含"json"字样，并提供希望模型输出的JSON格式样例。这有助于模型理解并生成符合要求的JSON结构。

3. 合理设置max_tokens参数

为了避免生成的JSON字符串被截断，建议根据预期的输出长度合理设置max_tokens参数，确保模型能够完整输出JSON数据。

下面是DeepSeek官方提供的JSON结构化数据处理样例代码，如图7-6所示。

图 7-6　JSON 结构化数据处理样例代码

接下来提供一个完整的Python示例，它展示了如何使用DeepSeek的JSON Output功能完成一个自定义的JSON生成，代码如下：

```
import json
```

```python
from openai import OpenAI

client = OpenAI(
    api_key="sk-c646e1c201d74777b54f45c60973f4f3",
    base_url="https://api.deepseek.com",
)

system_prompt = """
用户将提供一些考试文本。请解析"问题"和"答案",并将它们以 JSON 格式输出。

示例输入:
世界上最高的山是哪座?珠穆朗玛峰。

示例 JSON 输出:
{
    "question": "世界上最高的山是哪座?",
    "answer": "珠穆朗玛峰"
}
"""

user_prompt = "世界上最长的河流是哪条?尼罗河。"

messages = [{"role": "system", "content": system_prompt},
            {"role": "user", "content": user_prompt}]

response = client.chat.completions.create(
    model="deepseek-chat",
    messages=messages,
    response_format={
        'type': 'json_object'
    }
)

print(json.loads(response.choices[0].message.content))
```

输出结果如下:

```
{'question': '世界上最长的河流是哪条?', 'answer': '尼罗河'}
```

7.1.3　带有约束的 DeepSeek 的 API 调用

在7.1.2节中,我们实现了DeepSeek的API调用。读者可能注意到,除传统的prompt写法外,我们还使用了system_prompt作为对模型人性的设置与假设。这是一种基本的输出方案,用于对大模型的输出进行约束。

除前面简单地对大模型进行约束设置外,我们还可以设置更复杂的商业用途的输出,代码如下:

```python
import json
from openai import OpenAI

client = OpenAI(
    api_key="sk-c646e1c201d74777b54f45c60973f4f3",
```

```
        base_url="https://api.deepseek.com",
)
system_prompt = """
请生成一个包含详细中国用户信息的复杂JSON，具体要求如下：
- 用户信息（user_info）：对象
    - 姓名（name）：字符串类型
    - 年龄（age）：整数类型
    - 邮箱（email）：字符串类型
    - 个人网站（website）：URL字符串类型
- 地址（address）：对象
    - 街道（street）：字符串类型
    - 城市（city）：字符串类型
    - 邮编（zip_code）：字符串类型
    - 地理位置（geo_location）：对象
      - 纬度（latitude）：浮点数类型
      - 经度（longitude）：浮点数类型
- 订单（orders）：数组，对象类型
    - 订单ID（order_id）：字符串类型
    - 日期（date）：字符串类型
    - 商品（items）：数组，对象类型
      - 商品ID（product_id）：字符串类型
      - 名称（name）：字符串类型
      - 图片链接（image_url）：URL字符串类型
      - 数量（quantity）：整数类型
      - 价格（price）：浮点数类型
- 总花费（total_spent）：浮点数类型
- 会员状态（membership_status）：字符串类型
- 优惠券（coupons）：数组，字符串类型

请严格按照以下格式返回结果：
{
    "user_info": {
        "name": "示例姓名",
        "age": 示例年龄,
        "email": "示例邮箱",
        "website": "示例个人网站URL",
    },
    "address": {
        "street": "示例街道",
        "city": "示例城市",
        "zip_code": "示例邮编",
        "geo_location": {
            "latitude": 示例纬度,
            "longitude": 示例经度
        }
    },
    "orders": [
        {
            "order_id": "示例订单ID",
            "date": "示例日期",
            "items": [
                {
                    "product_id": "示例商品ID",
```

```
                    "name": "示例商品名称",
                    "image_url": "示例图片链接",
                    "quantity": 示例数量,
                    "price": 示例价格
                },
                {
                    "product_id": "示例商品ID",
                    "name": "示例商品名称",
                    "image_url": "示例图片链接",
                    "quantity": 示例数量,
                    "price": 示例价格
                }
            ]
        },
        {
            "order_id": "示例订单ID",
            "date": "示例日期",
            "items": [
                {
                    "product_id": "示例商品ID",
                    "name": "示例商品名称",
                    "image_url": "示例图片链接",
                    "quantity": 示例数量,
                    "price": 示例价格
                }
            ]
        }
    ],
    "total_spent": 示例总花费,
    "membership_status": "示例会员状态",
    "coupons": ["示例优惠券1", "示例优惠券2"]
}
"""
user_prompt = "给张三生成一份身份信息表格。"

messages = [{"role": "system", "content": system_prompt},
            {"role": "user", "content": user_prompt}]

response = client.chat.completions.create(
    model="deepseek-chat",
    messages=messages,
    response_format={
        'type': 'json_object'
    }
)
print(json.loads(response.choices[0].message.content))
```

输出结果如下：

```
{'user_info': {'name': '张三', 'age': 28, 'email': 'zhangsan@example.com', 'website':
'http://zhangsan.com'}, 'address': {'street': '人民路123号', 'city': '北京', 'zip_code':
'100000', 'geo_location': {'latitude': 39.9042, 'longitude': 116.4074}}, 'orders':
[{'order_id':'ORD123456', 'date':'2023-04-01', 'items': [{'product_id':'PROD001', 'name':
```

'智能手机', 'image_url': 'http://example.com/smartphone.jpg', 'quantity': 1, 'price':
2999.99}, {'product_id': 'PROD002', 'name': '无线耳机', 'image_url':
'http://example.com/earphones.jpg', 'quantity': 2, 'price': 199.99}]}, {'order_id':
'ORD654321', 'date': '2023-03-15', 'items': [{'product_id': 'PROD003', 'name': '笔记本电
脑', 'image_url': 'http://example.com/laptop.jpg', 'quantity': 1, 'price': 8999.99}]}],
'total_spent': 12199.96, 'membership_status': '黄金会员', 'coupons': ['WELCOME10',
'SPRING20']}

这个示例代码的主要功能是通过调用DeepSeek的API，生成一份包含详细中国用户信息的复杂JSON数据。示例代码首先导入了必要的库，并初始化了一个DeepSeek客户端，指定API密钥和基础URL。接着定义了一个system_prompt，其中详细描述了生成JSON数据的结构和要求，包括用户信息、地址、订单、总花费、会员状态和优惠券等字段。user_prompt则是一个简单的用户请求，要求生成一份身份信息表格。

示例代码的核心部分是通过client.chat.completions.create方法向API发送请求，将system_prompt和user_prompt作为输入传递给模型。模型会根据提示生成符合要求的JSON数据，并以JSON格式返回结果。最后，代码将返回的JSON数据解析并打印出来。

7.2　智能化 DeepSeek 工具调用详解

相对于只能完成普通文本任务的大模型，DeepSeek一个激动人心的功能是可以自主调用外部工具函数，以自主意识的形式借用工具，完成使用者发布的命令。这意味着DeepSeek不再仅仅是一个被动的执行者，而是成为一个具有主动性的智能助手。

DeepSeek的Function calling功能是一项具有划时代意义的进步。这一功能的实现使得DeepSeek不仅仅局限于自身数据库知识的回答，而是跃进到了一个全新的层次——调用外部函数，其调用流程如图7-7所示。

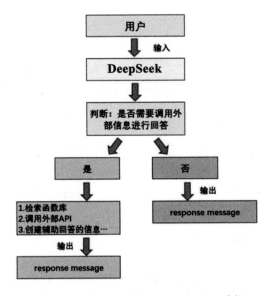

图 7-7　DeepSeek 的 Function calling 功能

这意味着DeepSeek大语言模型在与用户交互时，可以实时检索外部函数库。当用户提问时，模型不再仅仅是从自身知识库中寻找答案，而是会根据实际需求，在外部函数库中进行检索，找出合适的函数并调用它。这种调用外部函数的能力，使得DeepSeek可以获取到函数的运行结果，并基于这些结果进行回答。

7.2.1　Python 使用工具的基本原理

工具的使用是一项非常简单的事情，从我们的祖先钻木取火，到现在人类飞上月球在太空建立永久基地，这些都离不开工具的使用。甚至在现实生活中，你决定今天出门要不要带上雨伞，都需要借助网络信息或广播工具了解今天的天气情况。

而Python同样也可以使用工具来完成对外部API的调用，其所需要的仅仅是一个函数名称而已。示例代码如下：

```python
#创建了一个简单的查询天气的API
def get_weather(location = ""):
    "读者可以编写对应的天气查询API，这里我们仅作演示"
    if location == "ShangHai":
        return 23.0
    elif location == "TianJin":
        return 25.0
    else:
        return "未查询相关内容"
location = "ShangHai"
#注意写法格式，里面额度单引号不能少
result = eval(f"get_weather(location='{location}')")#使用eval调用字符串名称对应的函数
print("查询到的结果是: ", result)
```

最终打印结果如下：

```
查询到的结果是: 23.0
```

可以看到，Python中提供的eval函数可以根据传入的字符串自动运行对应的函数。在这个示例中，我们将location变量的值嵌入字符串中，然后将该字符串作为代码传给eval()函数执行。注意，在嵌入变量值时，我们使用了单引号将变量值引起来，以确保代码的正确解析。

eval()函数是Python的一个内置函数，它的功能是将字符串作为Python代码执行。其工作原理可以简单概括为"字符串解析和执行"。

当我们调用eval()函数并传入一个字符串时，函数会尝试解析这个字符串，将它转换成Python的表达式或语句，然后在当前的命名空间中执行这些表达式或语句。

例如，如果我们传入字符串"1+2"，print(eval("1+2"))。eval()函数会将这个字符串解析为Python的加法表达式，然后计算这个表达式的值，返回结果3。

7.2.2　在 DeepSeek 中智能地使用工具

在7.2.1节中，我们展示了如何在Python中调用函数，但是，我们面临一个更复杂的问题：如何在大模型DeepSeek中调用工具？这个问题看似简单，实则涉及许多深层次的技术与思考。就如同多年前人们询问计算机"今天是晴天还是雨天"一样，我们如今要探讨的是如何让大模型调用工具来解决问题。

先回到日常生活中的一个例子。在决定今天的穿着之前，我们通常会有一个明确的前置任务：了解今天的天气。那么，如何获取天气信息呢？以下是一些可能的方法：

- A：对着衣橱问自己应该穿什么衣服。这显然不是获取天气信息的正确途径。
- B：使用互联网登录天气网站，输入本地名称查询。这是一个有效且常用的方法。
- C：打开一本书阅读任意一页。这与获取天气信息无关。
- D：打开空调。这同样不能告诉我们今天的天气情况。

对于大多数读者来说，选择B是显而易见的，这是基于我们的常识和日常经验。然而，这种基于目标寻找最合适解决方案的能力并非天生，而是需要我们后天的学习和积累。我们需要知道哪些工具或方法可以帮助我们实现目标，这通常需要一个知识库或他人的指导，如图7-8所示。

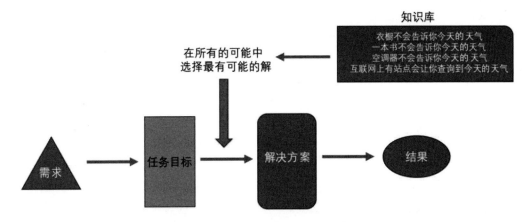

图 7-8　有知识库辅助研判的任务流程

图7-6所示是一个基于常识的决策过程，同时也是我们在日常生活中做出明智决策并取得良好结果的通用步骤。在每次决策之前，我们依赖的是深厚的知识储备或知识库，它们如同明灯，照亮了我们前行的道路，引导我们做出最优决策。

当我们回到DeepSeek调用工具的问题时，面临的挑战是如何让这个大模型也具备这样的决策能力，即根据给定的任务，它能知道应当调用哪些工具。作为深度学习程序设计人员，我们的责任不仅是开发模型，更要引导模型如何使用工具。我们可以提供格式化的API信息，这种方式就像是给大模型提供一本详细的程序文档。在这份文档中，我们详细描述每个工具API的功能、参数以及返回值，告诉大语言模型在何时、何地可以调用这些API，并且当API被调用后，返回相应的API的JSON对象。

这样的方式能够让大模型更加智能化地运用工具，进而提升其解决问题的效率和准确性。想象一下，当大模型遇到问题时，它可以像人类一样查阅"工具书"，找到最合适的工具，然后利用这个工具解决问题。

一个可供DeepSeek进行调用的简单函数如下：

```python
# 定义工具函数
def get_weather(function_params):
    """模拟获取天气的工具函数"""
```

```
location = function_params[0]
# 这里可以调用真实的天气 API
return f"{location}的天气晴朗"
```

上述函数对象描述了一个名为get_weather的工具API。通过这个API，大模型可以根据输入的城市名称获取当前的天气情况。这样的描述方式清晰明了，使得大模型能够准确理解并调用这个API。因此，通过对工具API中的描述进行甄别，从而判定使用哪一个最合适的工具，加上合理的引导和训练，可以使大模型更加智能化，从而完成对工具的使用。

作者完成了一个在DeepSeek中使用工具的完整示例，代码如下：

```
from openai import OpenAI
import json

client = OpenAI(
    api_key="sk-c646e1c201d74777b54f45c60973f4f3",
    base_url="https://api.deepseek.com",
)

def get_weather(function_params):
    return "天气晴朗"

def send_messages(messages):
    response = client.chat.completions.create(
        model="deepseek-chat",
        messages=messages
    )
    return response.choices[0].message

system_prompt = """
    你在运行一个"思考"，"工具调用"，"响应"循环。每次只运行一个阶段。

    1."思考"阶段：你要仔细思考用户的问题。
    2."工具调用阶段"：选择可以调用的工具，并且输出对应工具需要的参数。
    3."响应"阶段：根据工具调用返回的影响，回复用户问题。

    已有的工具如下：
    get_weather:
    e.g. get_weather:天津
    返回天津的天气情况

    Example:
    question：天津的天气怎么样？
    thought：我应该调用工具查询天津的天气情况
    Action:
    {
        "function_name":"get_weather",
        "function_params":["天津"]
    }
    调用Action的结果："天气晴朗"
    Answer:天津的天气晴朗
```

```
    """

    question = "Shanghai的天气怎么样"

    messages = [{"role": "system", "content": system_prompt},
                {"role": "user", "content": question}]

    message = send_messages(messages)
    response = message.content
    action = response.split("Action: ")[1]
    action = json.loads(action)
    print(f"ModelResponse:\n {action}")

    # 生成调用代码
    function_name = action["function_name"]
    function_params = action["function_params"]
    code = f"{function_name}({function_params})"
    print(code)

    # 使用eval对生成的代码进行计算，这里假设get_weather函数已经被定义过
    result = eval(code)
    print(result)
```

这段代码实现了一个简单的对话系统，能够根据用户的问题调用相应的工具并生成回答。首先，代码通过OpenAI库初始化了一个客户端，并设置了API密钥和基础URL。接着，定义了一个get_weather函数，用于模拟获取天气的功能，返回固定的"天气晴朗"结果。send_messages函数则负责向模型发送消息并获取模型的响应。系统提示（system_prompt）中详细描述了对话系统的3个阶段：思考、工具调用和响应，并提供了一个示例说明如何调用get_weather工具，以回答天气相关的问题。

生成结果如下：

```
ModelResponse:
  {'function_name': 'get_weather', 'function_params': ['上海']}
get_weather(['上海'])
天气晴朗
```

具体来看，在代码的执行部分，用户提出了一个关于上海天气的问题。系统通过send_messages函数将问题发送给模型，模型根据系统提示生成一个包含工具调用信息的响应。代码通过解析响应中的Action 部分，提取出需要调用的工具名称和参数，并生成相应的调用代码。最后，使用eval函数执行生成的代码，模拟工具调用的过程，并输出结果。整个过程展示了如何通过模型生成工具调用指令，并动态执行这些指令来完成用户请求。

7.2.3　在 DeepSeek 中选择性地使用工具

前面我们演示了在DeepSeek中使用单一工具的方法。但是，在具体工作中，我们可能会面临一个选择的问题，即在一个"工具箱"中完成工具的选择，之后使用工具来完成我们的目标。下面给出一个在DeepSeek中有选择地使用工具的完整示例：

```python
from openai import OpenAI
import json

# 初始化OpenAI客户端
client = OpenAI(
    api_key="sk-c646e1c201d74777b54f45c60973f4f3",  # 替换为你的 API 密钥
    base_url="https://api.deepseek.com",  # DeepSeek API 的基础 URL
)

# 定义工具函数
def get_weather(function_params):
    """模拟获取天气的工具函数"""
    location = function_params[0]
    # 这里可以调用真实的天气 API
    return f"{location}的天气晴朗"


def get_stock(function_params):
    """模拟获取股票的工具函数"""
    location = function_params[0]
    # 这里可以调用真实股票价格 API
    return f"{location}的股票价格为18.88"

# 定义工具列表
tools = [
    {
        "type": "function",
        "function": {
            "name": "get_weather",
            "description": "获取指定城市的天气情况",
            "parameters": {
                "type": "object",
                "properties": {
                    "location": {
                        "type": "string",
                        "description": "城市名称，例如：上海",
                    }
                },
                "required": ["location"],
            },
        },
    },
    {
        "type": "function",
        "function": {
            "name": "get_stock",
            "description": "模拟获取股票的工具函数",
            "parameters": {
                "type": "object",
                "properties": {
                    "location": {
```

```
                        "type": "string",
                        "description": "股票名称，例如：上海证券",
                    }
                },
                "required": ["location"],
            },
        },
    }
]
```

```python
# 发送消息并调用工具
def send_messages_tools(messages):
    """发送消息并调用工具"""
    response = client.chat.completions.create(
        model="deepseek-chat",   # 使用的模型
        messages=messages,        # 消息列表
        tools=tools,              # 工具列表
        tool_choice="auto",       # 让模型自动选择是否调用工具
    )
    return response.choices[0].message
```

```python
# 系统提示
system_prompt = """
你是一个智能助手，能够通过"思考""工具调用"和"响应"3个阶段来处理用户的问题。每个阶段的任务如下：

1. **思考阶段**：你需要仔细分析用户的问题，判断是否需要调用工具来获取信息。如果需要调用工具，明确选
择适合的工具并准备调用参数。
2. **工具调用阶段**：根据思考阶段的结果，选择合适的工具并生成工具调用请求。工具调用的参数需要符合工
具的定义。
3. **响应阶段**：根据工具调用的返回结果，生成对用户问题的最终回答。

示例：
用户问题：天津的天气怎么样？
思考：我需要调用工具查询天津的天气情况。
工具调用：
{
    "function_name": "get_weather",
    "function_params": {"location": "天津"}
}
工具调用结果："天津的天气晴朗"
最终回答：天津的天气晴朗。
"""
```

```python
# 用户问题
question = "Shanghai的天气是什么？"

# 消息列表
messages = [
    {"role": "system", "content": system_prompt},
    {"role": "user", "content": question},
```

```
    ]

    # 发送消息并获取模型响应
    message = send_messages_tools(messages)

    # 打印模型返回的原始消息
    print(f"Initial Model Response: {message}")

    # 检查模型是否返回了工具调用请求
    if message.tool_calls:
        # 解析工具调用请求
        tool_call = message.tool_calls[0]
        function_name = tool_call.function.name
        function_params = json.loads(tool_call.function.arguments)

        # 打印工具调用信息
        print(f"Tool Call: {tool_call}")
        print(f"Function Name: {function_name}")
        print(f"Function Params: {function_params}")

        # 根据工具名称调用相应的工具
        if function_name == "get_weather":
            result = get_weather([function_params["location"]])
        elif function_name == "get_stock":
            result = get_stock([function_params["location"]])
        else:
            result = "未知工具"

        # 打印工具执行结果
        print(f"Tool Result: {result}")
```

结果如下：

```
  Initial Model Response: ChatCompletionMessage(content='', refusal=None,
role='assistant', audio=None, function_call=None,
tool_calls=[ChatCompletionMessageToolCall(id='call_0_18c66898-e9e9-45de-98bf-4e4961cb94
00', function=Function(arguments='{"location":"Shanghai"}', name='get_weather'),
type='function', index=0)])
  Tool Call:
ChatCompletionMessageToolCall(id='call_0_18c66898-e9e9-45de-98bf-4e4961cb9400',
function=Function(arguments='{"location":"Shanghai"}', name='get_weather'),
type='function', index=0)
  Function Name: get_weather
  Function Params: {'location': 'Shanghai'}
  Tool Result: Shanghai的天气晴朗
```

我们分别对其进行讲解。首先，定义要使用的工具，并通过列表的形式对工具进行汇总，这里定义了两个工具函数：get_weather和get_stock，分别用于模拟获取指定城市的天气情况和股票价格。每个函数接受一个参数function_params，其中包含所需的参数信息（如城市名称或股票名称），并返回相应的模拟结果。接着，代码定义了一个tools列表，其中包含这两个工具函数的元数据描述，包括函数名称、功能描述以及参数的定义（如参数类型、描述等）。这些元数据可以用于动态调用这些工具函数，或者集成到其他系统中进行自动化处理。

以下是对代码的详细分步讲解和模型介绍，作者结合代码的每一部分进行说明：

1. 初始化OpenAI客户端

```python
from openai import OpenAI
import json

# 初始化 OpenAI 客户端
client = OpenAI(
    api_key="sk-c646e1c201d74777b54f45c60973f4f3",  # 替换为你的 API 密钥
    base_url="https://api.deepseek.com",  # DeepSeek API 的基础 URL
)
```

（1）功能：初始化OpenAI客户端，用于与DeepSeek API进行交互。

（2）关键点：

- api_key：用于身份验证的API密钥。
- base_url：DeepSeek API的基础URL，指定API的访问地址。

2. 定义工具函数

```python
def get_weather(function_params):
    """模拟获取天气的工具函数"""
    location = function_params[0]
    return f"{location}的天气晴朗"

def get_stock(function_params):
    """模拟获取股票的工具函数"""
    location = function_params[0]
    return f"{location}的股票价格为18.88"
```

（1）功能：定义了两个工具函数，分别用于模拟获取天气和股票信息。

（2）参数：function_params：一个列表，包含工具调用时传递的参数（如城市名称或股票名称）。

（3）返回值：返回一个字符串，表示模拟的结果。

（4）说明：这些函数是模拟实现，在实际应用中可以通过调用真实的API获取数据。

3. 定义工具列表

```python
tools = [
    {
        "type": "function",
        "function": {
            "name": "get_weather",
            "description": "获取指定城市的天气情况",
            "parameters": {
                "type": "object",
                "properties": {
                    "location": {
                        "type": "string",
```

```
                          "description": "城市名称，例如：上海",
                     }
                 },
                 "required": ["location"],
             },
         },
     },
     {
         "type": "function",
         "function": {
             "name": "get_stock",
             "description": "模拟获取股票的工具函数",
             "parameters": {
                 "type": "object",
                 "properties": {
                     "location": {
                         "type": "string",
                         "description": "股票名称，例如：上海证券",
                     }
                 },
                 "required": ["location"],
             },
         },
     }
 ]
```

（1）功能：定义工具函数的元数据，包括名称、描述和参数。

（2）结构：

- type：工具类型，这里是function。
- name：工具函数的名称。
- description：工具函数的功能描述。
- parameters：定义工具函数的参数类型和结构。
- properties：参数的属性（如location的类型和描述）。
- required：指定哪些参数是必需的。

（3）说明：这些元数据用于指导模型如何调用工具函数。

4. 发送消息并调用工具

```python
def send_messages_tools(messages):
    """发送消息并调用工具"""
    response = client.chat.completions.create(
        model="deepseek-chat",   # 使用的模型
        messages=messages,       # 消息列表
        tools=tools,             # 工具列表
        tool_choice="auto",      # 让模型自动选择是否调用工具
    )
    return response.choices[0].message
```

（1）功能：发送用户问题到模型，并返回模型的响应。

（2）参数：

- model：使用的模型名称（这里是deepseek-chat）。
- messages：包含系统提示和用户问题的消息列表。
- tools：工具列表。
- tool_choice：设置为auto，表示由模型自动决定是否调用工具。

（3）返回值：返回模型生成的消息。

（4）说明：该函数是核心逻辑，负责与模型交互并获取工具调用请求。

5. 系统提示

```
system_prompt = """
```
你是一个智能助手，能够通过"思考""工具调用"和"响应"3个阶段来处理用户的问题。每个阶段的任务如下：

1.**思考阶段**：你需要仔细分析用户的问题，判断是否需要调用工具来获取信息。如果需要调用工具，明确选择适合的工具并准备调用参数。

2.**工具调用阶段**：根据思考阶段的结果，选择合适的工具并生成工具调用请求。工具调用的参数需要符合工具的定义。

3. **响应阶段**：根据工具调用的返回结果，生成对用户问题的最终回答。

示例：
用户问题：天津的天气怎么样？
思考：我需要调用工具查询天津的天气情况。
工具调用：

```
{
    "function_name": "get_weather",
    "function_params": {"location": "天津"}
}
```
工具调用结果："天津的天气晴朗"
最终回答：天津的天气晴朗。
```
"""
```

（1）功能：指导模型如何处理用户问题。

（2）内容：

- 定义了模型的工作流程（思考、工具调用、响应）。
- 提供了一个示例，帮助模型理解如何调用工具并生成响应。

（3）说明：系统提示是模型行为的关键指导，确保模型能够正确调用工具。

6. 用户问题与消息列表

```
question = "Shanghai的天气是什么？"
messages = [
    {"role": "system", "content": system_prompt},
    {"role": "user", "content": question},
]
```

（1）功能：定义用户问题，并将其与系统提示一起组成消息列表。

（2）结构：

- "role": "system"：系统提示，用于指导模型。
- "role": "user"：用户问题。

（3）说明：消息列表是模型输入的核心部分，决定了模型的行为和输出。

7. 发送消息并获取模型响应

```
message = send_messages_tools(messages)
print(f"Initial Model Response: {message}")
```

（1）功能：发送消息列表到模型，并打印模型的初始响应。

（2）说明：模型的初始响应可能包含工具调用请求或直接回答。

8. 检查工具调用请求

```
if message.tool_calls:
    # 解析工具调用请求
    tool_call = message.tool_calls[0]
    function_name = tool_call.function.name
    function_params = json.loads(tool_call.function.arguments)

    # 打印工具调用信息
    print(f"Tool Call: {tool_call}")
    print(f"Function Name: {function_name}")
    print(f"Function Params: {function_params}")

    # 根据工具名称调用相应的工具
    if function_name == "get_weather":
        result = get_weather([function_params["location"]])
    elif function_name == "get_stock":
        result = get_stock([function_params["location"]])
    else:
        result = "未知工具"

    # 打印工具执行结果
    print(f"Tool Result: {result}")
```

（1）功能：解析模型的工具调用请求，执行相应的工具函数，并返回结果。

（2）步骤：

步骤01　检查模型是否返回了工具调用请求（tool_calls）。

步骤02　解析工具调用的名称和参数。

步骤03　根据工具名称调用相应的工具函数。

步骤04　打印工具执行结果。

（3）说明：该部分是工具调用的核心逻辑，负责执行工具函数并处理结果。

9. 代码运行流程

（1）初始化OpenAI客户端。

（2）定义工具函数和工具列表。

（3）发送用户问题到模型，并获取模型的初始响应。

（4）检查模型是否返回了工具调用请求。

（5）解析工具调用请求，执行相应的工具函数。

（6）打印工具执行结果。

这段代码实现了一个基于工具调用的智能助手系统，能够根据用户问题动态调用工具函数并返回结果。通过定义工具函数、工具列表和系统提示，代码实现了灵活的问题处理机制，适用于需要外部数据支持的场景（如天气查询、股票查询等）。

7.2.4　DeepSeek 工具调用判定依据

在我们进行工具调用时，DeepSeek也需要有一个判断依据，为了找到这个判断依据，我们修改部分代码，特别是工具箱的描述，代码如下：

```python
from openai import OpenAI
import json

# 初始化 OpenAI 客户端
client = OpenAI(
    api_key="sk-c646e1c201d74777b54f45c60973f4f3",  # 替换为你的 API 密钥
    base_url="https://api.deepseek.com",  # DeepSeek API 的基础 URL
)

# 定义匿名工具函数
def get_tool2(function_params):
    location = function_params[0]
    return f"{location}的天气晴朗"

def get_tool1(function_params):
    location = function_params[0]
    return f"{location}的股票价格为18.88"

# 定义工具列表
tools = [
    {
        "type": "function",
        "function": {
            "name": "get_tool1",
            "description": "模拟获取股票的工具函数",
            "parameters": {
                "type": "object",
                "properties": {
                    "location": {
                        "type": "string",
```

```
                    "description": "",
                }
            },
            "required": ["location"],
        },
    },
    {
        "type": "function",
        "function": {
            "name": "get_tool2",
            "description": "模拟获取天气的工具函数",
            "parameters": {
                "type": "object",
                "properties": {
                    "location": {
                        "type": "string",
                        "description": "",
                    }
                },
                "required": ["location"],
            },
        },
    }
]

# 发送消息并调用工具
def send_messages_tools(messages):
    """发送消息并调用工具"""
    response = client.chat.completions.create(
        model="deepseek-chat",   # 使用的模型
        messages=messages,       # 消息列表
        tools=tools,             # 工具列表
        tool_choice="auto",      # 让模型自动选择是否调用工具
    )
    return response.choices[0].message

# 系统提示
system_prompt = """
```

你是一个智能助手，能够通过"思考""工具调用"和"响应"3个阶段来处理用户的问题。每个阶段的任务如下：

1. **思考阶段**：你需要仔细分析用户的问题，判断是否需要调用工具来获取信息。如果需要调用工具，明确选择适合的工具并准备调用参数。
2. **工具调用阶段**：根据思考阶段的结果，选择合适的工具并生成工具调用请求。工具调用的参数需要符合工具的定义。
3. **响应阶段**：根据工具调用的返回结果，生成对用户问题的最终回答。

示例：
用户问题：天津的天气怎么样？
思考：我需要调用工具查询天津的天气情况。

```
工具调用：
{
    "function_name": "get_tool",
    "function_params": {"location": "天津"}
}
工具调用结果："天津的天气晴朗"
最终回答：天津的天气晴朗。
"""

# 用户问题
question = "Shanghai的天气是什么？"

# 消息列表
messages = [
    {"role": "system", "content": system_prompt},
    {"role": "user", "content": question},
]

# 发送消息并获取模型响应
message = send_messages_tools(messages)

# 打印模型返回的原始消息
print(f"Initial Model Response: {message}")

# 检查模型是否返回了工具调用请求
if message.tool_calls:
    # 解析工具调用请求
    tool_call = message.tool_calls[0]
    function_name = tool_call.function.name
    function_params = json.loads(tool_call.function.arguments)

    # 打印工具调用信息
    print(f"Tool Call: {tool_call}")
    print(f"Function Name: {function_name}")
    print(f"Function Params: {function_params}")

    # 根据工具名称调用相应的工具
    if function_name == "get_tool1":
        result = get_tool1([function_params["location"]])
    elif function_name == "get_tool2":
        result = get_tool2([function_params["location"]])
    else:
        result = "未知工具"

    # 打印工具执行结果
    print(f"Tool Result: {result}")
```

在上面的代码中，我们匿名定义了工具函数，并删除了其描述部分，而仅仅在工具箱列表中对函数的作用进行解释。重新运行工具函数调用，结果如下：

```
Initial Model Response: ChatCompletionMessage(content='', refusal=None,
```

```
role='assistant', audio=None, function_call=None,
tool_calls=[ChatCompletionMessageToolCall(id='call_0_c5a5e11b-9045-4fe5-8c89-0b6ca0d768
b9', function=Function(arguments='{"location":"Shanghai"}', name='get_tool2'),
type='function', index=0)])
    Tool Call:
ChatCompletionMessageToolCall(id='call_0_c5a5e11b-9045-4fe5-8c89-0b6ca0d768b9',
function=Function(arguments='{"location":"Shanghai"}', name='get_tool2'),
type='function', index=0)
    Function Name: get_tool2
    Function Params: {'location': 'Shanghai'}
    Tool Result: Shanghai的天气晴朗
```

可以看到，我们替换了名称，并在函数体内部删除了注释，只在工具描述列表中对每个工具函数进行描述，结果如下：

```
    Initial Model Response: ChatCompletionMessage(content='', refusal=None,
role='assistant', audio=None, function_call=None,
tool_calls=[ChatCompletionMessageToolCall(id='call_0_94b9f60d-bc93-406a-bc6a-d72f985e33
d1', function=Function(arguments='{"location":"Shanghai"}', name='get_tool2'),
type='function', index=0)])
    Tool Call:
ChatCompletionMessageToolCall(id='call_0_94b9f60d-bc93-406a-bc6a-d72f985e33d1',
function=Function(arguments='{"location":"Shanghai"}', name='get_tool2'),
type='function', index=0)
    Function Name: get_tool2
    Function Params: {'location': 'Shanghai'}
    Tool Result: Shanghai的天气晴朗
```

可以看到，此时生成的结果依旧输出了对应的天气情况。下一步，继续修改内容，在工具list中删除函数描述与参数描述，但是在工具函数体内部加上对应的描述，代码如下：

```python
# 定义工具函数
def get_tool2(function_params):
    "模拟获取天气的工具函数"
    location = function_params[0]
    return f"{location}的天气晴朗"

def get_tool1(function_params):
    "模拟获取股票的工具函数"
    location = function_params[0]
    return f"{location}的股票价格为18.88"


# 定义工具列表
tools = [
    {
        "type": "function",
        "function": {
            "name": "get_tool1",
            "description": None,
            "parameters": {
```

```
                    "type": "object",
                    "properties": {
                        "location": {
                            "type": "string",
                            "description": "",
                        }
                    },
                    "required": ["location"],
                },
            },
        },
        {
            "type": "function",
            "function": {
                "name": "get_tool2",
                "description": None,
                "parameters": {
                    "type": "object",
                    "properties": {
                        "location": {
                            "type": "string",
                            "description": "",
                        }
                    },
                    "required": ["location"],
                },
            },
        }
    ]
```

打印结果如下：

```
    Initial Model Response: ChatCompletionMessage(content='', refusal=None,
role='assistant', audio=None, function_call=None,
tool_calls=[ChatCompletionMessageToolCall(id='call_0_f5dd2f6e-e1f3-4c0a-a5ee-627fd0e934
1e', function=Function(arguments='{"location":"Shanghai"}', name='get_tool1'),
type='function', index=0)])
    Tool Call:
ChatCompletionMessageToolCall(id='call_0_f5dd2f6e-e1f3-4c0a-a5ee-627fd0e9341e',
function=Function(arguments='{"location":"Shanghai"}', name='get_tool1'),
type='function', index=0)
    Function Name: get_tool1
    Function Params: {'location': 'Shanghai'}
    Tool Result: Shanghai的股票价格为18.88
```

可以看到，虽然DeepSeek输出了结果，但是很明显，此时的模型函数调用错误，即我们在定义的工具列表中删除了函数描述，就会造成函数调用错误的结果，这一点需要读者注意。

7.3　旅游特种兵迪士尼大作战：DeepSeek 高精准路径优化

随着假期的脚步日渐临近，环球影城等备受瞩目的主题游乐场，已然成为大人与孩子们心中不可或缺的节日狂欢圣地。然而，随之而来的庞大客流，却总让无数游客在欢乐的门槛前止步，那长长的排队队伍，无疑成为他们畅享假日时光的最大阻碍。

游乐场内项目琳琅满目，每一个都散发着诱人的魅力，但时间却似乎总是不够用。如何在这人潮汹涌、时间紧迫的环境下，巧妙规划行程，确保每一次的游玩都能获得最大的快乐回报，这无疑是对每一位追求极限旅游体验的"特种兵"游客的严峻考验。

是选择那些刺激惊险的过山车，还是沉浸于梦幻般的童话世界？是优先体验那些人气爆棚的新项目，还是回归那些经典怀旧的老游乐？每一个选择，都关乎着游玩的质量与心情的愉悦。因此，提前做功课，了解各个项目的特点与游玩时长，制定一份详尽而周密的游玩攻略，便显得尤为重要。

不仅如此，游客们还需要灵活应变，根据实际情况及时调整计划。或许，一场突如其来的表演秀，会打乱原有的行程安排，但也可能因此收获意想不到的惊喜与感动。在这个充满变数与可能的游乐场里，每一次的转弯，都可能遇见不一样的风景；每一次的等待，也都可能转换为难忘的回忆。

因此，尽管排队是游玩中不可避免的一环，但只要我们借助DeepSeek强大的人工智能功能，用心规划，巧妙应对，便能在有限的时间里，使得各位旅游"特种兵"尽情享受到游乐场带来的无尽欢乐与惊喜。

7.3.1　游乐场数据的准备

在这里，我们精心准备了针对不同游乐场景的详细地图，旨在为游客们提供更加便捷的游玩导航。在这些地图上，我们逐一标注了每个游乐项目的排队时间、视觉体验以及刺激指数，以帮助游客们更全面地了解各个项目的游玩感受。

（1）排队时间，我们在地图上以清晰的数据展示每个项目当前及预计的等待时长，让游客能够根据时间安排，灵活选择先玩哪个项目，从而避免在热门项目前长时间排队等候。

（2）视觉体验，是我们标注的另一个重要特征。不同的游乐项目带来的视觉震撼各不相同，有的项目让人仿佛置身于梦幻的童话世界，有的则展现出未来科技的奇幻色彩。通过地图上的视觉体验指数，游客可以根据自己的喜好选择那些最能打动自己的游乐项目。

（3）刺激指数，则是为了满足那些追求极限刺激的游客而设计的。不同的游乐项目，其惊险程度各不相同。有的项目平缓舒适，适合全家共同参与；有的则惊心动魄，让人心跳加速。通过刺激指数的标注，游客可以根据自己的承受能力选择合适的游乐项目，确保游玩的安全和愉快。

各个游乐场的地图和标注如图7-9~图7-12所示。

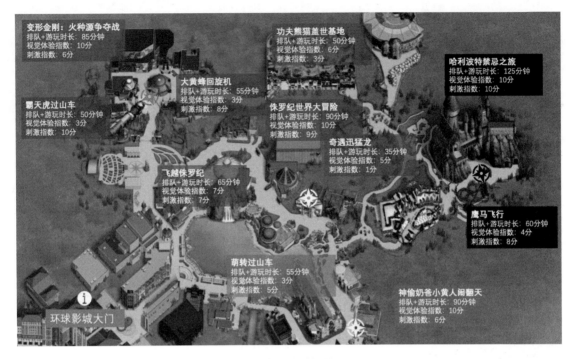

图 7-9　环球影城

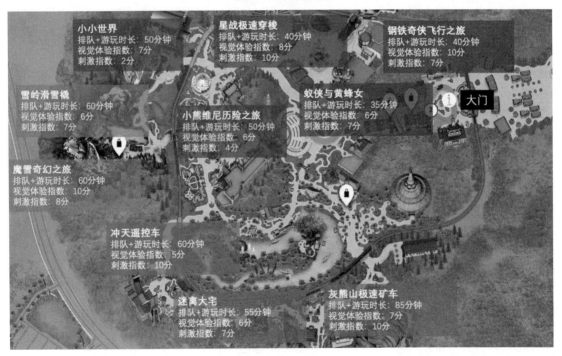

图 7-10　香港迪士尼

图 7-11　广州长隆欢乐世界

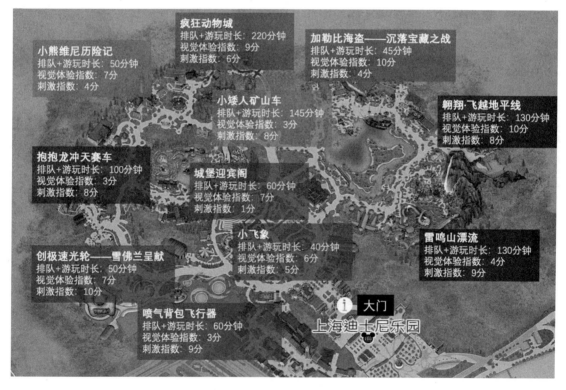

图 7-12　上海迪士尼

可以看到，我们仔细地标注了各个游乐园中每个项目不同的特征，对其进行统计后，我们建立列表如下：

```
[{name:喷气背包飞行器,time:60,view:3,thrill:9},
 {name:创极速光轮-雪佛兰呈现,time:50,view:7,thrill:10},
 {name:抱抱龙冲天赛车,time:100,view:3,thrill:8},
 {name:小熊维尼历险记,time:50,view:7,thrill:4},
 {name:疯狂动物城,time:220,view:9,thrill:6},
 {name:加勒比海盗——沉落宝藏之战,time:45,view:10,thrill:4},
 {name:翱翔——飞跃地平线,time:130,view:10,thrill:8},
 {name:雷鸣山漂流,time:130,view:4,thrill:9},
 {name:小飞象,time:40,view:6,thrill:5},
 {name:城堡迎宾阁,time:60,view:7,thrill:1},
 {name:小矮人矿山车,time:145,view:3,thrill:8}];
```

其中，time是耗费的时间，view为视觉指数，而thrill则是刺激指数。

7.3.2　普通大模型的迪士尼游玩求解攻略

我们首先完成基于普通问题的迪士尼游玩，即将数据传入大模型中，要求其做出对应的回答。代码如下：

```
from openai import OpenAI
client = OpenAI(api_key="sk-c646e1c201d74777b54f45c60973f4f3",
base_url="https://api.deepseek.com")

system_prompt = """
你现在作为一个人工智能算法助手，有如下列表
[{name:喷气背包飞行器,time:60,view:3,thrill:9},
 {name:创极速光轮-雪佛兰呈现,time:50,view:7,thrill:10},
 {name:抱抱龙冲天赛车,time:100,view:3,thrill:8},
 {name:小熊维尼历险记,time:50,view:7,thrill:4},
 {name:疯狂动物城,time:220,view:9,thrill:6},
 {name:加勒比海盗-沉落宝藏之战,time:45,view:10,thrill:4},
 {name:翱翔-飞跃地平线,time:130,view:10,thrill:8},
 {name:雷鸣山漂流,time:130,view:4,thrill:9},
 {name:小飞象,time:40,view:6,thrill:5},
 {name:城堡迎宾阁,time:60,view:7,thrill:1},
 {name:小矮人矿山车,time:145,view:3,thrill:8}];
其中"游乐项目名称name""用时time""体验指数（视觉指数view、刺激指数thrill）"。
【示例】：{
问题： 游玩5个小时，玩哪些项目的组合刺激指数最大？
回答：亲爱的游客您好，根据您的问题经过严密计算后得出：
300分钟之内，刺激指数总和最大为36，总耗时300分钟。
【小熊维尼历险记】【耗时50分钟】【刺激指数：4】
【抱抱龙冲天赛车】【耗时100分钟】【刺激指数：8】
【创极速光轮-雪佛兰呈献】【耗时50分钟】【刺激指数：10】
【小飞象】【耗时40分钟】【刺激指数：5】
【喷气背包飞行器】【耗时60分钟】【刺激指数：9】}
请根据要求运算出结果并输出。
"""

response = client.chat.completions.create(
    model="deepseek-chat",
```

```
messages=[
    {"role": "system", "content": system_prompt},
    {"role": "user", "content": "只有120分钟的时间，怎么玩视觉体验最大？"},
],
stream=False
)

print(response.choices[0].message.content)
```

这段代码的主要功能是通过调用DeepSeek的API，利用一个预定义的system_prompt来回答用户关于游乐项目组合的问题。首先，代码导入了DeepSeek库并初始化了一个客户端，设置了API密钥和基础URL。接着，定义了一个系统提示（system_prompt），其中包含一系列游乐项目的详细信息，如名称、用时、视觉指数和刺激指数。系统提示还包含一个示例，展示了如何根据用户的问题计算并输出最佳的游乐项目组合。

在代码的第二部分，通过client.chat.completions.create方法向API发送请求，其中指定了使用的模型（deepseek-chat）、系统提示和用户的问题（"只有120分钟的时间，怎么玩视觉体验最大？"）。API会根据系统提示中的算法和用户的问题，计算出在120分钟内视觉体验最大的游乐项目组合，并将结果返回。最后，代码打印出API返回的结果，即最佳的游乐项目组合。运行结果读者可以自行尝试验证（建议多次）。

7.3.3　基于动态规划算法的迪士尼游玩求解攻略

动态规划（Dynamic Programming，DP）是一种在数学、计算机科学和经济学中用来找出多阶段决策过程中最优解的方法。在计算机科学中，动态规划通常用于优化递归问题，例如用于求解斐波那契数列，或者用于求解具有重叠子问题和最优子结构的问题。

在这个问题中，我们有一组游乐项目，每个项目都有各自的游玩时间（time）、景观评分（view）和刺激评分（thrill）。我们的目标是选择一组项目，使得总游玩时间不超过120分钟，同时最大化景观评分的总和。

 动态规划算法比较复杂，读者可以跳过7.3.3节的学习直接学习大模型完成迪士尼游玩。

下面是我们使用动态规划算法完成的极限迪士尼游玩攻略的求解，代码如下：

```
projects = [
{"name":"喷气背包飞行器","time":60,"view":3,"thrill":9},
{"name":"创极速光轮-雪佛兰呈现","time":50,"view":7,"thrill":10},
{"name":"抱抱龙冲天赛车","time":100,"view":3,"thrill":8},
{"name":"小熊维尼历险记","time":50,"view":7,"thrill":4},
{"name":"疯狂动物城","time":220,"view":9,"thrill":6},
{"name":"加勒比海盗-沉落宝藏之战","time":45,"view":10,"thrill":4},
{"name":"翱翔-飞跃地平线","time":130,"view":10,"thrill":8},
{"name":"雷鸣山漂流","time":130,"view":4,"thrill":9},
{"name":"小飞象","time":40,"view":6,"thrill":5},
{"name":"城堡迎宾阁","time":60,"view":7,"thrill":1},
{"name":"小矮人矿山车","time":145,"view":3,"thrill":8}
    ]
```

```python
# 提取时间和景观评分
time = [proj['time'] for proj in projects]
view = [proj['view'] for proj in projects]
n = len(projects)  # 项目总数
T = 120  # 总时间限制


# 初始化动态规划数组和选择数组
dp = [[0] * (T + 1) for _ in range(n + 1)]
choices = [[-1] * (T + 1) for _ in range(n + 1)]  # -1 表示未选择任何项目

# 填充动态规划数组和选择数组
for i in range(1, n + 1):
    for j in range(1, T + 1):
        if j >= time[i - 1]:
            # 如果选择当前项目可以得到更大的景观评分，则更新dp和choices
            if dp[i - 1][j - time[i - 1]] + view[i - 1] > dp[i - 1][j]:
                dp[i][j] = dp[i - 1][j - time[i - 1]] + view[i - 1]
                choices[i][j] = i - 1  # 记录选择了哪个项目（使用项目的索引）
            else:
                dp[i][j] = dp[i - 1][j]
        else:
            dp[i][j] = dp[i - 1][j]


# 输出结果
print("最大景观评分总和:", dp[n][T])



# 回溯以找出项目名称
def backtrack(choices, time, projects, total_time, current_index):
    if total_time == 0 or current_index == 0:
        return []
    if choices[current_index][total_time] == -1:
        # 没有在当前状态选择项目，继续向前回溯
        return backtrack(choices, time, projects, total_time, current_index - 1)
    else:
        # 找到了一个选择的项目，加入结果列表，并继续向前回溯
        chosen_proj_index = choices[current_index][total_time]
        chosen_proj_name = projects[chosen_proj_index]['name']
        remaining_time = total_time - time[chosen_proj_index]
        return [chosen_proj_name] + backtrack(choices, time, projects, remaining_time,
chosen_proj_index)


# 调用回溯函数并打印结果
selected_projects = backtrack(choices, time, projects, T, n)
print("构成最大景观评分总和的项目名称:")
for proj_name in selected_projects:
    print("    " + proj_name)
```

打印结果如下：

```
最大景观评分总和：17
构成最大景观评分总和的项目名称：
    加勒比海盗-沉落宝藏之战
    创极速光轮-雪佛兰呈现
```

可以看到，我们通过算法设计获得了符合要求的结果，此时整体时间满足要求，同时也获取到最大的条件组合。

7.3.4 基于 DeepSeek 的旅游特种兵迪士尼大作战

在上述内容中，我们分别探讨了基于 DeepSeek 的基础迪士尼游玩攻略以及运用动态规划算法优化的迪士尼游玩攻略。显然，动态规划算法在特定条件下能够高效地给出满意的结果。然而，当面临不同的约束条件时，这种方法的局限性也显现出来了，它要求使用者必须具备相当丰富的算法知识和程序设计经验，才能灵活调整策略以适应新的情况。

相比之下，如果我们单纯依赖大型模型在有约束的条件下进行计算，多次运行的结果可能会出现不一致的情况。这主要是因为大型模型的设计和运行逻辑并未与我们的特定算法需求紧密结合。因此，在计算过程中，它们可能无法全面、准确地捕捉到我们的具体需求，从而导致结果的不稳定性。

为了克服这些挑战，我们可以考虑将动态规划算法与大型模型相结合，以充分发挥两者的优势。具体来说，我们可以利用动态规划算法来构建基础的游玩攻略框架，确保在满足核心约束条件的前提下获得优化结果。同时，可以借助大型模型的强大计算能力，对动态规划算法生成的初步结果进行进一步的细化和优化，以适应更多复杂多变的实际场景。

下面就是我们设计的、基于DeepSeek的旅游特种兵迪士尼路径规划，代码如下：

```python
from openai import OpenAI

client = OpenAI(api_key="sk-c646e1c201d74777b54f45c60973f4f3",
base_url="https://api.deepseek.com")


system_prompt = """
你现在作为一个人工智能算法助手，
根据下面提供的算法逻辑和【0-1背包问题】解题思路来处理景点游玩最优规划这个情景问题。
【代码算法逻辑及步骤】：
step1:分析问题,获得可用总时长$ztime（分钟）；
step2:加载以下全部11组$data数据
$data = [{name:喷气背包飞行器,time:60,view:3,thrill:9},
{name:创极速光轮-雪佛兰呈现,time:50,view:7,thrill:10},
{name:抱抱龙冲天赛车,time:100,view:3,thrill:8},
{name:小熊维尼历险记,time:50,view:7,thrill:4},
{name:疯狂动物城,time:220,view:9,thrill:6},
{name:加勒比海盗-沉落宝藏之战,time:45,view:10,thrill:4},
{name:翱翔-飞跃地平线,time:130,view:10,thrill:8},
{name:雷鸣山漂流,time:130,view:4,thrill:9},
{name:小飞象,time:40,view:6,thrill:5},
{name:城堡迎宾阁,time:60,view:7,thrill:1},
```

```
{name:小矮人矿山车,time:145,view:3,thrill:8}];
```
其中"游乐项目名称name""用时time""体验指数（视觉指数view、刺激指数thrill）"。

step3：分析问题，设置对应要计算的指数（刺激指数：thrill；视觉指数：view）；

step4：判断总耗时是否小于$data中的time最小值，如果小于则直接结束运算，说明不会存在最优解。如果大于或等于则进行下一步；

step5：定义状态 dp[i][j]，表示前 i 个物品在容量为 j 的背包下的最大值。

step6：初始化 dp 状态，dp[0][j] = 0，表示背包没有容量时的最大价值，也就是 0。

step7：状态转移方程为 dp[i][j] = max(dp[i-1][j], dp[i-1][j - data[i].time] + data[i].thrill) if j > data[i].time else dp[i-1][j] 。表示在有足够容量的情况下，可以选择放入或者不放入当前的物品。

step8：求出 dp[len(data)][$ztime]，该值就是最大的体验指数。

step9：通过 dp 状态表，反推出$data.name（项目名称）。

【示例】：{

问题：游玩5个小时，玩哪些项目的组合刺激指数最大？

回答：亲爱的游客您好，根据您的问题经过严密计算后得出：

300分钟之内，刺激指数总和最大为36，总耗时300分钟。

【小熊维尼历险记】【耗时50分钟】【刺激指数：4】

【抱抱龙冲天赛车】【耗时100分钟】【刺激指数：8】

【创极速光轮-雪佛兰呈献】【耗时50分钟】【刺激指数：10】

【小飞象】【耗时40分钟】【刺激指数：5】

【喷气背包飞行器】【耗时60分钟】【刺激指数：9】}

请严格按照上述算法和输出要求，运算出结果并输出，不要超出约束条件。让我们一步一步来思考！

```
    """

    response = client.chat.completions.create(
        model="deepseek-chat",
        messages=[
            {"role": "system", "content": system_prompt},
            {"role": "user", "content": "只有120分钟的时间，怎么玩视觉体验最大，并且刺激指数最大？"},
        ],
        stream=False
    )

    print(response.choices[0].message.content)
```

输出结果如下：

亲爱的游客您好，根据您的问题经过严密计算后得出：

120分钟之内，视觉指数总和最大为17，总耗时120分钟。

【加勒比海盗-沉落宝藏之战】【耗时45分钟】【视觉指数：10】

【小熊维尼历险记】【耗时50分钟】【视觉指数：7】

此时看到，输出的结果较好地满足了需求，尽管细节上还有一定的出入，但是大模型与基于普通动态规划算法得到的结果在总体约束上基本保持一致。

7.4   本章小结

本章我们深入探讨了基于DeepSeek在线API调用的实践应用，通过详细剖析多个具体项目，使读者对DeepSeek的功能与调用方式有了更全面的了解。我们不仅介绍了如何利用DeepSeek进行高效的工具调用，还进一步结合动态规划算法，实现了带有特定条件的旅游景点路径优化。

这一创新性的结合，不仅提升了路径规划的智能性和灵活性，也为旅游行业带来了更多便利和可能性。通过本章的学习，读者能够熟练掌握DeepSeek API的调用技巧，并能将其灵活运用于实际场景中，从而实现更高效的资源利用和更优质的用户体验。未来，随着技术的不断进步和应用场景的不断拓展，我们相信DeepSeek将在更多领域展现出其强大的潜力和价值。

## 第 8 章

广告文案撰写实战：多模态 DeepSeek本地化部署与微调

8

DeepSeek在设计上独树一帜，在架构上它并未沿袭LLaMA的Dense架构或Mistral的Sparse架构。相反，该模型在框架上进行全面的革新，采纳了我们之前深入研究的MLA（多头潜在注意力）架构。这一创新架构显著减少了计算负担和推理时的显存占用，为高效运行铺平了道路。

值得一提的是，DeepSeek还巧妙地融合了MoE（Mixture-of-Experts）架构，即DeepSeek"专家混合"技术（DeepSeek MoE）。这一结合不仅将计算量降至最低，而且极大地提升了模型的总体性能，实现了质的飞跃。DeepSeek总体架构如图8-1所示。

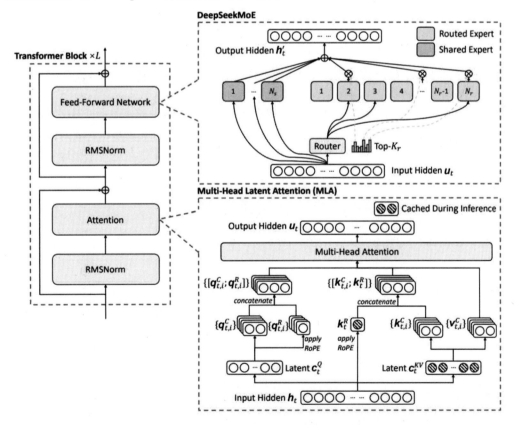

图8-1　DeepSeek 总体架构

在撰写本书之际，尽管最新的DeepSeek-V3已经开源发布，然而，鉴于其庞大的参数量，为了更清晰地阐述相关概念和方法，本章我们仍将沿用DeepSeek-VL2版本的开源模型进行讲解。在本章中，我们将详细介绍如何在本地环境中部署DeepSeek-VL2，并对其进行微调。

首先，我们会指导读者如何在本地机器上成功安装和配置DeepSeek-VL2模型。这包括环境准备、依赖安装以及模型文件的正确放置等步骤。我们将确保读者能够顺利地搭建一个可用于学习和实验的本地环境。

接下来，我们将深入探讨DeepSeek-VL2模型的微调技巧。微调是一个关键步骤，它允许用户根据自己的数据和需求对预训练模型进行调整，从而提升模型在实际应用中的性能。我们将详细介绍微调过程中的关键参数设置、训练数据的准备以及评估指标的选择，帮助读者更好地理解和掌握微调技术。

通过本章的学习，读者将能够独立完成DeepSeek-VL2的本地化部署，并掌握对其进行微调的方法，为后续的应用开发奠定坚实的基础。

注意，尽管我们使用的是DeepSeek-VL2版本，但所讲解的原理和方法同样适用于更高版本的模型，为读者未来升级到更先进的模型提供了有力的知识支撑。

8.1   多模态 DeepSeek-VL2 本地化部署与使用

DeepSeek-VL2是一款引人注目的MoE大语言模型，由于MoE的设计与使用，使得此模型在推理时极大提升了计算效率。通过创新的MLA机制，该模型不仅降低了计算复杂度，还显著减少了显存占用，同时结合强化学习技术，使其在各种基准测试中表现卓越，特别是在中文和代码生成任务上成绩斐然。

DeepSeek-VL2的应用前景广阔，无论是在自然语言处理、文本生成，还是机器翻译、智能问答等领域，都能提供高效且准确的解决方案。其开源和可免费商用的特点更是让它成为企业和开发者的优选之一。展望未来，随着技术进步和应用拓展，DeepSeek-VL2有望在AI技术领域发挥更广泛的作用，推动整个行业的创新与发展。

8.1.1   Linux 版本 DeepSeek-VL2 代码下载与图像问答

首先登录GitHub完成DeepSeek-VL2的代码下载。为了简便起见，作者在这里提供了下载好的代码，如下所示：

 这里使用的是基于Linux的版本，Windows版本的DeepSeek-VL2本地化部署见8.1.2节。

```
import torch
from transformers import AutoModelForCausalLM

from deepseek_vl2.models import DeepseekVLV2Processor, DeepseekVLV2ForCausalLM
from deepseek_vl2.utils.io import load_pil_images

model_path = "deepseek-ai/deepseek-vl2-tiny"
vl_chat_processor: DeepseekVLV2Processor =
```

```
DeepseekVLV2Processor.from_pretrained(model_path)
    tokenizer = vl_chat_processor.tokenizer

    vl_gpt: DeepseekVLV2ForCausalLM = AutoModelForCausalLM.from_pretrained(model_path,
trust_remote_code=True)
    vl_gpt = vl_gpt.to(torch.bfloat16).cuda().eval()

    conversation = [
        {
            "role": "<|User|>",
            "content": "This is image_1: <image>\n"
                       "This is image_2: <image>\n"
                       "This is image_3: <image>\n 请告诉我这幅画里面画的是什么？",
            "images": [
                "images/multi_image_1.jpeg",
                "images/multi_image_2.jpeg",
                "images/multi_image_3.jpeg",
            ],
        },
        {"role": "<|Assistant|>", "content": ""}
    ]

    pil_images = load_pil_images(conversation)
    prepare_inputs = vl_chat_processor(
        conversations=conversation,
        images=pil_images,
        force_batchify=True,
        system_prompt=""
    ).to(vl_gpt.device)

    with torch.no_grad():
        inputs_embeds = vl_gpt.prepare_inputs_embeds(**prepare_inputs)

        inputs_embeds, past_key_values = vl_gpt.incremental_prefilling(
            input_ids=prepare_inputs.input_ids,
            images=prepare_inputs.images,
            images_seq_mask=prepare_inputs.images_seq_mask,
            images_spatial_crop=prepare_inputs.images_spatial_crop,
            attention_mask=prepare_inputs.attention_mask,
            chunk_size=512
        )

        outputs = vl_gpt.generate(
            inputs_embeds=inputs_embeds,
            input_ids=prepare_inputs.input_ids,
            images=prepare_inputs.images,
            images_seq_mask=prepare_inputs.images_seq_mask,
            images_spatial_crop=prepare_inputs.images_spatial_crop,
            attention_mask=prepare_inputs.attention_mask,
            past_key_values=past_key_values,
```

```
            pad_token_id=tokenizer.eos_token_id,
            bos_token_id=tokenizer.bos_token_id,
            eos_token_id=tokenizer.eos_token_id,
            max_new_tokens=512,

            do_sample=False,
            use_cache=True,
        )

        answer = tokenizer.decode(outputs[0][len(prepare_
    inputs.input_ids[0]):].cpu().tolist(), skip_special_tokens=False)

        print(f"{prepare_inputs['sft_format'][0]}", answer)
```

在本例中，我们定义了model_path = "deepseek-ai/deepseek-vl2-tiny"，即使用一个迷你版本的DeepSeek-VL2进行模型设计，由于模型的权重和编码器需要从网上下载，对于下载有困难的读者，作者在配套代码库中准备了下载好的权重与文件。读者可以直接更改model_path地址到本地。代码如下：

```
    model_path = "C:/Users/xiaohua/.cache/huggingface/hub
/models--deepseek-ai--deepseek-vl2-tiny/snapshots/66c54660eae7e90c9ba259bfdf92d07d6e3ce
8aa"
```

在Linux系统下，读者在安装对应的Python包后，可直接运行代码，结果如下：

```
    <|User|>: This is image_1: <image>
    This is image_2: <image>
    This is image_3: <image>
    请告诉我这幅画里面画的是什么？
```

```
    <|Assistant|>: 这幅画展示了三根胡萝卜。胡萝卜呈橙色，顶部带有绿色的叶子。它们被堆叠在一起，看起来
非常新鲜。胡萝卜通常用于烹饪，可以生吃、炒菜或炖煮。<|end__of__sentence|>
```

8.1.2 Windows 版本 DeepSeek-VL2 代码下载

对于使用Windows系统的读者而言，我们可以遵循8.1.1节的步骤来下载DeepSeek-VL2的代码。不过，在实际应用过程中，鉴于操作系统的差异性，读者可能需要手动安装一些必要的Python辅助包以确保程序的顺利运行。这里主要涉及两个关键的安装包，具体如下：

```
    from flash_attn import flash_attn_qkvpacked_func
    from xformers.ops import memory_efficient_attention
```

这里分别使用了flash_attn与xformers来实现特殊的注意力架构。其中，xformers可以使用如下的代码进行安装：

```
    pip install -U xformers --index-url https://download.pytorch.org/whl/cu124
```

注意　上面的安装代码需要使用CUDA 12.4。具体安装的版本，读者可以自行斟酌。

对于flash_attn的安装，Windows版本的flash_attn无法直接安装，读者可以使用本书配套代码库

中作者编译好的flash_attn安装，从而完成本地化DeepSeek-VL2的部署。

8.2　广告文案撰写实战 1：PEFT 与 LoRA 详解

DeepSeek在文本生成、信息检索和智能问答等多个领域都展现出了令人瞩目的性能，这得益于其精心设计的初始训练过程。然而，不容忽视的是，尽管DeepSeek的架构设计能够在一定程度上减少训练成本，但要从零开始训练一个特定模型，仍然需要巨大的计算资源和庞大的数据集。这对于普通人来说无疑是一个沉重的负担。这种情况使得一些研究人员难以复现和验证之前的研究成果，从而影响了科研的进展和可信度。

为了有效应对这一问题，研究人员提出了一种新的训练方法：在已有的大型预训练模型基础上进行进一步的训练，即所谓的"微调（fine-tuning）"。这种方法允许我们根据特定任务的需求，对原始大模型进行针对性的训练，以提升其在新任务上的表现。通过这种方式，我们不仅可以节省大量的计算资源和时间，还可以降低对海量数据集的依赖。微调的流程如图8-2所示。

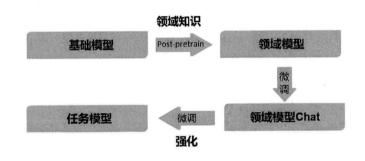

图 8-2　微调的流程

微调技术的引入显著减轻了大型预训练模型的训练成本，使得更多的研究人员和开发人员能够利用这些强大的模型，而无须承担过高的计算和数据成本。这无疑为自然语言处理和人工智能领域的研究与应用开辟了新的道路，促进了技术的普及与进步。

本章我们将完成基于DeepSeek-VL2本地化的微调方法，并演示如何由关键词生成对应的文案。

8.2.1　微调的目的：让生成的结果更聚焦于任务目标

本小节将采用DeepSeek-VL2来完成广告文案生成。首先来看我们所提供的数据和本次要求的目标，任务数据如图8-3所示。

```
{"instruction": "类型#裙*风格#街头*风格#潮*裙型#a字", "output": "孕期就一定要穿的沉闷单调吗？热爱潮流的怎能束缚自己个性的心呢，这款裙子采用
{"instruction": "类型#裤*材质#牛仔布*颜色#浅蓝色*风格#街头*风格#休闲*裤型#直筒裤*裤款式#破洞", "output": "破洞元素已变成彰显个性的元素，
{"instruction": "类型#裤*版型#宽松*材质#雪纺*风格#知性*风格#性感*图案#碎花*裤长#连体裤*裤款式#木耳边", "output": "雪纺面料的一袭连体裤，
{"instruction": "类型#裤*风格#简约*图案#线条*裤款式#口袋*裤款式#拉链", "output": "侧缝处置有立体拉链口袋作为装饰，实用性强且兼备美观性。
{"instruction": "类型#上衣*颜色#白色*图案#条纹*图案#线条*衣样式#衬衫", "output": "白色的衬衫采用了百褶的袖子设计，既修饰了手臂线条，又为整
{"instruction": "类型#裤*材质#棉*材质#牛仔布*风格#简约*风格#休闲*裤长#短裤*裤款式#破洞", "output": "选用优质的纯棉面料打造出舒适的质感，
{"instruction": "类型#裤*材质#水洗*风格#潮*裤款式#不规则*裤口#毛边", "output": "年轻潮流的设计品味，洋气又好穿。细节相当丰富有看点，融入水
{"instruction": "类型#裤*颜色#蓝色*风格#简约*裤型#背带裤*裤款式#纽扣", "output": "背带裤的选用天蓝色的主题，远看上去就像是蓝色 <UNK>悬;
```

图 8-3　文本生成提供的数据集

这里我们提供了一套完整的文案数据，instruction部分是文案关键词提示，也就是相应的Prompt，而output部分是根据关键词提示生成的对应讲解文案。在进入下一步之前，我们首先来看未经微调生成的结果，代码如下：

```python
import torch
from transformers import AutoModelForCausalLM

from deepseek_vl2.models import DeepseekVLV2Processor, DeepseekVLV2ForCausalLM
from deepseek_vl2.utils.io import load_pil_images

# specify the path to the model
model_path = "deepseek-ai/deepseek-vl2-tiny"
model_path = "C:/Users/xiaohua/.cache/huggingface/hub/
models--deepseek-ai--deepseek-vl2-tiny/snapshots/66c54660eae7e90c9ba259bfdf92d07d6e3ce8
aa"
vl_chat_processor = DeepseekVLV2Processor.from_pretrained(model_path)
tokenizer = vl_chat_processor.tokenizer

model = AutoModelForCausalLM.from_pretrained(model_path, trust_remote_code=True)
model = model.to(torch.bfloat16).cuda().eval()

conversation1 = [
{"role": "<|User|>", "content": "类型#裤*版型#宽松*风格#性感#图案#线条*裤型#阔腿裤"},
{"role": "<|Assistant|>", "content": ""}
]

conversation = conversation1
# load images and prepare for inputs
pil_images = load_pil_images(conversation)
prepare_inputs = vl_chat_processor(
    conversations=conversation,
    images=pil_images,
    force_batchify=True,
    system_prompt=""
).to(model.device)

# run image encoder to get the image embeddings
inputs_embeds = model.prepare_inputs_embeds(**prepare_inputs)

# run the model to get the response
outputs = model.generate(
        inputs_embeds=inputs_embeds,
        input_ids=prepare_inputs.input_ids,
        images=prepare_inputs.images,
        images_seq_mask=prepare_inputs.images_seq_mask,
        images_spatial_crop=prepare_inputs.images_spatial_crop,
        attention_mask=prepare_inputs.attention_mask,

        pad_token_id=tokenizer.eos_token_id,
        bos_token_id=tokenizer.bos_token_id,
```

```
                eos_token_id=tokenizer.eos_token_id,
                max_new_tokens=512,

                do_sample=False,
                use_cache=True,
        )

        answer = tokenizer.decode(outputs[0][len(prepare_inputs.
input_ids[0]):].cpu().tolist(), skip_special_tokens=False)
        print(f"{prepare_inputs['sft_format'][0]}", answer)
```

在这里，我们首先建立了DeepSeek-VL2模型，之后将对应的文本内容输入模型中，生成的结果如下：

<|User|>：类型#裤*版型#宽松*风格#性感*图案#线条*裤型#阔腿裤

<|Assistant|>：阔腿裤是一种非常经典且时尚的裤子类型，其设计特点包括宽松的版型、性感的风格以及大胆的图案和线条。以下是关于阔腿裤的详细描述：

1．**版型**：阔腿裤通常采用宽松的设计，使得穿着者能够自由活动，同时保持舒适感。这种版型适合各种体型，尤其是腿部较粗的人。

2．**风格**：阔腿裤通常具有一种休闲和时尚的风格，适合日常穿着。它既可以搭配休闲装，也可以搭配正式服装，展现出不同的风格。

3．**性感**：阔腿裤的线条设计通常比较修长，能够突显腿部线条，给人一种性感的感觉。这种设计风格在时尚界非常受欢迎。

4．**图案**：阔腿裤的图案设计非常多样化，可以包括几何图案、花卉图案、动物图案等。图案的多样性和设计感使得阔腿裤成为时尚界的宠儿。

5．**线条**：阔腿裤的线条设计通常比较简洁，但能够通过不同的剪裁和搭配展现出不同的视觉效果。线条的流畅性使得阔腿裤看起来更加优雅和时尚。

6．**裤型**：阔腿裤的裤型设计非常多样，包括直筒、喇叭、A字、九分等。不同的裤型设计能够满足不同的穿着需求，无论是休闲还是正式场合，阔腿裤都能胜任。

总的来说，阔腿裤是一种非常经典且时尚的裤子类型，其设计特点使得它能够适应各种场合和穿着需求。<|end__of__sentence|>

可以看到，虽然模型输出的结果得到了对应的答案，并且贴合我们输入的内容，但是在任务目标上可以很明显地看到，此时生成的结果并没有很好地切合任务目标，生成的结果有些松散而不符合要求。因此，为了使得模型生成在结果上更加贴合，我们可以使用微调方法对模型进行"重训练"，从而得到一个符合我们要求的输出结果模型。

8.2.2　微调经典方法 LoRA 详解

大模型微调LoRA（Low-Rank Adaptation，低秩自适应）是一种高效的模型调整技术，它通过引入低秩矩阵对大型预训练模型进行微调。具体而言，LoRA不直接修改模型的原始权重，而是在模型的特定层注入可训练的低秩矩阵。这些低秩矩阵与原始权重相结合，使模型能够快速适应新任务，以高效且轻量级的方式对大型语言模型进行定制化调整，从而使其更好地适应特定任务或领域的需求，同时保持模型原有的泛化能力，但又显著降低了训练所需的计算资源和时间。这种方法特别适用于资源有限或对微调效率有较高要求的场景。

LoRA方法的核心思想是将大模型的参数分解为低维的核心参数和高维的残差参数。在微调过程中，我们只更新LoRA参数，而核心参数保持不变。这种参数分解的方式降低了模型的复杂度，减少了过拟合的风险，并且提高了模型的泛化能力。

此外，基于LoRA的微调方法只对大模型的特定层（如Embedding层）进行微调。这种方法不会影响大模型的整体交互能力。同时，通过冻结模型的所有参数并学习插入token，我们可以避免因调整大量参数而导致的模型不稳定问题。这种方法的效果通常比其他方法更稳定、更可靠。

另外，基于LoRA的微调方法还具有很高的灵活性和通用性。由于它只需要添加特定的参数矩阵以适应下游任务，因此可以方便地在不同场景之间进行切换。这种灵活性使得基于LoRA的方法在实际应用中具有更大的潜力。

基于LoRA的大模型微调方法是一种高效、低成本且具有高度灵活性和通用性的解决方案。在实际应用中，我们可以根据具体场景和训练模式选择最恰当的微调方法。对于需要快速部署和高度灵活性的应用场景，基于LoRA的微调方法无疑是一个理想的选择。

具体来看，LoRA可以认为是大模型的低秩适配器，或者简单地理解为特定任务适配器。通过在原模型特定位置增加一个低秩分解（先降维，再升维）的旁路来模拟参数的更新量。这样，使得训练时原模型固定，只训练降维矩阵 A 和升维矩阵 B。而在推理时，可将 BA 加到原参数上，不引入额外的推理延迟，如图8-4所示。

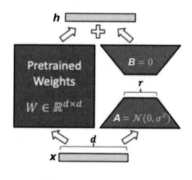

图8-4　LoRA 适配器

从数学方法来看，假设预训练的特定位置矩阵为 $W_0 \in R^{d \times k}$，其增加了LoRA修正后的参数可以表示为：

$$W_0 + \Delta W = W_0 + BA$$
$$B \in R^{d \times r}, r \ll \min(d, k);（r远小于d或K的最小值）$$
$$A \in R^{r \times k}$$

此时，对于前向计算来说，其计算过程变为：

$$h = W_0 x + \Delta W x = W_0 x + BA x = (W_0 + BA)x$$

LoRA有点类似于残差连接, 仅仅使用这个旁路的更新来修正整个大模型的微调过程, 从而使得大模型能够适配具体的任务目标。

在生产环境部署时, LoRA可以不引入推理延迟, 只需要将预训练模型参数W_0与LoRA参数进行合并 (也就是所谓的模型合并), 即可得到微调后的模型参数 ($W_0 + BA$)。在生产环境中, 像以前一样进行推理, 即微调前计算W_0x, 现在计算($W_0 + BA$)x, 这没有额外延迟。现在不少模型仅发布LoRA权重, 需要用户在本地与基模型进行合并才能使用, 其原理就在于此。

8.2.3　适配 DeepSeek 微调的辅助库 PEFT 详解

在前面的章节中, 我们已经详尽介绍了DeepSeek-VL2模型的基本使用, 使读者对该模型有了初步的认识。接下来, 我们将进一步探索与其紧密相关的专用微调辅助库PEFT (Parameter-Efficient Fine-tuning, 参数高效的微调方法)。

PEFT作为专为DeepSeek量身打造的微调辅助库, 在深度学习的广阔天地中, 犹如一把锐利的宝剑, 助力模型性能更上一层楼。众所周知, 微调是提升模型在特定任务上表现的关键技术, 然而, 其高昂的数据和计算资源需求常令众多中小型研究机构和企业望而却步。正是在这样的背景下, PEFT应运而生, 它以高效且低成本的微调解决方案为使命, 致力于打破资源壁垒, 让深度学习技术的魅力惠及更广泛的群体。

PEFT的核心竞争力在于其精妙的优化技术, 这些技术能够实现对模型参数的高效、精准更新。通过融入自适应学习率调整、动态权重裁剪等创新性算法, PEFT在有限的计算资源和数据规模下, 仍能驱动模型性能的显著提升。更为出色的是, 它还配备了一系列实用的辅助工具, 从数据预处理到模型评估, 无一不体现出其便捷性和实用性, 极大地减轻了开发者在微调过程中的负担。

值得大书特书的是, PEFT所具备的卓越通用性。得益于其灵活的设计和强大的功能模块, 它能够轻松与各类型的语言模型实现无缝对接, 从而满足多样化的微调需求。这种强大的适应性, 使得PEFT在各种复杂场景下都能游刃有余地发挥作用。更为难能可贵的是, 它在保证模型性能的同时, 还能显著降低微调过程中的计算成本, 这种高效能、低成本的特性, 无疑为PEFT赢得了广泛的赞誉和青睐。

在具体使用上, 读者需要首先安装PEFT辅助库包, 如下所示:

```
pip install peft
```

下面提供一个结合LoRA的DeepSeek-VL2微调范式, 代码如下:

```
import torch
from transformers import AutoModelForCausalLM

from deepseek_vl2.models import DeepseekVLV2Processor, DeepseekVLV2ForCausalLM

from deepseek_vl2.models import DeepseekVLV2Processor, DeepseekVLV2ForCausalLM
from deepseek_vl2.utils.io import load_pil_images

model_path = "deepseek-ai/deepseek-vl2-tiny"

vl_chat_processor: DeepseekVLV2Processor =
DeepseekVLV2Processor.from_pretrained(model_path)
```

```
tokenizer = vl_chat_processor.tokenizer

from peft import LoraConfig,TaskType,get_peft_model
peft_config = LoraConfig(
    task_type=TaskType.CAUSAL_LM,        # 模型类型需要训练的模型层的名字，主要就是attention部分
的层，不同的模型对应的层的名字不同，可以传入数组，可以传入字符串，也可以传入正则表达式
    target_modules = ["q_proj", "k_proj", "v_proj", "o_proj", "gate_proj", "up_proj",
"down_proj"],
    inference_mode = False,  # False:训练模式 True:推理模式
    r = 8,  # LoRA 秩
    lora_alpha = 32,  # LoRA alaph，具体作用参见 LoRA 原理
    lora_dropout = 0.1  # Dropout 比例
)

with torch.no_grad():
    model = AutoModelForCausalLM.from_pretrained(model_path, trust_remote_code=True)
    model = model.to(torch.bfloat16).cuda()

model = get_peft_model(model, peft_config)
model.print_trainable_parameters()
```

在上面的代码中，我们使用PEFT在模型中注入训练参数。特别之处是，我们通过选择的方式根据DeepSeek-VL2中层的名称对进行LoRA处理的目标进行选择。最终打印的训练参数如下：

```
trainable params: 38,754,816 || all params: 3,409,256,256 || trainable%: 1.1368
```

可以看到，我们打印出了待训练的参数总数，并且根据打印出的参数总数，计算出待训练参数占总参数量的比重。

在上面的代码中，我们看到target_modules是目标类，其定义我们将会对哪些类进行LoRA注入，可以通过打印模型的方式获取类的名称，代码如下：

```
print(model)
```

结果如下：

```
DeepseekForCausalLM(
  (model): DeepseekModel(
    (embed_tokens): Embedding(102400, 5120)
    (layers): ModuleList(
      (0): DeepseekDecoderLayer(
        (self_attn): DeepseekAttention(
          (q_a_proj): Linear(in_features=5120, out_features=1536, bias=False)
          (q_a_layernorm): DeepseekRMSNorm()
          (q_b_proj): Linear(in_features=1536, out_features=24576, bias=False)
          (kv_a_proj_with_mqa): Linear(in_features=5120, out_features=576, bias=False)
          (kv_a_layernorm): DeepseekRMSNorm()
          (kv_b_proj): Linear(in_features=512, out_features=32768, bias=False)
          (o_proj): Linear(in_features=16384, out_features=5120, bias=False)
          (rotary_emb): DeepseekYarnRotaryEmbedding()
        )
        (mlp): DeepseekMLP(
```

```
        (gate_proj): Linear(in_features=5120, out_features=12288, bias=False)
        (up_proj): Linear(in_features=5120, out_features=12288, bias=False)
        (down_proj): Linear(in_features=12288, out_features=5120, bias=False)
        (act_fn): SiLU()
      )
      (input_layernorm): DeepseekRMSNorm()
      (post_attention_layernorm): DeepseekRMSNorm()
    )
    (1-59): 59 x DeepseekDecoderLayer(
      (self_attn): DeepseekAttention(
        (q_a_proj): Linear(in_features=5120, out_features=1536, bias=False)
        (q_a_layernorm): DeepseekRMSNorm()
        (q_b_proj): Linear(in_features=1536, out_features=24576, bias=False)
        (kv_a_proj_with_mqa): Linear(in_features=5120, out_features=576, bias=False)
        (kv_a_layernorm): DeepseekRMSNorm()
        (kv_b_proj): Linear(in_features=512, out_features=32768, bias=False)
        (o_proj): Linear(in_features=16384, out_features=5120, bias=False)
        (rotary_emb): DeepseekYarnRotaryEmbedding()
      )
      (mlp): DeepseekMoE(
        (experts): ModuleList(
          (0-159): 160 x DeepseekMLP(
            (gate_proj): Linear(in_features=5120, out_features=1536, bias=False)
            (up_proj): Linear(in_features=5120, out_features=1536, bias=False)
            (down_proj): Linear(in_features=1536, out_features=5120, bias=False)
            (act_fn): SiLU()
          )
        )
        (gate): MoEGate()
        (shared_experts): DeepseekMLP(
          (gate_proj): Linear(in_features=5120, out_features=3072, bias=False)
          (up_proj): Linear(in_features=5120, out_features=3072, bias=False)
          (down_proj): Linear(in_features=3072, out_features=5120, bias=False)
          (act_fn): SiLU()
        )
      )
      (input_layernorm): DeepseekRMSNorm()
      (post_attention_layernorm): DeepseekRMSNorm()
    )
  )
  (norm): DeepseekRMSNorm()
)
(lm_head): Linear(in_features=5120, out_features=102400, bias=False)
)
```

我们可以根据名称选择对应的层和类名。在接下来的实战案例中，我们将使用["q_proj", "k_proj", "v_proj", "o_proj", "gate_proj", "up_proj", "down_proj"]作为微调LORA注入的目标。

8.3　广告文案撰写实战 2：本地化 DeepSeek-VL2 微调

本节将踏入广告文案撰写的实战领地。在此之前，我们已经深入探讨了DeepSeek-VL2微调技术中所采纳的LoRA方法，以及与之紧密相关的库包PEFT。这些尖端工具与技术为我们的文案创作提供了强大的支持，使我们能更精准地捕捉目标受众的心理与需求。

在数字化浪潮汹涌的今天，如何运用这些科技利器，打造出既富有创意又极具针对性的广告文案，将是我们探索的重点。接下来，我们将携手LoRA与PEFT，开启广告文案撰写的新篇章，书写属于DeepSeek-VL2的精彩故事。

8.3.1　数据的准备

在本小节中，作者提供了一份基于广告文案提示词生成文案的数据集，如下所示：

{"content": "类型#裤*版型#宽松*风格#性感*图案#线条*裤型#阔腿裤", "summary": "宽松的阔腿裤这两年真的吸粉不少，明星时尚达人的心头爱。毕竟好穿时尚，谁都能穿出腿长2米的效果宽松的裤腿，当然是遮肉小能手啊。上身随性自然不拘束，面料亲肤舒适贴身体验棒棒哒。系带部分增加设计看点，还让单品的设计感更强。腿部线条若隐若现的，性感撩人。颜色超温柔的，与裤子本身所呈现的风格有点反差萌。"}

{"content": "类型#裙*风格#简约*图案#条纹*图案#线条*图案#撞色*裙型#鱼尾裙*裙袖长#无袖", "summary": "圆形领口修饰脖颈线条，适合各种脸型，耐看有气质。无袖设计，尤显清凉，简约横条纹装饰，使得整身人鱼造型更为生动立体。加之撞色的鱼尾下摆，深邃富有诗意。收腰包臀，修饰女性身体曲线，结合别出心裁的鱼尾裙摆设计，勾勒出自然流畅的身体轮廓，展现了婀娜多姿的迷人姿态。"}

{"content": "类型#上衣*版型#宽松*颜色#粉红色*图案#字母*图案#文字*图案#线条*衣样式#卫衣*衣款式#不规则", "summary": "宽松的卫衣版型包裹着整个身材，宽大的衣身与身材形成鲜明的对比，描绘出纤瘦的身形。下摆与袖口的不规则剪裁设计，彰显出时尚前卫的形态。被剪裁过的样式呈现出布条状自然地垂坠下来，别有一番设计感。线条分明的字母样式有着花式的外观，棱角分明加上具有少女元气的枣红色十分有年轻活力感。粉红色的衣身把肌肤衬托得既白嫩又健康。"}

……

{"content": "类型#裙*版型#宽松*材质#雪纺*风格#清新*裙型#a字*裙长#连衣裙", "summary": "踩着轻盈的步伐享受在午后的和煦风中，让放松与惬意感为你免去一身的压力与束缚，仿佛要将灵魂也寄托在随风摇曳的雪纺连衣裙上，吐露出<UNK>微妙而又浪漫的清新之意。宽松的a字版型除了能够带来足够的空间，也能以上窄下宽的方式强化立体层次，携带出自然优雅的曼妙体验。"}

其中，content是提示词部分，而summary则是生成的文案。对于这个数据集，我们需要完成数据的读取操作，代码如下：

```
import torch,json
from transformers import AutoModelForCausalLM
from tqdm import tqdm

from deepseek_vl2.models import DeepseekVLV2Processor, DeepseekVLV2ForCausalLM
from deepseek_vl2.utils.io import load_pil_images

# specify the path to the model
model_path = "deepseek-ai/deepseek-vl2-tiny"
vl_chat_processor = DeepseekVLV2Processor.from_pretrained(model_path)
tokenizer = vl_chat_processor.tokenizer

file_path = "../lora_dataset/AdvertiseGen/train_small.json"
```

```
conversations = []
with open(file_path, 'r', encoding='utf-8') as file:
    for line in file:
        # 尝试解析每一行作为独立的JSON对象
        data = json.loads(line)
        content = data['content']
        summary = data['summary']
        if len(content) < 144 and len(summary) < 144:
            conversation = {"role": "<|User|>", "content": content}, {"role":
"<|Assistant|>", "content": summary + "<|end__of__sentence|>"}
            conversations.append(conversation)
```

上面的代码实现了数据集的读取。其中，需要注意的是，为了模型训练的迅捷性，我们定义了文案长度为144，而重构的文本也保证了其符合原始的DeepSeek模型生成方式，并且在结尾处显式地添加了结束符"<|end__of__sentence|>"。

接下来，为了适配模型的训练，我们实现了Dataset与Datacollect类，代码如下：

```
class DataCollator:
    def __init__(self, tokenizer):
        self.tokenizer = tokenizer
        self.padding_value = self.pad_token_id = tokenizer.eos_token_id
        self.bos_token_id=tokenizer.bos_token_id
        self.eos_token_id=tokenizer.eos_token_id
        print(self.padding_value,self.bos_token_id,self.eos_token_id)

    def __call__(self, instances):

        input_ids ,labels = tuple([instance[key] for instance in instances] for key in
("input_ids", "labels"))

        input_ids = torch.nn.utils.rnn.pad_sequence(input_ids, batch_first=True,
padding_value=self.padding_value)
        labels = torch.nn.utils.rnn.pad_sequence(labels, batch_first=True,
padding_value=-100)
        attention_mask = input_ids.ne(self.padding_value)

        return input_ids, attention_mask, labels

import torch
from torch.utils.data import Dataset
class LoraDataset(Dataset):
    def __init__(self, conversations):
        super(LoraDataset, self).__init__()
        self.conversations = conversations
```

DataCollator类是一个用于数据整理的辅助类，它主要用于将一批实例（instances）整理成模型训练所需的格式。在初始化时，它接收一个tokenizer对象，并从中获取填充值（padding_value）、开始符号ID（bos_token_id）和结束符号ID（eos_token_id）。这些值在后续的数据处理中会被用到。当调用__call__方法时，DataCollator会接收一批实例，提取出其中的input_ids和labels，然后使用

torch.nn.utils.rnn.pad_sequence方法对它们进行填充，使它们具有相同的长度，以便进行批量处理。同时，它还会生成一个attention_mask，用于指示哪些位置是填充的，哪些位置是有效的输入。最终，DataCollator返回处理后的input_ids、attention_mask和labels。

```python
    def __len__(self):
        return len(self.conversations)

    def __getitem__(self, idx):
        conversation = self.conversations[idx]

        pil_images = load_pil_images(conversation)
        prepare_inputs = vl_chat_processor(
            conversations=conversation,
            images=pil_images,
            force_batchify=True,
            system_prompt=""
        )

        input_ids = prepare_inputs.input_ids
        labels = prepare_inputs.labels

        return dict(input_ids=input_ids[0], labels=labels[0])
```

LoraDataset类是一个继承自torch.utils.data.Dataset的自定义数据集类，用于加载和处理对话数据。在初始化时，它接收一个conversations列表，该列表包含所有的对话数据。__len__方法返回数据集的大小，即对话的数量。__getitem__方法则根据索引idx从conversations列表中获取对应的对话，并通过一系列处理（如加载图片、准备输入等）将其转换成模型所需的输入格式。具体来说，它会调用load_pil_images函数加载对话中的图片，然后使用vl_chat_processor处理对话和图片，生成input_ids和labels。最后，它将input_ids和labels的第一个元素（假设每个对话只对应一个输入和一个标签）打包成一个字典并返回，以便进行后续的数据加载和模型训练。

8.3.2　微调模型的训练

接下来，我们需要完成基于DeepSeek-VL2的微调模型训练。前面已经讲解了PEFT的使用以及LoRA的原理，这里我们只需要基于这些经典方法完成模型搭建并开始训练，代码如下：

```python
import torch
from transformers import AutoModelForCausalLM
from tqdm import tqdm

from deepseek_vl2.models import DeepseekVLV2Processor, DeepseekVLV2ForCausalLM
model_path = "deepseek-ai/deepseek-vl2-tiny"
vl_chat_processor: DeepseekVLV2Processor = \
DeepseekVLV2Processor.from_pretrained(model_path)
tokenizer = vl_chat_processor.tokenizer

from peft import LoraConfig,TaskType,get_peft_model
peft_config = LoraConfig(
```

```
    task_type=TaskType.CAUSAL_LM,    # 模型类型需要训练的模型层的名字，主要就是attention部分
的层，不同的模型对应的层的名字不同，可以传入数组，可以传入字符串，也可以传入正则表达式
    target_modules = ["qkv","q_proj", "k_proj", "v_proj", "o_proj", "gate_proj",
"up_proj", "down_proj"],
    inference_mode = False,  # False:训练模式 True:推理模式
    r = 8,  # LoRA 秩
    lora_alpha = 32,  # LoRA alaph，具体作用参见 LoRA 原理
    lora_dropout = 0.1,  # Dropout 比例
)


with torch.no_grad():
    model = AutoModelForCausalLM.from_pretrained(model_path, trust_remote_code=True)
    model = model.to(torch.bfloat16).cuda()


# 使用get_peft_model函数对模型进行LoRA微调
model = get_peft_model(model, peft_config)
model.print_trainable_parameters()



# 定义批次大小和学习率
BATCH_SIZE = 12
LEARNING_RATE = 2e-5

import get_dataset
from torch.utils.data import DataLoader, Dataset
train_dataset = get_dataset.LoraDataset(get_dataset.conversations)

collate_fn = get_dataset.DataCollator(tokenizer)
# 创建一个数据加载器对象，设定批次大小、是否打乱数据以及数据的整合方式等
train_loader = DataLoader(train_dataset,
batch_size=BATCH_SIZE,shuffle=True,collate_fn=collate_fn)

# 定义损失函数为交叉熵损失函数，忽略标签为-100的部分
loss_fun = torch.nn.CrossEntropyLoss(ignore_index=-100)
# 使用AdamW优化器对模型参数进行优化，设定学习率等参数
optimizer = torch.optim.AdamW(model.parameters(), lr = LEARNING_RATE)
# 定义学习率调度器，使用余弦退火方式调整学习率，设定最大迭代次数、最小学习率等参数
lr_scheduler = torch.optim.lr_scheduler.CosineAnnealingLR(optimizer,T_max =
2400,eta_min=2e-6,last_epoch=-1)

# 开始进行两个epoch的训练
for epoch in range(24):
    # 使用tqdm创建进度条
    pbar = tqdm(train_loader,total=len(train_loader))

    for inps,attn_mask,labs in pbar:
        inps = inps.cuda()
        attn_mask = attn_mask.cuda()
        labs = labs.cuda()
        output_dict = model(input_ids = inps,attention_mask = attn_mask,use_cache =
```

```
False,labels=labs)
        loss = (output_dict["loss"])
        #logits = output_dict["logits"] #torch.Size([4, 18, 129280])

        loss.backward()           # 对损失值进行反向传播，计算模型参数的梯度
        optimizer.step()          # 使用优化器更新模型的参数
        lr_scheduler.step()       # 更新学习率
        # 设置进度条的描述，显示当前轮数、训练损失和学习率
        pbar.set_description(
            f"epoch:{epoch + 1}, train_loss:{loss.item():.5f},
lr:{lr_scheduler.get_last_lr()[0] * 1000:.5f}")


    # 保存训练好的模型参数
    model.save_pretrained("./lora_saver/lora_query_key_value")
```

首先，代码通过 import 语句引入了所需的库和模块，包括 torch、transformers 中的 AutoModelForCausalLM、tqdm（用于进度条显示），以及 DeepSeek-VL2 中的模型和处理器。接着，指定了模型路径，并使用该路径加载了 DeepseekVLV2Processor，从中获取了 tokenizer。然后，配置了 LoRA 微调的相关参数，包括任务类型、目标模块、推理模式、LoRA 秩、LoRA alpha 和 LoRA dropout 比例。在 torch.no_grad() 上下文中加载了预训练模型，并将其转换为 bfloat16 格式并移至 CUDA 设备。最后，使用 get_peft_model 函数对模型进行 LoRA 微调，并打印了可训练的参数。

接下来，代码通过自定义的 get_dataset 模块加载了训练数据集，并使用 DeepseekVL2Processor 的 tokenizer 初始化了数据整理函数 collate_fn。然后，创建了一个 DataLoader 对象，用于批量加载训练数据，同时设置了批次大小、数据打乱和整合方式。此外，定义了交叉熵损失函数（忽略标签为-100 的部分），并使用 AdamW 优化器对模型参数进行优化，设置了学习率。最后，配置了学习率调度器，采用余弦退火方式调整学习率，并设置了最大迭代次数和最小学习率等参数。

在代码的训练部分，开始了 24 个 epoch 的训练过程。在每个 epoch 中，使用 tqdm 创建了进度条，用于显示训练进度。在每次迭代中，将输入数据、注意力掩码和标签移至 CUDA 设备，并通过模型前向传播计算损失。然后，对损失值进行反向传播，计算模型参数的梯度，并使用优化器更新模型参数。同时，更新学习率，并在进度条中显示当前轮数、训练损失和学习率。最后，在每个 epoch 结束时，把训练好的模型参数保存到指定路径。

8.3.3　微调模型的使用与推断

接下来，我们需要使用微调好的模型进行推断。根据前面讲解的 LoRA 微调技术，首先加载对应的 LoRA 训练存档，之后直接使用模型进行推断即可，代码如下：

```
import torch
import torch
from transformers import AutoModelForCausalLM
from tqdm import tqdm

from deepseek_vl2.models import DeepseekVLV2Processor, DeepseekVLV2ForCausalLM
from deepseek_vl2.utils.io import load_pil_images

# specify the path to the model
```

```
    #model_path = "C:/Users/xiaohua/.cache/huggingface/hub/models--
deepseek-ai--deepseek-vl2-tiny/snapshots/66c54660eae7e90c9ba259bfdf92d07d6e3ce8aa"
    model_path = "deepseek-ai/deepseek-vl2-tiny"
    vl_chat_processor: DeepseekVLV2Processor =
DeepseekVLV2Processor.from_pretrained(model_path)
    tokenizer = vl_chat_processor.tokenizer

    from peft import AutoPeftModelForCausalLM
    model =
AutoPeftModelForCausalLM.from_pretrained("./lora_saver/lora_query_key_value")
    model = model.to("cuda")
    model.eval()
    model.print_trainable_parameters()

    # multiple images/interleaved image-text
    conversation = [
        {"role": "<|User|>","content": "类型#裤*版型#宽松*风格#性感*图案#线条*裤型#阔腿裤",},
        {"role": "<|Assistant|>", "content": ""}
    ]


    # load images and prepare for inputs
    pil_images = load_pil_images(conversation)
    prepare_inputs = vl_chat_processor(
        conversations=conversation,
        images=pil_images,
        force_batchify=True,
        system_prompt=""
    ).to(model.device)

    # run image encoder to get the image embeddings
    inputs_embeds = model.prepare_inputs_embeds(**prepare_inputs)

    # run the model to get the response
    outputs = model.generate(
            inputs_embeds=inputs_embeds,
            input_ids=prepare_inputs.input_ids,
            images=prepare_inputs.images,
            images_seq_mask=prepare_inputs.images_seq_mask,
            images_spatial_crop=prepare_inputs.images_spatial_crop,
            attention_mask=prepare_inputs.attention_mask,
            past_key_values=None,

            pad_token_id=tokenizer.eos_token_id,
            bos_token_id=tokenizer.bos_token_id,
            eos_token_id=tokenizer.eos_token_id,
            max_new_tokens=512,

            do_sample=False,
            use_cache=True,
```

```
    )

    answer = tokenizer.decode(outputs[0][:].cpu().tolist(), skip_special_tokens=False)
    print(answer)
    print("--------------------------------------------------------")
```

首先，代码导入了必要的库和模块，包括torch、transformers中的AutoModelForCausalLM、tqdm（用于进度条显示），以及DeepSeek-VL2中的模型和工具函数。接着，指定了模型路径，并使用该路径加载了DeepseekVLV2Processor，从中获取了tokenizer。然后，通过AutoPeftModelForCausalLM加载了经过LoRA微调的模型，并将其移至CUDA设备上进行评估。最后，打印了模型的可训练参数，为后续的推理过程做好准备。

接下来，代码定义了一个包含用户输入和助手占位符的对话列表。使用load_pil_images函数加载对话中可能包含的图像，并通过vl_chat_processor将对话和图像转换为模型所需的输入格式。然后，运行图像编码器获取图像嵌入，并将这些嵌入以及其他必要的输入传递给模型进行推理。模型生成响应后，使用tokenizer将输出的token ID解码为文本，并打印出助手的回答。整个过程实现了从对话输入到模型推理再到文本输出的完整流程。

输出结果如下：

<|begin__of__sentence|><|User|>：类型#裤*版型#宽松*风格#性感*图案#线条*裤型#阔腿裤

<|Assistant|>:这款阔腿裤，采用宽松的版型设计，裤身采用细腻的材质，裤腰处采用松紧带设计，裤脚处采用高筒裤设计，裤口采用小脚踝设计，穿着舒适，穿着方便。<|end__of__sentence|>

可以看到，在经过精细的微调之后，我们的模型在生成输出时，已经能够相当贴切地遵循数据集中的输出样式。这不仅体现在内容结构上的高度一致性，还反映在语言风格、表达习惯以及特定细节处理的巧妙契合上。这样的进步显著提升了模型的适应性和实用性，使得其在处理类似任务时，能够更加自然、准确地给出符合预期的答案。

8.4　本章小结

在本章中，我们成功实现了基于多模态大模型DeepSeek的本地化部署，并对模型的应用做了深入探索。针对Windows系统环境下的DeepSeek-VL2，我们详细阐述了额外安装编译好包的必要步骤，确保模型能够在该系统上顺利运行。为了进一步提升模型的适配性，使其能够更好地服务于特定的输出任务，我们深入讲解了PEFT（参数高效微调）与LoRA（低秩适配）这两种先进的微调方法。

通过这些精细化的调整和优化，我们在推断阶段取得了显著成效。广告文案撰写的实战结果表明，DeepSeek-VL2模型的推断结果已经相当出色地符合我们的预期要求，不仅在准确性上有了显著提升，还在处理速度和稳定性上表现出了优异的性能。这一成果不仅验证了我们的技术路线和微调方法的有效性，也为后续更深入的应用和研究奠定了坚实的基础。

第 9 章

注意力与特征融合范式1：Diffusion可控图像生成

Diffusion模型作为图像生成方向的前沿技术，以其出色的生成能力和独特的扩散机制引领着该领域的创新发展。而注意力模型，通过精准建模局部与全体特征，为深度学习领域带来了革命性的突破。当Diffusion模型遇见注意力模型，两者相互融合，共同推动着图像生成技术迈向新的高度。

在本章中，我们将基于前面学习和讲解的MQA注意力模型，深入探讨其在Diffusion图像生成过程中的应用。通过将MQA注意力模型与Diffusion模型相结合，我们旨在进一步提升图像生成的质量、效率和可控性。

具体来说，我们将利用MQA注意力模型的多头自注意力机制，捕捉图像中丰富的上下文信息，并引导Diffusion模型在生成过程中更加关注关键区域，并且融合一些特定的可控信息，从而使得我们能够更好地对图像生成进行控制，同时增强生成结果的连贯性和真实感。

此外，MQA注意力模型还具有灵活性和可扩展性，可以轻松地与各种Diffusion变体相结合，以适应不同的图像生成任务。我们相信，通过充分发挥MQA注意力模型与Diffusion的优势，可以探索出更多创新的图像生成方法，为相关领域的研究和应用提供有力支持。

在本章中，我们将详细介绍如何结合MQA注意力模型和Diffusion模型进行图像生成的具体步骤和实验结果，以展示这种融合方法的潜力和实际应用价值。

9.1 Diffusion 生成模型精讲

Diffusion（扩散）Model作为一种别具一格的生成模型，其运作机理与VAE（Variational Auto Encoder，变分自动编码器）和GAN（Generative Adversarial Network，生成对抗网络）等生成网络相比较，拥有独树一帜的特点。详细说来，Diffusion模型的前向阶段采纳了一种循序渐进地增添噪声的策略，对图像进行逐步"扰乱"，直至图像被完全摧毁，变成纯粹的高斯噪声。而后的逆向阶段，该模型则致力于学习如何从这些纷繁复杂的高斯噪声中复原出初始的清晰图像。

在深度学习领域，Diffusion Model在图像去噪方面所展现的出色表现令人瞩目。它凭借精巧设计的扩散流程，涵盖前向扩散与反向扩散两大关键环节，从而实现了图像质量的显著跃升。

（1）在前向扩散环节，模型会遵循既定的步骤，有条不紊地向原始图像中掺入噪声。这一过程不仅是对原始图像的逐步"解构"，更是为接下来的反向扩散环节打下了坚实的基础，为其提供了充足的噪声样本与学习素材。

（2）继而，在反向扩散环节，模型将以充斥着噪声的图像为起点，逐步剔除其中的噪声元素。通过这一系列精妙的去噪操作，模型最终能够呈现出一幅质量远胜于原始噪声图像的作品。这一"重构"过程不仅彰显了Diffusion Model卓越的学习能力，也充分映射出其在图像去噪领域的璀璨应用前景。

随着技术的不断进步，Diffusion Model有望在图像生成与修复领域发挥更加重要的作用，为我们带来更加清晰、逼真的视觉体验。同时，其独特的去噪机制也为其他领域提供了宝贵的借鉴与启示，推动了深度学习技术更广泛的应用与发展。

9.1.1　Diffusion Model 的精讲

Diffusion Model是一个对输入数据进行动态处理的过程。具体来说，前向阶段在原始图像x_0上逐步增加噪声，每一步得到的图像x_t只和上一步的结果x_{t-1}相关，直至第T步的图像x_T变为纯高斯噪声。前向阶段加噪过程如图9-1所示。

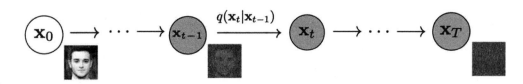

图 9-1　前向阶段加噪过程（x_0为原始图像）

而逆向阶段则是不断去除噪声的过程，首先给定高斯噪声x_T，通过逐步去噪，直至最终将原图像x_0恢复出来。逆向阶段去噪过程如图9-2所示。

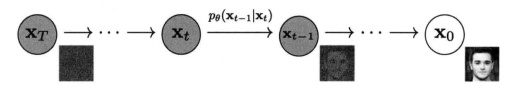

图 9-2　逆向阶段去噪过程（x_T为全噪声图像）

模型训练完成后，只要给定高斯随机噪声，就可以生成一幅从未见过的图像。这里x_0为原始图像，x_T为全噪声图像，读者一定要牢记，下面会有公式讲解。

所谓的加噪声，就是基于目标的图片计算一个（多维）高斯分布（每个像素点都有一个高斯分布，且均值就是这个像素点的值，方差是预先定义的），然后从这个多维分布中抽样一个数据出来，这个数据就是加噪之后的结果。显然，如果方差非常小，那么每个抽样得到的像素点就和原本的像素点的值非常接近，也就是加了一个非常小的噪声。如果方差比较大，那么抽样结果就会和原本的结果差距较大。

去噪声也是同理，基于噪声的图片计算一个条件分布，希望从这个分布中抽样得到的是相比于噪声图片更加接近真实图片的、稍微干净一点的图片。假设这样的条件分布是存在的，并且也是一个高斯分布，那么只需要知道均值和方差就可以了。Diffusion的前向与后向过程如图9-3所示。

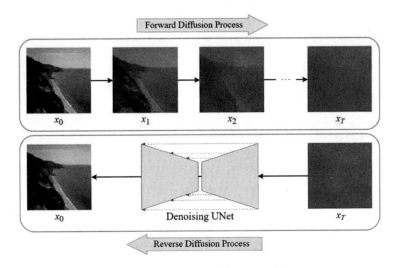

图 9-3　Diffusion 的前向与后向过程

但是，问题是这个均值和方差是无法直接计算的，所以需要用神经网络来学习这样一个近似的高斯分布。高斯噪声是一种随机信号，也称为正态分布噪声。它的数学模型是基于高斯分布的概率密度函数，因此也被称为高斯分布噪声。

在实际应用中，高斯噪声通常是由于测量设备、传感器或电子元件等因素引起的随机误差所产生的。高斯噪声具有以下特点。

- 平均值为0：即高斯噪声随机变量的期望值为0。
- 对称性：高斯噪声在平均值处呈现对称分布。
- 方差决定波动的幅度：高斯噪声的波动幅度与方差成正比，方差越大，则波动幅度越大。
- 由于高斯噪声的统计特性十分稳定，因此在许多领域，如图像处理、信号处理、控制系统等方面得到广泛使用。

因此，可以说Diffusion Model的处理过程是给一幅图片逐步加噪声直到变成纯粹的噪声，然后对噪声进行去噪得到真实的图片。所谓的扩散模型，就是让神经网络学习这个去除噪声的方法。

9.1.2　直接运行的经典 DDPM 的模型训练实战

首先在这里提供简单可运行的DDPM框架，代码如下：

```
import torch
import get_dataset
import cv2
from tqdm import tqdm
import ddpm

batch_size = 48
dataloader = torch.utils.data.DataLoader(get_dataset.SamplerDataset(),
batch_size=batch_size)

#Unet作为生成模型从噪声生成图像
import unet
device = "cuda" if torch.cuda.is_available() else "cpu"
```

```
model = unet.Unet(dim=28,dim_mults=[1,2,4]).to(device)
optimizer = torch.optim.AdamW(model.parameters(), lr = 2e-4)


epochs = 3
timesteps = 200
save_path = "./saver/ddpm_saver.pth"
model.load_state_dict(torch.load(save_path),strict=False)
for epoch in range(epochs):
    pbar = tqdm(dataloader, total=len(dataloader))
    # 使用DataLoader进行迭代，获取每个批次的数据样本和标签
    for batch_sample, batch_label in pbar:
        optimizer.zero_grad()
        batch_size = batch_sample.size()[0]
        batch = batch_sample.to(device)

        optimizer.zero_grad()
        t = torch.randint(0, timesteps, (batch_size,), device=device).long()

        loss = ddpm.p_losses(model, batch, t, loss_type="huber")

        loss.backward()
        optimizer.step()
        pbar.set_description(f"epoch:{epoch + 1}, train_loss:{loss.item():.5f}")

    torch.save(model.state_dict(), save_path)
```

　　这是Diffusion的经典实现，即使用UNet作为生成模型，直接从噪声数据中生成图像，UNet模型是一个经典的图像重建模型，能够有效地学习图像的语义信息，实现高质量的图像重建结果。相比其他深度学习模型，UNet对于训练数据的需求较少，这得益于其结构中大量的参数共享和特征重用。UNet还具有可扩展性和适应性强等特点，可以很容易地扩展到处理不同尺寸的输入图像，并且适用于多种不同的图像分割任务。

　　经典的UNet模型如图9-4所示。

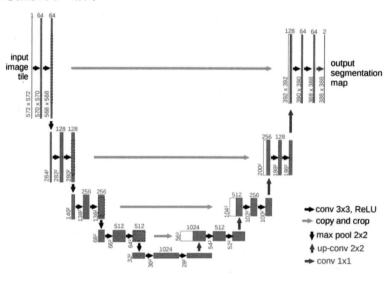

图 9-4　经典的 UNet 模型

而ddpm.p_losses函数是DDPM中使用的损失函数，其通过计算生成的预测图像与噪声图像的$L1$距离（Manhattan Distance，曼哈顿距离）完成损失函数的计算。读者可以直接使用配套源码中的train.py开启训练过程。训练过程示意如图9-5所示。

```
epoch:1, train_loss:0.02117: 100%|████████| 1250/1250 [10:21<00:00,  2.01it/s]
epoch:2, train_loss:0.01747: 100%|████████| 1250/1250 [09:55<00:00,  2.10it/s]
epoch:3, train_loss:0.01644: 100%|████████| 1250/1250 [10:41<00:00,  1.95it/s]
epoch:4, train_loss:0.01672: 100%|████████| 1250/1250 [11:56<00:00,  1.74it/s]
epoch:5, train_loss:0.01676: 100%|████████| 1250/1250 [11:32<00:00,  1.81it/s]
epoch:6, train_loss:0.01894:  73%|█████    |  910/1250 [07:57<03:08,  1.81it/s]
```

图 9-5　训练过程

根据不同读者的硬件设备情况，训练时间也会略有不同。这里我们设置epoch的次数为20，读者可以等待训练完成，或者在等待模型训练的同时阅读9.1.3节的内容，了解其运行背后的原理。

而对于使用模型的推理，读者可以直接使用本章配套代码中的predicate.py文件，只需要加载训练好的模型文件即可，代码如下：

```python
import torch
import ddpm
import cv2
import unet

#导入的依旧是一个UNet模型
device = "cuda" if torch.cuda.is_available() else "cpu"
model = unet.Unet(dim=28,dim_mults=[1,2,4]).to(device)

#加载UNet模型存档
save_path = "./saver/ddpm_saver.pth"
model.load_state_dict(torch.load(save_path))

# sample 25 images
bs = 25
#使用sample函数生成25个MNIST手写体图像
samples = ddpm.sample(model, image_size=28, batch_size=bs, channels=1)

imgs = []
for i in range(bs):
    img = (samples[-1][i].reshape(28, 28, 1))
    imgs.append(img)

#以矩阵的形式加载和展示图像
import numpy as np
blank_image = np.zeros((28*5, 28*5, 1)) + 1e-5
for i in range(5):
    for j in range(5):
        blank_image[i*28:(i+1)*28, j*28:(j+1)*28] = imgs[i*5+j]
cv2.imshow('Images', blank_image)
cv2.waitKey(0)
```

在上面的代码中，需要注意的是，这里模型加载的参数是针对UNet模型的参数。实际上也可以看到，Diffusion Model就是通过一个UNet模型对一组噪声进行"去噪"处理的，从噪声中"生成"一幅特定的图像。生成的结果如图9-6所示。

图 9-6   生成的 MNIST 图像

尽管生成的结果略显模糊，但仍可明确地辨认出，模型确实基于所接收的训练数据，成功地生成了一组随机手写体。这个成果无疑在一定程度上证明了模型训练的可行性。

读者可以自行运行代码查看结果。关于DDPM的模型理论，我们将会在9.1.3节中进行讲解。

9.1.3   DDPM 的模型基本模块说明

在9.1.2节中，我们利用Diffusion Model完成了手写体的生成，相信读者测试过相应的代码。本小节将展开讲解，从基本的生成模型入手讲解DDPM模型的理论计算基础。

1. UNet模型详解

DDPM中UNet的作用是预测每幅图片上所添加的噪声，之后通过计算的方式去除对应的噪声，从而重现原始的图像。UNet由一个收缩路径（编码器）和一个扩展路径（解码器）组成，这两条路径之间有跳跃连接。首先是UNet的初始化部分，其包括以下几项内容：

- 初始卷积层（self.init_conv）。
- 时间嵌入模块（self.time_mlp）。
- 下采样模块（self.downs）。
- 中间模块（self.mid_block1、self.mid_attn、self.mid_block2）。
- 上采样模块（self.ups）。

虽然其中的模块和具体实现有所不同，但是从其完成的功能来理解，就是将数据从掺杂了随机比例的噪声中进行恢复。而通过对forward前向函数（读者可以参考本书配套代码库中这部分的实现）的观察，其中更具体的解释如下：

- x = self.init_conv(x): 这一行将输入x通过初始化卷积层进行处理。
- t = self.time_mlp(time) if utils.exists(self.time_mlp) else None: 这一行检查是否存在时间嵌入模块，如果存在，它将时间输入通过时间嵌入模块进行处理。
- h = []: 初始化一个空列表h，用于存储中间特征映射。

下面的循环是下采样阶段，通过一系列模块对输入x进行处理，并将结果存储在列表h中。每个模块包括两个卷积块、一个注意力模块和一个下采样操作。

- x = self.mid_block1(x, t): 这一行将x通过中间的第一个卷积块进行处理。

- x = self.mid_attn(x): 这一行将x通过中间的注意力模块进行处理。
- x = self.mid_block2(x, t): 这一行将x通过中间的第二个卷积块进行处理。

下面的循环是上采样阶段，通过一系列模块对输入x进行处理。每个模块包括两个卷积块、一个注意力模块和一个上采样操作。在这个过程中，还会从列表h中弹出先前存储的中间特征映射，并将其与当前特征映射拼接在一起。

- x = torch.cat((x, _h), dim=1): 这一行将当前特征映射x和先前存储的中间特征映射_h沿着通道维度（dim=1）拼接在一起。
- x = block1(x, t): 这一行将拼接后的特征映射通过第一个卷积块进行处理。
- x = block2(x, t): 这一行将特征映射通过第二个卷积块进行处理。
- x = attn(x): 这一行将特征映射通过注意力模块进行处理。
- x = upsample(x): 这一行将特征映射通过上采样操作进行处理。

最终，这段代码的目的是通过UNet模型对输入数据进行下采样和上采样，从而生成一个分割结果或类似的输出。其中的卷积块、注意力模块和上下采样操作，都是为了提取和学习输入数据的特征，并在不同尺度上进行处理，如图9-7所示。

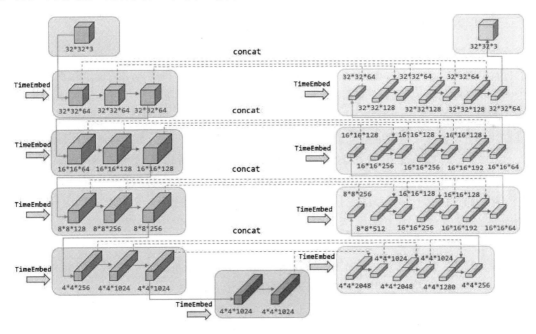

图 9-7　DDPM 中的 Unet 模型

从图9-7中可以看到，UNet主要包括3部分：左边绿色的Encoder部分、中间橙色的MidBlock部分以及右边黄色的Decoder部分（具体参看配套资源中的相关文件）。

在Encoder部分中，UNet模型会逐步压缩图片的大小；在Decoder部分中，则会逐步还原图片的大小。同时，在Encoder和Decoder之间，还会使用"残差连接"（虚线部分），确保Decoder部分在推理和还原图片信息时，不会丢失掉之前步骤的信息。

另外，需要注意的是，在本章DDPM的UNet中使用了Residual架构和注意力模块，具体如图9-8

所示。这种设计的目的是增强UNet的图像重建能力，从而获得一个更好的输出表现。

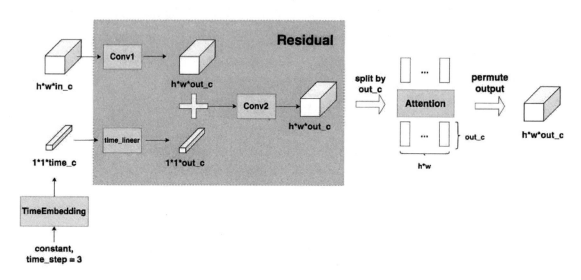

图 9-8   UNet 中的 Residual 架构和注意力模块

2. 时间步骤函数详解

在深度学习中，位置嵌入（Positional Embedding）是一种常见的技术，它使得模型能够捕获序列中的位置信息。在类似于Transformer的架构中，位置嵌入被用于将序列中的每个元素的位置信息编码为固定长度的向量，然后将这些向量与输入序列的元素进行相加，从而使得模型能够意识到每个元素在序列中的位置。

在DDPM中，为了使模型能够知道当前处理的是去噪过程中的哪一个步骤，需要将步数也编码并传入网络中。这可以通过使用正弦位置嵌入（Sinusoidal Position Embedding）来实现。

正弦位置嵌入是一种特殊的位置嵌入方法，它基于正弦和余弦函数来生成位置嵌入向量。对于给定的位置，通过计算不同频率的正弦和余弦函数的值，并将它们组合在一起，可以得到一个固定长度的位置嵌入向量。在DDPM中，可以将步数视为位置，并使用正弦位置嵌入来生成对应的位置嵌入向量。

在具体实现上，我们定义一个名为SinusoidalPositionEmbeddings的类，它继承自nn.Module。在此类的__init__方法中，指定要生成的位置嵌入向量的维度。在此类的forward方法中，首先计算出每个位置对应的正弦和余弦函数的频率；然后根据输入的步数生成对应的位置嵌入向量；最后将正弦和余弦部分拼接在一起，并返回生成的位置嵌入向量。读者可以到配套资源中自行查看module文件内的SinusoidalPositionEmbeddings类。

3. 在DDPM中使用加噪策略

DDPM（Denoising Diffusion Probabilistic Model，去噪扩散概率模型）在图像中添加噪声也不是一蹴而就的，而是通过一定的策略和方法向图像中添加高斯噪声，从而使得模型学会去除图像中噪声的技巧。这种策略一般称为 schedule。

DDPM是一种概率模型，受到物理扩散过程的启发，用于学习数据的有噪声版本与原始数据之间的关系。在训练过程中，DDPM通过逐步将噪声添加到原始数据中，并使用加噪链和去噪链来实现噪声的添加和去除。向图像中添加噪声示意如图9-9所示。

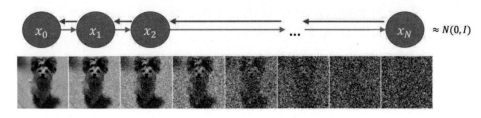

图 9-9　按比例修改图像与噪声的比例（向图像中添加噪声）

加噪链将原始数据转换为容易处理的噪声数据，这个过程是通过一系列的概率分布变换实现的。在每一个时间步长，加噪链根据一定的schedule将噪声添加到数据中，这个schedule控制了噪声的添加方式和程度。

去噪链则是将加噪链生成的噪声数据转换为新的生成数据。去噪链也是通过一系列的概率分布变换实现的，并且它的作用是尽可能地恢复原始数据，减少噪声的影响。

在DDPM中，schedule还用于控制训练过程的速度和效果。通过调整schedule中的参数，可以影响噪声添加和去噪过程的速度和精度，以达到更好的训练效果。

在我们的演示中，为了简便起见，采用的是线性策略（linear schedule），即按等差序列的方式修改噪声与图像的比例。采用的线性策略的实现代码如下：

```
def linear_beta_schedule(timesteps = 1000):
    beta_start = 0.0001
    beta_end = 0.02
    return torch.linspace(beta_start, beta_end, timesteps)
```

这段代码定义了一个名为linear_beta_schedule的函数，它根据给定的时间步长（默认为1000）生成一个线性增加的beta值序列。

在DDPM中，beta值用于控制扩散过程，即将随机噪声逐步添加到输入数据中。在上面的linear_beta_schedule函数中，beta值从beta_start（0.0001）开始，到beta_end（0.02）结束，并在给定的时间步长内线性增加。这个函数使用了PyTorch 2.0的torch.linspace函数来生成等间隔的beta值序列。torch.linspace(beta_start, beta_end, timesteps)返回一个张量，其中包含从beta_start到beta_end的timesteps个等间隔的值。这个函数可以用于DDPM模型中的训练过程，其中在每个时间步长上应用不同的beta值来控制扩散过程。生成的beta值序列可以用于计算添加噪声的程度，以及在去噪过程中控制噪声的减小程度。

9.1.4　DDPM加噪与去噪详解：结合成功运行的扩散模型代码

下面进入DDPM的理论部分，我们将结合DDPM的实现代码一并分析和讲解。

1. DDPM的加噪过程

向图像中添加噪声的过程可以按如下方式进行：首先定义一个前向扩散过程（forward diffusion process），之后向数据分布中逐步添加高斯噪声，加噪过程持续T次，产生一系列带噪声的图片

$x_0, x_1, ..., x_T$。在由x_{T-1}加噪至x_T的过程中，噪声的标准差/方差是以一个在区间$(0,1)$内的固定值β_T来确定的，均值是以固定值β_T和当前时刻的图片数据x_{T-1}来确定的。

换句话说，只要有了初始图像x_0，并且提供每一步固定的噪声比例β_T，就可以推断出任意一步的加造数据x_T。这段过程我们使用如下代码来实现：

```python
#前向过程-forward diffusion
#代码段1: 从图像张量中提取特定步长
# a是预计算的alpha值的张量，t是时间步长的张量，x_shape是输入数据的形状
def extract(a, t, x_shape):
    batch_size = t.shape[0]      #获取时间步长的数量

    out = a.gather(-1, t.cpu())      #使用 gather 函数从预计算的张量中提取对应时间步长的值。这
里使用 -1 作为索引，表示在最后一个维度上进行聚集

    #将提取的值重塑为与输入数据形状相匹配的张量，并将结果返回。这里使用 *((1,) * (len(x_shape) -
1)) 来创建一个与输入数据形状匹配的维度元组
    return out.reshape(batch_size, *((1,) * (len(x_shape) - 1))).to(t.device)


#代码段2: 前向扩散过程
def q_sample(x_start, t, noise=None):
    #如果噪声不存在，就随机生成一个正态分布的噪声
    if noise is None:
        noise = torch.randn_like(x_start)

    #结合extract函数，从预计算的 alpha 值的平方根的累积乘积张量中提取特定时间步长的值
    sqrt_alphas_cumprod_t = extract(sqrt_alphas_cumprod, t, x_start.shape)

    #从预计算的 1 减去 alpha 值的平方根的累积乘积张量中提取特定时间步长的值
    sqrt_one_minus_alphas_cumprod_t = extract(      sqrt_one_minus_alphas_cumprod, t,
x_start.shape)

    #根据DDPM模型的公式，将提取的值与初始数据和噪声相乘，得到扩散后的数据，并返回结果
    return sqrt_alphas_cumprod_t * x_start + sqrt_one_minus_alphas_cumprod_t * noise
```

从上面的代码中可以看到，extract函数的作用是从一个给定的张量中提取特定时间步长的值，并返回与输入数据形状相匹配的张量。它接受3个参数：a是预计算的alpha值的张量，t是时间步长的张量，x_shape是输入数据的形状。

在extract函数内部，首先获取时间步长的数量batch_size，然后使用gather函数从预计算的张量中提取对应时间步长的值。然后，将提取的值重塑为与输入数据形状相匹配的张量，并将结果返回。

q_sample函数的作用是在DDPM模型中进行前向扩散过程。它接受3个参数：x_start表示初始数据，t表示时间步长，noise表示添加的噪声。如果没有提供噪声，则使用标准正态分布的随机噪声。

在q_sample函数内部，首先根据时间步长t和初始数据的形状，从预计算的sqrt_alphas_cumprod和sqrt_one_minus_alphas_cumprod中提取相应的值。这两个预计算的变量分别表示alpha值的平方根的累积乘积和1减去alpha值的平方根的累积乘积。

最后，q_sample函数将这两个值与初始数据和噪声相乘，得到扩散后的数据。这个计算过程是根据DDPM模型的公式推导得出的。

这样，通过逐步添加噪声并学习去噪过程，DDPM模型可以生成与原始数据类似的新数据。这段代码为模型的训练和推理提供了基础的前向扩散过程。

从上述对代码的讲解可以看到，加噪的过程就是一个向图像中添加一定比例噪声的过程。下面了解和计算这个噪声的比例，这里我们使用如下代码进行计算：

```python
timesteps = 200  #定义时间步长的数量为200

#使用线性调度函数生成beta值的张量，其中beta值用于控制扩散过程中的噪声水平
betas = linear_beta_schedule(timesteps=timesteps)

# 计算alpha值，它们与beta值互补，表示信号保留的比例
alphas = 1. - betas

#计算alpha值的累积乘积，用于计算前向扩散过程中的平均值
alphas_cumprod = torch.cumprod(alphas, axis=0)

#后验算部分的讲解在去噪过程中会讲到
#对alpha值的累积乘积进行填充操作，用于计后验算复原过程中的加权平均值
alphas_cumprod_prev = F.pad(alphas_cumprod[:-1], (1, 0), value=1.0)

#计算alpha值的平方根的倒数，用于计算后验复原过程中的方差
sqrt_recip_alphas = torch.sqrt(1.0 / alphas)

#计算alpha值的平方根的累积乘积，用于计算前向扩散过程中的加权平均值
#原始图像保留的比例
sqrt_alphas_cumprod = torch.sqrt(alphas_cumprod)

#计算(1-alpha)的平方根的累积乘积，用于计算前向扩散过程中的加权平均值
#添加的噪声比例
sqrt_one_minus_alphas_cumprod = torch.sqrt(1. - alphas_cumprod)

#计算后验分布中的方差，用于计算后验分布中的加权平均值
#用于从噪声复原图像的步骤
posterior_variance = betas * (1. - alphas_cumprod_prev) / (1. - alphas_cumprod)
```

这段代码是DDPM深度学习模型的一部分，用于实现前向扩散过程。具体来说，这段代码计算了前向扩散过程中的一些关键量，包括alpha值的计算、累积乘积的计算、后验分布的计算等。这些计算都是为了实现DDPM模型的前向扩散过程和后验分布的计算。

在DDPM模型中，前向扩散过程是通过逐步添加噪声来完成的。在这个过程中，原始图像逐步被噪声所掩盖，最终变成了一个完全随机的噪声图像。这个过程中的每一步都是通过添加一定的噪声来完成的，而添加的噪声是通过一定的概率分布来生成的。

在这段代码中，并没有直接生成噪声或处理原始图像的代码段。这些计算都是为了实现前向扩散过程和后验分布的计算，以便在训练过程中生成与原始数据类似的新数据。

最后用公式对这部分内容进行讲解。前面已经讲到，在逐步添加噪声的过程中，虽然可以一步一步地添加噪声，由图像x_0得到完全噪声的图像x_T，但事实上，也完全可以通过x_0和固定比例策略$\{\beta_T \in ()\}_{t=1}^{T}$ 直接计算得到。

在这里定义了 $\alpha_t = 1 - \beta_t, \alpha^t = \prod_{i=1}^{T} \alpha_i$，则对于采样的计算可以遵循如下公式：

$$
\begin{aligned}
\mathbf{x}_t &= \sqrt{\alpha_t}\mathbf{x}_{t-1} + \sqrt{1-\alpha_t}\mathbf{z}_{t-1} && ; \text{where } \mathbf{z}_{t-1}, \mathbf{z}_{t-2}, \cdots \sim \mathcal{N}(\mathbf{0},\mathbf{I}) \\
&= \sqrt{\alpha_t\alpha_{t-1}}\mathbf{x}_{t-2} + \sqrt{1-\alpha_t\alpha_{t-1}}\bar{\mathbf{z}}_{t-2} && ; \text{where } \bar{\mathbf{z}}_{t-2} \text{ merges two Gaussians (*)} \\
&= \cdots \\
&= \sqrt{\bar{\alpha}_t}\mathbf{x}_0 + \sqrt{1-\bar{\alpha}_t}\mathbf{z} \\
q(\mathbf{x}_t \mid \mathbf{x}_0) &= \mathcal{N}\left(\mathbf{x}_t; \sqrt{\bar{\alpha}_t}\mathbf{x}_0, (1-\bar{\alpha}_t)\mathbf{I}\right)
\end{aligned}
$$

其中，z_{t-1}、z_{t-2} 属于正态分布噪声，而 $\bar{z}_{t-2}$ 则是合并了多个高斯分布。因此，通过公式可以看到，只要有了 x_0 和 $\{\beta_T \in ()\}_{t=1}^{T}$，就可以得到一个固定的常数 β，再从标准分布 $N(0,1)$ 采样一个 z，就可以直接计算出 x_t。读者可以参考代码实现加深对这部分的理解。

因此，通过公式可以看到，只要有了 x_0 和固定比例策略 $\{\beta_T \in ()\}_{t=1}^{T}$，得到一个固定的常数 β，再从标准分布 $N(0,1)$ 采样一个 z，就可以直接计算出 x_t。

2. DDPM的去噪过程

接下来讨论DDPM的去噪过程。接着上面的公式讲解，如果将上述过程转换方向，即从 $q(x_{t-1}|x_t)$ 中采样，目标是从一个随机的高斯分布 $N(0,1)$ 中重建一个真实的原始样本，也就是从一幅完全杂乱无章的噪声图片中得到一幅真实图片。但是，由于需要从完整数据集中找到数据分布，没办法很简单地预测 x_t，因此需要学习一个模型 p_θ 来近似模拟这个条件概率，从而运行逆扩散过程。这里我们直接给出去噪算法的伪代码，如图9-10所示。

$$
\begin{aligned}
&1: \ \mathbf{x}_T \sim \mathcal{N}(\mathbf{0},\mathbf{I}) \\
&2: \ \textbf{for } t = T, \ldots, 1 \textbf{ do} \\
&3: \quad \mathbf{z} \sim \mathcal{N}(\mathbf{0},\mathbf{I}) \text{ if } t > 1, \text{ else } \mathbf{z} = \mathbf{0} \\
&4: \quad \mathbf{x}_{t-1} = \frac{1}{\sqrt{\alpha_t}}\left(\mathbf{x}_t - \frac{1-\alpha_t}{\sqrt{1-\bar{\alpha}_t}}\mathbf{z}_\theta(\mathbf{x}_t, t)\right) + \sigma_t \mathbf{z} \\
&5: \ \textbf{end for} \\
&6: \ \textbf{return } \mathbf{x}_0
\end{aligned}
$$

图 9-10　去噪算法的伪代码

采样过程发生在反向去噪时。对于一个纯噪声，扩散模型一步一步地去除噪声最终得到真实图片，采样事实上就是我们定义的去除噪声这一行为。观察图9-10公式中的步骤4，$t-1$ 步的图片是由 t 步的图片减去一个噪声得到的，只不过这个噪声是由神经网络UNet拟合出来并且训练过的而已。这里要注意步骤4公式的最后一项，采样时每一步都会加上一个从正态分布采样的 z，这是一个纯噪声。

基于DDPM的噪声去噪过程（对特定步骤的去噪计算表示）的代码如下：

```
@torch.no_grad()
def p_sample(model, x, t, t_index):
    """输入参数：
    model：预训练的噪声预测模型。
    x：输入数据。
    t：时间步长。
    t_index：时间步长的索引。
    功能：根据DDPM模型的公式，使用噪声预测模型生成样本。该函数根据DDPM模型的前向扩散过程计算下一个
```
状态。

其中，betas_t, sqrt_one_minus_alphas_cumprod_t 和 sqrt_recip_alphas_t 是根据时间步和当前状态形状提取的系数。

如果t_index为0，说明是前向扩散过程的最后一步，直接返回模型预测的平均值。否则，根据后验分布计算方差，并加上噪声得到下一个状态

```python
"""

betas_t = extract(betas, t, x.shape)      #预计算的beta值张量中提取特定时间步长的值

#从预计算的1减去alpha值的平方根的累积乘积张量中提取特定时间步长的值
sqrt_one_minus_alphas_cumprod_t = extract(
    sqrt_one_minus_alphas_cumprod, t, x.shape
)

#从预计算的alpha值的平方根的倒数的张量中提取特定时间步长的值
sqrt_recip_alphas_t = extract(sqrt_recip_alphas, t, x.shape)

#根据DDPM模型的公式计算模型均值
model_mean = sqrt_recip_alphas_t * (
    x - betas_t * model(x, t) / sqrt_one_minus_alphas_cumprod_t
)

    if t_index == 0:
     return model_mean
else:
    #计算后验分布中的方差，并生成与输入数据形状相同的噪声。然后，根据DDPM模型的公式计算样本，并
返回结果
    posterior_variance_t = extract(posterior_variance, t, x.shape)
    noise = torch.randn_like(x)
    #上面公式框讲解的第4行公式
    return model_mean + torch.sqrt(posterior_variance_t) * noise
```

上面是对算法步骤的特定表示，实现的是某个特定步骤的去噪计算，而DDPM作为一个整体，可以使用下面的代码完成整个去噪流程。

```python
@torch.no_grad()
def p_sample_loop(model, shape):
    # model: 预训练的噪声预测模型
    # shape: 生成样本的形状
    # 功能: 使用 p_sample 函数从噪声预测模型中生成样本，并返回一系列样本
    device = next(model.parameters()).device

    b = shape[0]

    #生成一幅纯噪声图像作为起始点
    img = torch.randn(shape, device=device)
    imgs = []

    #使用循环逐步增加时间步长，调用 p_sample 函数生成样本，并将其添加到样本列表中
    for i in tqdm(reversed(range(0, timesteps)), desc='sampling loop time step',
total=timesteps):
        img = p_sample(model, img, torch.full((b,), i, device=device, dtype=torch.long),
```

```
i)
            imgs.append(img.cpu().numpy())

    return imgs  #返回生成的结果
```

接下来，调用sample完成图像生成的过程，其代码如下：

```
@torch.no_grad()
def sample(model, image_size, batch_size=16, channels=3):
    """输入参数：
    model：预训练的噪声预测模型。
    image_size：生成图像的大小。
    batch_size：批量大小，默认为16。
    channels：图像通道数，默认为3。
    功能：调用 p_sample_loop 函数生成一系列样本，并返回结果。
    代码解释：
    调用 p_sample_loop 函数生成一系列样本。
    返回生成的样本
    """
    return p_sample_loop(model, shape=(batch_size, channels, image_size, image_size))
```

这段代码为DDPM的样本生成过程提供了基础实现，通过DDPM从前向扩散过程中逐步添加噪声来生成与原始数据类似的新数据。在训练过程中，模型学习预测每个时间步的噪声，从而逐步去噪并生成新的图像序列。

总结一下DDPM（去噪扩散概率模型）：DDPM是一种概率模型，通过逐步添加噪声来生成与原始数据类似的新数据。这个模型的实现并不复杂，但其背后的数学原理却非常丰富。

在DDPM中，扩散过程是一个重要的概念。这个过程可以看作一个马尔可夫链，每个状态依赖于前一个状态，同时加入了一些噪声。在每一步中，数据会逐渐变得更加混乱，但同时也包含一些原始数据的特征。

具体来说，DDPM的扩散过程是通过一个可逆的转换函数实现的。该函数将原始数据逐渐加入噪声，直到最终得到完全噪声的数据。然后，通过反向过程，我们可以预测每一步加入的噪声，并尝试还原得到无噪声的原始数据。

在DDPM中，训练神经网络是关键的一步。该模型使用深度学习的方法来训练神经网络，使其能够学习噪声和数据之间的关系。训练好的神经网络可以接受含有噪声的图像数据，并输出预测的噪声。通过这种方式，我们可以逐渐还原得到原始数据。

可以看到，DDPM模型是一种基于扩散过程和神经网络训练的图像去噪方法。它通过逐步添加噪声和反向过程来生成新的数据，并通过神经网络训练来学习噪声和数据之间的关系。这种模型的优点是可以在保持图像质量的同时去除噪声，并且训练时间相对较短。

9.1.5   DDPM 的损失函数：结合成功运行的 Diffusion Model 代码

下面我们回到DDPM的训练。通过上文的分析及其代码实现，可以知道DDPM模型训练的目的是给定time_step和加噪的图片，结合两者来预测图片中的噪声，而UNet则是实现DDPM的核心模块架构。通过对比，我们可以知道：

- 第t个时刻的输入图片可以表示为：$x_t = \sqrt{\alpha^t}x_0 + \sqrt{1-\alpha^t}\varepsilon$。

- 第t个时刻采样出的噪声为：$z \in N(0,1)$。
- UNet模型预测出的噪声为：$\varepsilon_\theta(\sqrt{\alpha^t}x_0 + \sqrt{1-\alpha^t}\varepsilon, t)$，$\varepsilon$为预测模型。

则损失函数可以表示为：

$$loss = z - \varepsilon_\theta(\sqrt{\alpha^t}x_0 + \sqrt{1-\alpha^t}\varepsilon, t)$$

目标是要求损失函数最小化。这里采用的损失函数为L1 Loss，当然也可以使用其他损失函数，这一点读者可以自行学习相关内容。

9.2　可控图像生成实战：融合特征的注意力机制

在9.1节中，我们设计的扩散模型在建模过程中选择了UNet架构作为基础，这得益于UNet能产生与输入同维度的输出，这一特性使其非常适合用于扩散模型。在UNet的设计中，除包含基于残差的卷积模块外，还常融入Self-Attention机制以增强模型的理解能力。

随着注意力模型的深入研究，Transformer架构在图像处理任务中的应用愈发广泛。随着扩散模型的普及，研究人员也开始尝试将Transformer架构引入扩散模型的建模中。

基于Transformer的Diffusion模型如图9-11所示。

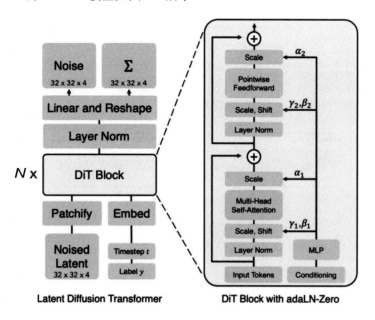

图 9-11　基于 Transformer 的 Diffusion 模型

DiT是一个完全基于Transformer架构的扩散模型，它不仅成功地将Transformer应用于扩散模型，更重要的是，它深入探索了Transformer架构在扩散模型上的可扩展性。本节我们将学习DiT，其不仅证明了Transformer架构在扩散模型中的有效性，还展示了其强大的扩展能力和优异的生成效果。

9.2.1   扩散模型可控生成的基础：特征融合

特征融合是一种技术，它通过结合不同特征或不同深度学习模型输出来提高模型性能或数据质量。在 Diffusion Model（扩散模型）中，特征融合主要涉及将文本特征和图像特征融合在一起，以实现更稳定、更高质量的图像生成。

具体来说，Diffusion Model的特征融合主要涉及以下两个方面。

- 文本特征的融合：在可控图像生成中，通常需要将文本描述作为输入，引导图像的生成。文本描述可以包含物体类别、形状、颜色等先验信息。为了将这些先验信息融合到Diffusion Model中，可以将这些文本描述通过文本嵌入向量进行表示，然后将这些文本嵌入向量输入Diffusion Model中，与图像数据进行融合。
- 特征融合方法：在Diffusion Model中，文本特征和图像特征需要进行融合，以实现更稳定、更高质量的图像生成。常见的特征融合方法包括简单的特征拼接、加权平均、卷积操作等。这些方法可以将文本特征和图像特征有机地结合起来，使得Diffusion Model可以同时利用文本特征和图像特征进行图像生成。

可以看到，在Diffusion Model进行文本特征融合时，需要将文本描述融合在生成模型中。这可能涉及如何选择和组合这些文本描述，以便最大限度地保留原始语义信息。

9.2.2   注意力MQA中的可控特征融合

对于扩散模型来说，如果想要生成结果可控，那么还需要在模型中嵌入额外的条件信息，这里的条件包括timesteps以及类别标签。DitBlock模型设计如图9-12所示。

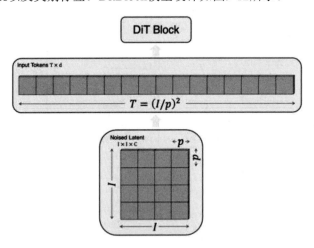

图 9-12   DitBlock 模型设计

这里需要注意，无论是timesteps还是类别标签，都可以采用一个Embedding来进行编码。一种将DiT的特征进行融合的实现代码如下：

```python
class DiTBlock(torch.nn.Module):
    def __init__(self,emb_size = 64,head_num = 4):
        super().__init__()
```

```
        self.emb_size = emb_size
        self.head_num = head_num

        self.adaLN_modulation = torch.nn.Sequential(
            torch.nn.Conv1d(in_channels=1,out_channels=6,kernel_size=3,padding=1),
            torch.nn.Linear(emb_size, emb_size * 2, bias=True),torch.nn.SiLU(),
            torch.nn.Linear(emb_size * 2, emb_size, bias=True)
        )

        d_model, attention_head_num = emb_size,head_num
        self.layer_norm = torch.nn.RMSNorm(emb_size)
        self.mha = attention_module.MultiHeadAttention_MQA(d_model,
attention_head_num)
        self.mlp = feedforward_layer.Swiglu(hidden_size=d_model)
        self.last_norm = torch.nn.RMSNorm(emb_size)

    def forward(self,x,cond):
        x_residual = x.clone()
        #gamma1_val,beta1_val,alpha1_val,gamma2_val,beta2_val,alpha2_val =
self.adaLN_modulation(torch.)
        cond = self.adaLN_modulation(torch.unsqueeze(cond,dim=1))
        gamma1_val, beta1_val, alpha1_val, gamma2_val, beta2_val, alpha2_val =
torch.split(cond,split_size_or_sections=1,dim=1)

        x = self.layer_norm(x)
        x = modulate(x,gamma1_val,beta1_val)

        x = self.mha(x)

        x *= alpha1_val
        x += x_residual

        x_residual = x.clone()
        x = modulate(x,gamma2_val,beta2_val)
        x = self.mlp(x) * alpha2_val
        x = self.last_norm(x_residual + x)
        return x
```

上面这段代码定义了一个名为DiTBlock的类，它是深度学习模型中的一个构建块，类似于
Transformer结构中的编码器层。DiTBlock类的作用是根据输入数据和条件参数来执行一系列复杂的
变换，包括条件控制、层归一化、自注意力机制以及前馈网络处理。

具体来说，DiTBlock类在初始化时设置了多个线性层，这些线性层用于生成条件控制参数，执
行自注意力机制中的查询、键、值变换，以及前馈网络中的线性变换。在forward方法中，类接收输
入张量x和条件张量cond，然后根据条件张量通过线性层生成一系列控制参数。

输入张量经过层归一化后，使用这些控制参数进行缩放和平移。之后，通过自注意力机制对处
理后的输入进行处理，包括查询、键、值向量的生成，注意力分数的计算，以及根据注意力权重计
算加权和。自注意力的输出再根据条件参数进行缩放，并与原始输入进行残差连接。最后，经过第
二个层归一化后，输入进入前馈网络进行处理，其输出也根据条件参数进行缩放，并与之前的输出

进行残差连接，得到最终的输出。整个过程融合了条件控制、自注意力和前馈网络，旨在根据特定条件对输入数据进行高度复杂的特征变换和学习。

9.2.3 基于注意力的扩散模型的设计

对于DiT模型来说，我们首先需要解决的是图像的输入，这里我们仿照前面章节学习过的VisionMamba对图像输入的处理对图像进行变更。DiT基本沿用了VisionMamba的设计，首先采用一个Patch Embedding来将输入进行Patch化，以得到一系列的tokens。

而time的设置也同样需要一个Embedding来对每个所处的时间步进行处理，这里仿照位置向量的做法，将不同时间步数值转换为一个特定的向量。这个过程是通过计算一系列不同频率的正弦和余弦函数值来实现的，从而能够捕捉时间序列数据中的周期性特征。具体来说，代码首先生成一个包含不同频率值的张量half_emb，然后在forward方法中，将输入时间t与这些频率值相乘，再分别计算其正弦和余弦值，并将结果拼接成一个嵌入向量返回。代码如下：

```python
# 导入必要的库
import torch  # 导入PyTorch库
from torch import nn  # 从PyTorch库中导入神经网络模块
import math  # 导入数学库

# 定义一个常量T，但在此代码中并未使用
T = 1000

# 定义一个名为TimeEmbedding的类，它继承自nn.Module，是一个PyTorch模块
class TimeEmbedding(nn.Module):
    # 构造函数，用于初始化该模块
    def __init__(self, emb_size):
        # 调用父类的构造函数进行初始化
        super().__init__()

        # 计算嵌入向量的一半大小
        self.half_emb_size = emb_size // 2

        # 创建一个张量，其元素是通过指数函数计算得到的，这些元素将用于后续的时间嵌入计算
        # 这里的计算方式是为了在嵌入空间内生成一系列不同频率的基函数
        half_emb = torch.exp(torch.arange(self.half_emb_size) * (-1 * math.log(10000)
/ (self.half_emb_size - 1)))

        # 使用register_buffer方法注册一个不需要进行梯度反转的张量，这样在保存和加载模型时，它也会
被考虑在内
        self.register_buffer('half_emb', half_emb)

    # 前向传播函数，定义了模型如何处理输入数据并产生输出
    def forward(self, t):
        # 将输入的时间步t改变形状，以便进行后续的广播操作
        t = t.view(t.size(0), 1)

        # 对之前计算得到的half_emb进行扩展，以便与时间步t进行逐元素的乘法操作
        half_emb = self.half_emb.unsqueeze(0).expand(t.size(0), self.half_emb_size)
```

```
        # 将时间步t与扩展后的half_emb进行逐元素的乘法操作
        half_emb_t = half_emb * t

        # 对乘法结果分别计算正弦和余弦值，并将它们拼接在一起，形成最终的时间嵌入向量
        embs_t = torch.cat((half_emb_t.sin(), half_emb_t.cos()), dim=-1)

        # 返回计算得到的时间嵌入向量
        return embs_t
```

上面我们完成了整体DiT模型的设计，从代码中可以看到，输入图像首先通过nn.Conv2d将输入图像划分为小块，即Patches，随后利用nn.Linear层将这些小块嵌入高维空间中。为了赋予每个图像小块位置信息，特别定义了一个位置嵌入参数patch_pos_emb。

此外，模型还包含时间嵌入层，该层借助一系列网络层，包括先前导入的TimeEmbedding，来处理时间信息，并将其嵌入与图像小块相同的空间中。同时，标签嵌入层使用nn.Embedding将标签信息嵌入高维空间。

模型还定义了多个DiTBlock，这是自定义的神经网络模块，专门用于处理嵌入后的图像小块和条件嵌入，后者是时间和标签嵌入的组合。处理完所有的DiT块后，模型会进行层归一化，具体通过nn.LayerNorm实现，随后通过nn.Linear层将嵌入空间还原至原始的图像小块空间。结合时间向量与能够融合特征向量的DiT模型，代码如下：

```
# 导入必要的库
from torch import nn
import torch
from time_emb import TimeEmbedding   # 从自定义模块中导入TimeEmbedding
from dit_block import DiTBlock       # 从自定义模块中导入DiTBlock

# 定义一个常量T，但在此代码中并未使用
T = 1000

# 定义DiT类，继承自nn.Module
class DiT(nn.Module):
    # 构造函数，用于初始化该模型
    def __init__(self, img_size, patch_size, channel, emb_size, label_num, dit_num,
head):
        super().__init__()   # 调用父类的构造函数进行初始化

        # 初始化一些参数和变量
        self.patch_size = patch_size
        self.patch_count = img_size // self.patch_size
        self.channel = channel

        # 定义patchify相关的层，用于将图像划分为小块（Patches）
        self.conv = nn.Conv2d(in_channels=channel, out_channels=channel * patch_size **
2,
                            kernel_size=patch_size, padding=0, stride=patch_size)
        self.patch_emb = nn.Linear(in_features=channel * patch_size ** 2,
out_features=emb_size)
```

```
        # 位置嵌入，用于给每个Patch添加位置信息
        self.patch_pos_emb = nn.Parameter(torch.rand(1, self.patch_count ** 2,
emb_size))

        # 定义时间嵌入层
        self.time_emb = nn.Sequential(
            TimeEmbedding(emb_size),  # 使用之前导入的TimeEmbedding模块
            nn.Linear(emb_size, emb_size),
            nn.ReLU(),
            nn.Linear(emb_size, emb_size)
        )

        # 定义标签嵌入层
        self.label_emb = nn.Embedding(num_embeddings=label_num,
embedding_dim=emb_size)

        # 定义多个DiT块
        self.dits = nn.ModuleList()
        for _ in range(dit_num):
            self.dits.append(DiTBlock(emb_size, head))  # 使用之前导入的DiTBlock模块

        # 定义层归一化层
        self.ln = nn.LayerNorm(emb_size)

        # 定义线性层，用于将嵌入空间转回原始的Patch空间
        self.linear = nn.Linear(emb_size, channel * patch_size ** 2)

    # 前向传播函数，定义了模型如何处理输入数据并产生输出
    def forward(self, x, t, y):  # x：输入图像  t：时间步  y：标签
        # 标签嵌入
        y_emb = self.label_emb(y)  # (batch, emb_size)

        # 时间嵌入
        t_emb = self.time_emb(t)  # (batch, emb_size)

        # 条件嵌入（将标签嵌入和时间嵌入相加）
        cond = y_emb + t_emb

        # 图像Patch嵌入
        x = self.conv(x)  # 将图像划分为小块并进行卷积操作
        x = x.permute(0, 2, 3, 1)  # 改变张量的形状和维度顺序
        x = x.view(x.size(0), self.patch_count * self.patch_count, x.size(3))  # 重新
整形张量

        x = self.patch_emb(x)  # 对每个Patch进行嵌入操作
        x = x + self.patch_pos_emb  # 添加位置嵌入信息

        # 通过多个DiT块进行处理
        for dit in self.dits:
            x = dit(x, cond)  # 将嵌入后的Patch和条件嵌入一起传入DiT块中进行处理
```

```
        # 层归一化操作
        x = self.ln(x)  # 对处理后的张量进行层归一化操作

        # 线性层，将嵌入空间转回原始的Patch空间
        x = self.linear(x)  # 通过线性层转换回原始的Patch空间大小

        # 对张量进行一系列的重新整形和置换操作，以恢复原始图像的形状
        x = x.view(x.size(0), self.patch_count, self.patch_count, self.channel,
self.patch_size, self.patch_size)
        x = x.permute(0, 3, 1, 2, 4, 5)
        x = x.permute(0, 1, 2, 4, 3, 5)
        x = x.reshape(x.size(0), self.channel, self.patch_count * self.patch_size,
self.patch_count * self.patch_size)
        return x  # 返回处理后的图像张量
```

在模型的前向传播函数forward中，它接收图像x、时间步t和标签y作为输入。forward函数首先对标签和时间进行嵌入，并将两者相加生成条件嵌入。然后，对输入图像进行划分小块、嵌入以及添加位置信息的操作。接下来，通过多个DiT块对嵌入后的图像小块和条件嵌入进行处理。最后，经过层归一化、线性变换以及一系列张量重新整形操作，以恢复至原始图像的形状，并输出处理后的图像张量。总体而言，这段代码构建了一个深度学习模型，它不仅能处理图像信息，还能融入时间和标签信息，并借助自定义的DiT块实现特征的提取与转换，最终输出经过处理的图像张量。

9.2.4　图像的加噪与模型训练

在扩散模型的训练过程中，首先需要对输入的信号进行加噪处理，经典的加噪过程是在图像进行向量化处理后在其中添加正态分布，而正态分布的值也是与时间步相关的。这样逐步向图像中添加噪声，直到图像变得完全噪声化。

```
import torch

T = 1000  # Diffusion过程的总步数

# 前向diffusion计算参数
# (T,) 生成一个线性间隔的tensor，用于计算每一步的噪声水平
betas = torch.linspace(0.0001, 0.02, T)
alphas = 1 - betas  # (T,) 计算每一步的保留率
# alpha_t累乘 (T,)，计算每一步累积的保留率
alphas_cumprod = torch.cumprod(alphas, dim=-1)
# alpha_t-1累乘(T,)，为计算方差做准备
alphas_cumprod_prev = torch.cat((torch.tensor([1.0]), alphas_cumprod[:-1]), dim=-1)
# denoise用的方差(T,)，计算每一步的去噪方差
variance = (1 - alphas) * (1 - alphas_cumprod_prev) / (1 - alphas_cumprod)

# 执行前向加噪
def forward_add_noise(x, t):  # batch_x: (batch,channel,height,width), batch_t:
(batch_size,)
        noise = torch.randn_like(x)  # 为每幅图片生成第t步的高斯噪声
(batch,channel,height,width)
```

```
        # 根据当前步数t，获取对应的累积保留率，并调整其形状以匹配输入x的形状
        batch_alphas_cumprod = alphas_cumprod[t].view(x.size(0), 1, 1, 1)
        # 基于公式直接生成第t步加噪后的图片
        x = torch.sqrt(batch_alphas_cumprod) * x + torch.sqrt(1 - batch_alphas_cumprod) *
noise
        return x, noise  # 返回加噪后的图片和生成的噪声
```

上面这段代码首先定义了扩散模型的前向过程中需要的参数，包括每一步的噪声水平betas、保留率alphas、累积保留率alphas_cumprod以及用于去噪的方差variance。然后定义了一个函数forward_add_noise，该函数接受一个图像x和步数t作为输入。根据扩散模型的前向过程，向图像中添加噪声，并返回加噪后的图像和生成的噪声。

读者可以采用以下代码尝试完成为图像添加噪声的演示：

```
import matplotlib.pyplot as plt
from dataset import MNIST

dataset=MNIST()
# 两幅图片拼batch, (2,1,48,48)
x=torch.stack((dataset[0][0],dataset[1][0]),dim=0)

# 原图
plt.figure(figsize=(10,10))
plt.subplot(1,2,1)
plt.imshow(x[0].permute(1,2,0))
plt.subplot(1,2,2)
plt.imshow(x[1].permute(1,2,0))
plt.show()

# 随机时间步
t=torch.randint(0,T,size=(x.size(0),))
print('t:',t)

# 加噪
x=x*2-1  # [0,1]像素值调整到[-1,1]之间，以便与高斯噪声值范围匹配
x,noise=forward_add_noise(x,t)
print('x:',x.size())
print('noise:',noise.size())

# 加噪图
plt.figure(figsize=(10,10))
plt.subplot(1,2,1)
plt.imshow(((x[0]+1)/2).permute(1,2,0))
plt.subplot(1,2,2)
plt.imshow(((x[0]+1)/2).permute(1,2,0))
plt.show()
```

运行结果如图9-13所示。

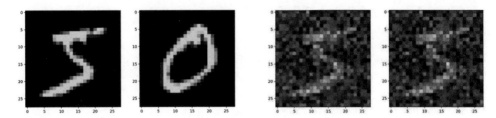

图 9-13　原始图像与加噪后的图像

在此基础上，我们可以完成对 Dit 模型的训练，代码如下：

```
from torch.utils.data import DataLoader  # 导入PyTorch的数据加载工具
from dataset import MNIST  # 从dataset模块导入MNIST数据集类
from diffusion import forward_add_noise  # 从diffusion模块导入forward_add_noise函数，用
于向图像添加噪声
import torch  # 导入PyTorch库
from torch import nn  # 从PyTorch导入nn模块，包含构建神经网络所需的工具
import os  # 导入os模块，用于处理文件和目录路径
from dit import DiT  # 从dit模块导入DiT模型
# 判断是否有可用的CUDA设备，如果有则使用GPU，否则使用CPU
DEVICE='cuda' if torch.cuda.is_available() else 'cpu'

dataset=MNIST()  # 实例化MNIST数据集对象

T = 1000  # 设置扩散过程中的总时间步数
model=DiT(img_size=28,patch_size=4,channel=1,emb_size=64,label_num=10,dit_num=3,he
ad=4).to(DEVICE)  # 实例化DiT模型并移至指定设备
#model.load_state_dict(torch.load('./saver/model.pth'))  # 可选：加载预训练模型参数

# 使用Adam优化器，学习率设置为0.001
optimzer=torch.optim.Adam(model.parameters(),lr=1e-3)
loss_fn=nn.L1Loss()  # 使用L1损失函数（即绝对值误差均值）

'''训练模型'''
EPOCH=300  # 设置训练的总轮次
BATCH_SIZE=300  # 设置每个批次的大小

if __name__ == '__main__':
    from tqdm import tqdm  # 导入tqdm库，用于在训练过程中显示进度条

    dataloader=DataLoader(dataset,batch_size=BATCH_SIZE,shuffle=True,num_workers=10
,persistent_workers=True)  # 创建数据加载器
    iter_count=0
    for epoch in range(EPOCH):  # 遍历每个训练轮次
        pbar = tqdm(dataloader, total=len(dataloader))  # 初始化进度条
        for imgs,labels in pbar:  # 遍历每个批次的数据
            x=imgs*2-1  # 将图像的像素范围从[0,1]转换到[-1,1]，与噪声高斯分布的范围对应
            t=torch.randint(0,T,(imgs.size(0),))  # 为每幅图片生成一个随机的t时刻
            y=labels
            # 向图像添加噪声，返回加噪后的图像和添加的噪声
```

```
        x,noise=forward_add_noise(x,t)
        # 模型预测添加的噪声
        pred_noise=model(x.to(DEVICE),t.to(DEVICE),y.to(DEVICE))
        # 计算预测噪声和实际噪声之间的L1损失
        loss=loss_fn(pred_noise,noise.to(DEVICE))

        optimzer.zero_grad()  # 清除之前的梯度
        loss.backward()  # 反向传播，计算梯度
        optimzer.step()  # 更新模型参数
        # 更新进度条描述
        pbar.set_description(f"epoch:{epoch + 1}, train_loss:{loss.item():.5f}")
    if epoch % 20 == 0:  # 每20轮保存一次模型
        torch.save(model.state_dict(),'./saver/model.pth')
        print("base diffusion saved")
```

在上面的代码中，我们首先导入了必要的PyTorch库和模块，包括数据加载工具、MNIST数据集、用于向图像添加噪声的函数、神经网络构建工具、os模块以及DiT模型。然后，判断是否有可用的CUDA设备，并据此选择使用GPU还是CPU。

接下来，我们实例化了MNIST数据集对象和DiT模型，并将模型移至指定的设备（GPU或CPU）。代码设置了训练过程中的总时间步数、优化器（使用Adam优化器，学习率设置为0.001）和损失函数（使用L1损失函数）。

在训练阶段，代码通过数据加载器遍历每个训练轮次和每个批次的数据，对图像进行预处理（包括像素范围转换和随机时刻生成），向图像添加噪声，并使用模型预测添加的噪声。然后，我们使用L1损失函数进行反向传播以更新模型参数，并在训练过程中显示进度条。每20轮训练后，代码保存一次模型参数。

9.2.5　基于注意力模型的可控图像生成

DiT模型的可控图像生成是在我们训练的基础上，逐渐对正态分布的噪声图像进行按步骤的脱噪过程。这一过程不仅要求模型具备精准的噪声预测能力，还需确保脱噪步骤的细腻与连贯，从而最终实现从纯粹噪声到目标图像的华丽蜕变。

完整的可控图像生成代码如下：

```
import torch

from dit import DiT
import matplotlib.pyplot as plt
# 导入diffusion模块中的所有内容，这通常包含一些与扩散模型相关的预定义变量和函数
from diffusion import *

# 设置设备为GPU或CPU
DEVICE = 'cuda' if torch.cuda.is_available() else 'cpu'
DEVICE = "cpu"  # 强制使用CPU

T = 1000  # 扩散步骤的总数

def backward_denoise(model,x,y):
    steps=[x.clone(),]  # 初始化步骤列表，包含初始噪声图像
```

```
        global alphas,alphas_cumprod,variance  # 这些是从diffusion模块导入的全局变量

        x=x.to(DEVICE)  # 将输入x移动到指定的设备
        alphas=alphas.to(DEVICE)
        alphas_cumprod=alphas_cumprod.to(DEVICE)
        variance=variance.to(DEVICE)
        y=y.to(DEVICE)  # 将标签y移动到指定的设备

    model.eval()  # 设置模型为评估模式
    with torch.no_grad():  # 在不计算梯度的情况下运行，节省内存和计算资源
        for time in range(T-1,-1,-1):  # 从T-1到0逆序迭代
            t=torch.full((x.size(0),),time).to(DEVICE)  # 创建一个包含当前时间步的tensor

            # 预测x_t时刻的噪声
            noise=model(x,t,y)

            # 生成t-1时刻的图像
            shape=(x.size(0),1,1,1)
            mean=1/torch.sqrt(alphas[t].view(*shape))*  \
                (
                    x-
(1-alphas[t].view(*shape))/torch.sqrt(1-alphas_cumprod[t].view(*shape))*noise
                )
            if time!=0:
                x=mean+  \
                    torch.randn_like(x)*  \
                    torch.sqrt(variance[t].view(*shape))
            else:
                x=mean
            x=torch.clamp(x, -1.0, 1.0).detach()  # 确保x的值在[-1,1]之间，并分离计算图
            steps.append(x)
    return steps

# 初始化DiT模型
model=DiT(img_size=28,patch_size=4,channel=1,emb_size=64,label_num=10,dit_num=3,he
ad=4).to(DEVICE)
model.load_state_dict(torch.load('./saver/model.pth'))  # 加载模型权重

# 生成噪声图
batch_size=10
x=torch.randn(size=(batch_size,1,28,28))  # 生成随机噪声图像
y=torch.arange(start=0,end=10,dtype=torch.long)   # 生成标签

# 逐步去噪得到原图
steps=backward_denoise(model,x,y)

# 绘制数量
num_imgs=20

# 绘制还原过程
plt.figure(figsize=(15,15))
for b in range(batch_size):
    for i in range(0,num_imgs):
        idx=int(T/num_imgs)*(i+1)  # 计算要绘制的步骤索引
```

```
# 像素值还原到[0,1]
final_img=(steps[idx][b].to('cpu')+1)/2
# tensor转回PIL图
final_img=final_img.permute(1,2,0)  # 调整通道顺序以匹配图像格式
plt.subplot(batch_size,num_imgs,b*num_imgs+i+1)
plt.imshow(final_img)
plt.show()  # 显示图像
```

上面的代码展示了使用DiT进行图像去噪的完整过程。首先，它导入了必要的库和模块，包括PyTorch、DiT模型、matplotlib绘图模块，以及从diffusion模块导入的一些预定义变量和函数，这些通常与扩散模型相关。然后，代码设置了计算设备为CPU（尽管提供了检测GPU可用性的选项），并定义了扩散步骤的总数。

backward_denoise函数是实现图像去噪的核心。它接受一个DiT模型、一批噪声图像以及对应的标签作为输入。在这个函数内部，它首先将输入移动到指定的计算设备，然后将模型设置为评估模式，并开始一个不计算梯度的循环，从最后一个扩散步骤开始逆向迭代至第一步。在每一步中，它使用模型预测当前步骤的噪声，然后根据扩散模型的公式计算上一步的图像。这个过程一直持续到生成原始图像。

接下来，代码初始化了DiT模型，并加载了预训练的权重。然后，它生成了一批随机噪声图像和对应的标签，并使用backward_denoise函数对这些噪声图像进行去噪，逐步还原出原始图像。运行结果如图9-14所示。

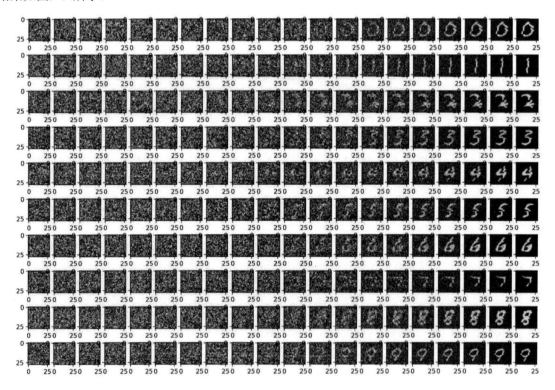

图 9-14   基于 DiT 模型的可控图像生成

可见，我们使用生成代码绘制了去噪过程的图像，展示了从完全噪声的图像逐步还原为清晰图

像的过程。通过调整通道顺序和像素值范围，它将tensor格式的图像转换为适合绘制的格式，并使用matplotlib库的subplot函数在一个大图中展示了所有步骤的图像。

9.3　本章小结

在本章中，我们深入探讨了基于注意力机制的图像生成技术，并通过实战演练，全面掌握了利用该模型进行图像生成的技术细节。我们详细讲解了注意力模型在图像生成方面的应用，从模型的基本原理到具体实现步骤，都做了深入浅出的阐述。

首先，我们明确了扩散模型的核心思想。以经典的扩散模型为例，通过迭代的方式逐步添加噪声来生成图像。在这一过程中，扩散模型的高效性和灵活性得到了充分体现，使得图像生成过程更加顺畅和高效。

在使用注意力机制为核心的扩散图像生成中，我们进一步展现了注意力机制与特征融合的独特优势。MQA架构以其高效的数据处理能力和灵活的扩展性，使得扩散生成模型在图像生成方面表现出色。我们详细指导读者如何利用注意力模型架构的特点，优化模型的训练过程，从而生成更高质量的图像。

通过实战演练，我们不仅深入理解了扩散生成模型的工作原理，还学习了如何根据文本输入生成可控的图像。无论是对于学术研究还是商业应用，这都为读者提供了宝贵的经验和技能。

## 第 10 章

注意力与特征融合范式2：多模态图文理解与问答 *10*

在前面的章节中，我们详细阐述了注意力模型的多种优化策略，并探讨了基于注意力模型的图像生成方法。在这些讨论中，我们介绍了一种特征融合技术，该技术通过多次叠加的方式将特征整合到注意力机制中。这种方法的显著优势在于，它对特征的形态没有特定的要求。

这种灵活性使得我们的模型能够处理各种不同类型的特征数据，无论是形状、纹理还是颜色信息，都可以被有效地整合和利用。通过多次叠加融合特征，模型能够在处理复杂图像时更加细致和精确，从而提高了图像生成的质量和准确性。

此外，这种融合方式还增强了模型的健壮性。由于不依赖于特定的特征形态，模型在面对输入数据的微小变化时仍能保持稳定性能。这在处理实际场景中的图像时尤为重要，因为现实世界的图像往往包含多种变化和不确定性。

在本章中，我们将进一步探索一种新颖的注意力与特征融合的范式。这种范式结合了ViT图像读取技术和文本Embedding拼接方法，以实现一种全新的多模态图文理解与问答系统。通过这种方式，我们能够将图像信息与文本信息有效地结合起来，为复杂的图文理解任务提供更全面的解决方案。这不仅将推动图像与文本信息的深度融合，还将为多模态交互领域带来新的突破点。

10.1 多模态图文问答实战

图像问答作为一种基本的多模态模型形式，融合了视觉与语言处理的技术精髓。它不仅能够理解图像的视觉内容，还能根据用户提出的问题，准确地从图像中提取相关信息，并最终以自然语言的形式给出回答。这种模型的出现极大地丰富了人机交互的方式，使得机器能够更自然地理解和回应人类的问题。

在图像问答系统中，多模态模型的运用至关重要。该模型能够同时处理图像和语言两种不同模态的数据，通过深度学习算法挖掘它们之间的内在联系。当用户提出一个问题时，系统首先会分析问题的语义，明确用户想要了解的信息点；然后，系统会利用视觉处理技术对图像进行解析，识别出图像中的关键元素；最后，系统结合问题语义和图像内容，生成简洁明了的回答。

随着技术的不断发展，图像问答系统将在更多领域得到应用。例如，在智能教育领域，它可以帮助学生更直观地理解复杂的概念；在智能家居领域，它可以为用户提供更加便捷的控制方式；在医疗领域，它可以辅助医生进行疾病诊断等。

接下来，我们将介绍一种基于多模态的图文问答方法。该方法通过将图像输入与文本内容进行对齐（或融合）操作，然后进行嵌入处理，以实现后续的计算和分析。

10.1.1　一种新的多模态融合方案

为了将图像输入视觉多模态模型中，我们首先需要执行一个关键步骤：将图像的像素密集地嵌入模型中。在ViT（Vision Transformer，即基于视觉变换器的图像分块技术）问世之前，多数VLP（Vision-and-Language Pre-training，视觉与语言预训练）方法都高度依赖于复杂的图像特征提取流程。这些流程通常涉及区域监督（例如物体检测）和卷积架构（如ResNet）的运用。因此，VLP研究的重点多集中在通过提升视觉嵌入器的性能来优化整体模型的效果。

研究人员渴望设计出功能更强大的视觉Encoder，但这其中存在一个实际问题。在学术研究领域，视觉Encoder所提取的区域特征可以预先缓存，从而加速研究进程。然而，在实际应用开发中，当面对全新的数据时，研究人员仍需经历区域特征的提取过程。这一过程往往耗时较长，因此拥有高性能视觉嵌入器所带来的速度瓶颈问题，在实践中常常被忽视。

在这里，我们开发了一种新的多模态视觉模型ViLT。其总体架构如图10-1所示。Transformer Encoder使用预训练的ViT来初始化，Image Embedding使用ViT中的Patch投影来实现，Word Embedding使用文本的Tokenizer进行标记化，并学习一个全新的文本嵌入参数。

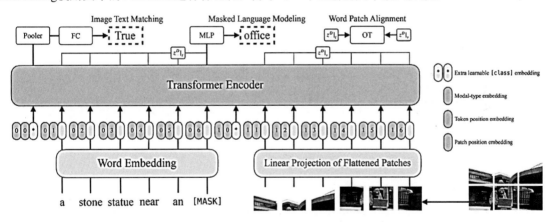

图 10-1　一种新的多模态融合方案

具体来看，为了实现这种图像和文字特征融合的效果，可以使用如下代码：

```
token_embedding = self.embedding(input_token)
bs, seq_len, dim = token_embedding.shape
image_embedding = self.patch_embedding(image).to(token_embedding.device)

bs,seq_len,dim = token_embedding.shape
img_bs,image_len,dim = image_embedding.shape

position_ids = torch.concat((torch.zeros(size=(bs,image_len),dtype=torch.int),
torch.ones(size=(bs,seq_len),dtype=torch.int)),dim=-1).to(token_embedding.device)
position_embedding = self.position_embedding(position_ids)
```

```
embedding = torch.cat((image_embedding,token_embedding),dim=1) + position_embedding

for i in range(self.num_layers):
    #residual = token_embedding
    #这里不能动，需要把信息融合进去
    embedding = self.layers[i](embedding, past_length = image_len)
```

从上面的代码可以看到，我们分别提取了token_embedding与image_embedding，之后使用concat将两个Embedding连接在一起。而past_length参数确保了模型在处理过程中能够区分并正确处理图像和文本数据。

完整的ViLT代码如下：

```
import torch
import torch.nn as nn
import torch.nn.functional as F

import kan,mhsa
import timm

class ViLT(nn.Module):
    def __init__(self,vocab_size = 3120,num_layers = 6,d_model = 384,attention_head_num
= 6,hidden_dropout = 0.1):
        """Full Mamba model."""
        super().__init__()

        self.num_layers = num_layers
        self.hidden_dropout = hidden_dropout
        self.embedding = nn.Embedding(3120, d_model)
        self.patch_embedding = timm.layers.PatchEmbed(28,patch_size=7,in_chans =
1,embed_dim=d_model)
        self.image_patch_num = int((28/7)**2)

        self.layers = torch.nn.ModuleList([mhsa.EncoderBlock(d_model,
attention_head_num, hidden_dropout) for _ in range(num_layers)])

        self.lm_head = kan.KAN([d_model, vocab_size])

        "这里加上了一个position_ids，目标是标注输入image与token_embedding的方式"
        self.position_embedding = nn.Embedding(2, d_model)

    def forward(self, image,input_token):

        token_embedding = self.embedding(input_token)
        bs, seq_len, dim = token_embedding.shape
        image_embedding = self.patch_embedding(image).to(token_embedding.device)

        bs,seq_len,dim = token_embedding.shape
        img_bs,image_len,dim = image_embedding.shape

        position_ids = torch.concat((torch.zeros(size=(bs,image_len), dtype=torch.int),
```

```
torch.ones(size=(bs,seq_len),dtype=torch.int)), dim=-1).to(token_embedding.device)
            position_embedding = self.position_embedding(position_ids)
            embedding = torch.cat((image_embedding,token_embedding),dim=1) +
position_embedding

            for i in range(self.num_layers):
                #residual = token_embedding
                #这里不能动，需要把信息融合进去
                embedding = self.layers[i](embedding, past_length = image_len)

            x = torch.nn.functional.dropout(embedding,p=0.1)
            logits = self.lm_head(x)

            return logits

        @torch.no_grad()
        def generate(self,image, prompt=None,n_tokens_to_gen = 20,  temperature=1.,top_k
= 3,sample = False,eos_token=2,device = "cuda"):
            """
            根据给定的提示（prompt）生成一段指定长度的序列。

            参数：
            - seq_len：生成序列的总长度。
            - prompt：序列生成的起始提示，可以是一个列表。
            - temperature：控制生成序列的随机性。温度值越高，生成的序列越随机；温度值越低，生成的序列
越确定。

            - eos_token：序列结束标记的token ID，默认为2。
            - return_seq_without_prompt：是否在返回的序列中不包含初始的提示部分，默认为True。

            返回：
            - 生成的序列（包含或不包含初始提示部分，取决于return_seq_without_prompt参数的设置）
            """

            # 将输入的prompt转换为torch张量，并确保它在正确的设备上（如GPU或CPU）

            self.eval()
            #prompt = torch.tensor(prompt)
            prompt = prompt.clone().detach().requires_grad_(False).to(device)

            input_ids = prompt
            for token_n in range(n_tokens_to_gen):
                with torch.no_grad():
                    indices_to_input = input_ids
                    next_token_logits = self.forward(image,indices_to_input)[:, -1]

                probs = F.softmax(next_token_logits, dim=-1) * temperature
                (batch, vocab_size) = probs.shape

                if top_k is not None:
                    (values, indices) = torch.topk(probs, k=top_k)
```

```
            probs[probs < values[:, -1, None]] = 0
            probs = probs / probs.sum(axis=1, keepdims=True)

        if sample:
            next_indices = torch.multinomial(probs, num_samples=1)
        else:
            next_indices = torch.argmax(probs, dim=-1)[:, None]

        input_ids = torch.cat([input_ids, next_indices], dim=1)

    return input_ids
```

在上面的代码中，我们除在模型中进行融合外，还整合了生成部分，结合原始的生成模型的生成方式，可以对文本内容进行预测。

10.1.2 数据集的设计与使用

本小节将完成图像问答模型的数据准备，此时我们依旧使用MNIST数据集来获取数据，不同的是在这例子中用来提问的文本内容，其相应的回答是MNIST手写所代表的数字，示例如下：

```
sample_texts = [
"这个数字或许是："，
"此数字可能等于："，
"该数字可能表示："，
"这个数字可能意味着："，
"或许这个数字是："，
...
]
```

此时，对MNIST数据集处理的代码如下：

```
class MNIST(Dataset):
    def __init__(self, is_train=True):
        super().__init__()
        self.ds = torchvision.datasets.MNIST('../dataset/mnist/', train=is_train,
download=True)
        self.img_convert = Compose([
            PILToTensor(),
        ])

    def __len__(self):
        return len(self.ds)

    def __getitem__(self, index):
        img, label = self.ds[index]

        #text = f"现在的数字是：{label}#"
        text = random.sample(sample_texts,1)[0][-10:]
        text = text + str(label) + "#"

        full_tok = tokenizer_emo.encode(text)[-12:]
```

```
        full_tok = full_tok + [1] * (12 - len(full_tok))

        inp_tok = full_tok[:-1]
        tgt_tok = full_tok[1:]

        inp_tok = torch.tensor(inp_tok)
        tgt_tok = torch.tensor(tgt_tok)

        """
        torch.Size([1, 28, 28])
        """
        return self.img_convert(img) / 255.0, inp_tok,tgt_tok
```

10.1.3　多模态融合数据集的训练

对于训练任务，我们需要根据需求设置特殊的label。观察此时的数据，我们的模型并不需要预测image部分，只需要预测文本生成部分。因此，我们在建立label时，可以额外添加一个不需要预测的image label部分，放置在文本内容之前，代码如下：

```
token_tgt_pad = torch.ones(size=(token_inp.shape[0],16),dtype=torch.int) * -100
token_tgt = torch.concat((token_tgt_pad,token_tgt),dim=-1)
token_tgt = token_tgt.to(device)
```

同样地，对于损失函数的计算，我们也需要进行如下设计：

```
criterion = torch.nn.CrossEntropyLoss(ignore_index=-100)
```

这样做的目的是对于补充的部分，忽略了额外添补的image特征部分，从而只需要计算对应的文本内容。完整的训练代码如下：

```
from model import ViLT
import math
from tqdm import tqdm
import torch
from torch.utils.data import DataLoader

device = "cuda"
model = ViLT()
model.to(device)
save_path = "./saver/mamba_generator.pth"
#model.load_state_dict(torch.load(save_path),strict=False)

BATCH_SIZE = 640
seq_len = 49
import get_data_emotion
#import get_data_emotion_2 as get_data_emotion
train_dataset = get_data_emotion.MNIST()
train_loader = (DataLoader(train_dataset, batch_size=BATCH_SIZE,shuffle=True))

optimizer = torch.optim.AdamW(model.parameters(), lr = 2e-4)
lr_scheduler = torch.optim.lr_scheduler.CosineAnnealingLR(optimizer,T_max =
```

```
1200,eta_min=2e-5,last_epoch=-1)
    criterion = torch.nn.CrossEntropyLoss(ignore_index=-100)

    for epoch in range(12):
        pbar = tqdm(train_loader,total=len(train_loader))
        for image,token_inp,token_tgt in pbar:
            image = image.to(device)
            token_inp = token_inp.to(device)

            token_tgt_pad = torch.ones(size=(token_inp.shape[0],16),dtype=torch.int) *
-100
            token_tgt = torch.concat((token_tgt_pad,token_tgt),dim=-1)
            token_tgt = token_tgt.to(device)
            logits = model(image,token_inp)

            loss = criterion(logits.view(-1, logits.size(-1)), token_tgt.view(-1))

            optimizer.zero_grad()
            loss.backward()
            optimizer.step()
            lr_scheduler.step()    # 执行优化器
            pbar.set_description(f"epoch:{epoch +1}, train_loss:{loss.item():.5f},
lr:{lr_scheduler.get_last_lr()[0]*1000:.5f}")
        if (epoch + 1) % 7 == 0:
            torch.save(model.state_dict(), save_path)
    torch.save(model.state_dict(), save_path)
```

读者可以自行运行代码并查看结果。

10.1.4   多模态图文问答的预测

在本小节中，我们将完成多模态图文问答的预测任务。对于预测的输入部分，我们直接载入
MNIST的测试数据集；而对于生成部分，由于只需要生成文本内容，因此只需要将空白的文本传递
给模型，模型依次往后输出即可。代码如下：

```
from 第9章.MultiModal_MultiModal_V3 import tokenizer
tokenizer_emo = tokenizer.Tokenizer()
from model import ViLT
import torch

device = "cuda"
model = ViLT()
save_path = "./saver/ViLT_generator.pth"
model.load_state_dict(torch.load(save_path),strict=False)

model.to(device)
model.eval()

from get_data_emotion import MNIST
ds = MNIST(is_train=False)
```

```
for i in range(10):
    img, inp_tok,tgt_tok = ds[i]
    text = tokenizer_emo.decode(tgt_tok)
    print(text)

    pre_text = ""
    prompt_token = tokenizer_emo.encode(text)
    prompt_token = torch.tensor([prompt_token]).long().to(device)

    image = torch.unsqueeze(img,0).to(device)
    result_token = model.generate(image = image,prompt=prompt_token,
n_tokens_to_gen=12, top_k=5, temperature=0.99, device=device)[0].cpu().numpy()
    result_text = tokenizer_emo.decode(result_token)
    print(result_text)
    print("--------------------")
```

输出结果如下：

```
...
有可能为下列之一:1#
有可能为下列之一:1#
--------------------
此数字可能是:4#
此数字可能是:4#
--------------------
此数字可能是:9#
此数字可能是:9#
--------------------
数字可能代表了:5#
数字可能代表了:5#
...
```

读者可以自行尝试运行并观察结果。

10.2　更多的多模态融合方案

对于多模态数据经过flatten处理后的维度对齐问题，我们在10.1节中已经详细探讨了前段补齐的解决方案。通过这种方法，我们成功地实现了输出维度与输入维度的匹配，为后续的数据处理和分析奠定了坚实的基础。

然而，仅完成维度对齐并不足以充分发挥多模态数据的潜力。为了更深入地挖掘这些数据中的信息，我们还需要考虑如何有效地融合不同模态的特征。毕竟，多模态数据的核心优势在于其能够从多个角度、多个层面提供关于同一事物的丰富信息。因此，如何将这些来自不同模态的信息有机地结合起来，以形成更全面、更准确的特征表示，是我们接下来需要重点研究的问题。

10.2.1　一种截断的多模态融合方案

除通过对输入的label内容进行补全以实现融合外，我们还可以采取另一种策略，即对输出的

logits进行截断。这种方法允许我们人为地对齐多模态的输入与输出内容，确保它们在维度上的一致性。

　　具体而言，当多模态数据经过模型处理后产生logits时，这些logits可能因不同模态的特性而具有不同的长度或维度。为了解决这个问题，我们可以根据预设的标准或需求，对这些logits进行截断操作。通过去除多余的部分或保留关键的信息，我们能够确保每个模态的输出都具有相同的维度，从而实现多模态输入与输出内容的有效对齐。

　　这种截断方法不仅简单易行，而且能够在一定程度上减少模型的计算负担。同时，它也为后续的数据处理、特征融合或决策分析提供了便利。当然，在实际应用中，我们需要根据具体任务和数据特点来合理设定截断的策略和参数，以确保在保持信息完整性的同时，实现最佳的对齐效果。

　　具体来看，我们需要在模型的输出端进行修改，即将原有的加载图像Embedding的特征进行人工截断，而截断的长度是我们定义的输出文本的长度，这部分的代码如下：

```
embedding = self.split_norm(embedding[:,:11])
x = torch.nn.functional.dropout(embedding,p=0.1)
logits = self.lm_head(x)
```

可以看到，我们首先对Embedding特征进行依据长度的截断，原始的输入经过一个正则化层后发送到输出头中进行计算。完整的模型代码如下：

```
class ViLT(nn.Module):
    def __init__(self,vocab_size = 3120,num_layers = 6,d_model = 384,attention_head_num
= 6,hidden_dropout = 0.1):
        """Full Mamba model."""
        super().__init__()

        self.num_layers = num_layers
        self.hidden_dropout = hidden_dropout
        self.embedding = nn.Embedding(3120, d_model)
        self.patch_embedding = timm.layers.PatchEmbed(28,patch_size=7,in_chans =
1,embed_dim=d_model)
        self.image_patch_num = int((28/7)**2)

        self.layers = torch.nn.ModuleList([mhsa.EncoderBlock(d_model,
attention_head_num, hidden_dropout) for _ in range(num_layers)])

        self.split_norm = torch.nn.RMSNorm(d_model)
        self.lm_head = kan.KAN([d_model, vocab_size])

        "这里加上了一个position_ids，目标是标注输入image与token_embedding的方式"
        self.position_embedding = nn.Embedding(2, d_model)

    def forward(self, image,input_token):

        token_embedding = self.embedding(input_token)
        bs, seq_len, dim = token_embedding.shape
        image_embedding = self.patch_embedding(image).to(token_embedding.device)
#[-1, 16, 384]
```

```
        bs,seq_len,dim = token_embedding.shape
        img_bs,image_len,dim = image_embedding.shape

        position_ids = torch.concat((torch.zeros(size=(bs,image_len),
dtype=torch.int),torch.ones(size=(bs,seq_len),dtype=torch.int)),dim=-1).to(token_embedd
ing.device)
        position_embedding = self.position_embedding(position_ids)
        embedding = torch.cat((image_embedding,token_embedding),dim=1) +
position_embedding

        for i in range(self.num_layers):
            #residual = token_embedding
            #这里不能动，需要把信息融合进去
            embedding = self.layers[i](embedding, past_length = image_len)

        embedding = self.split_norm(embedding[:,:11])
        x = torch.nn.functional.dropout(embedding,p=0.1)
        logits = self.lm_head(x)

        return logits

    @torch.no_grad()
    def generate(self,image, prompt=None,n_tokens_to_gen = 20,  temperature=1.,top_k
= 3,sample = False,eos_token=2,device = "cuda"):

        # 将输入的prompt转换为torch张量，并确保它在正确的设备上（如GPU或CPU）
        self.eval()
        #prompt = torch.tensor(prompt)
        prompt = prompt.clone().detach().requires_grad_(False).to(device)

        input_ids = prompt
        for token_n in range(n_tokens_to_gen):
            with torch.no_grad():
                indices_to_input = input_ids
                next_token_logits = self.forward(image,indices_to_input)[:, -1]

            probs = F.softmax(next_token_logits, dim=-1) * temperature
            (batch, vocab_size) = probs.shape

            if top_k is not None:
                (values, indices) = torch.topk(probs, k=top_k)
                probs[probs < values[:, -1, None]] = 0
                probs = probs / probs.sum(axis=1, keepdims=True)

            if sample:
                next_indices = torch.multinomial(probs, num_samples=1)
            else:
                next_indices = torch.argmax(probs, dim=-1)[:, None]

            input_ids = torch.cat([input_ids, next_indices], dim=1)
```

```
        return input_ids
```

10.2.2   截断后多模态模型的训练与预测

对于截断后的多模态模型，我们在训练过程中无须重新对齐进行补0操作，只需要依据原始的输入label进行损失计算即可，代码如下：

```
from model import ViLT
import math
from tqdm import tqdm
import torch
from torch.utils.data import DataLoader

device = "cuda"
model = ViLT()
model.to(device)
save_path = "./saver/ViLT_generator.pth"

BATCH_SIZE = 72
seq_len = 49
import get_data_emotion
#import get_data_emotion_2 as get_data_emotion
train_dataset = get_data_emotion.MNIST()
train_loader = (DataLoader(train_dataset, batch_size=BATCH_SIZE,shuffle=True))

optimizer = torch.optim.AdamW(model.parameters(), lr = 2e-4)
lr_scheduler = torch.optim.lr_scheduler.CosineAnnealingLR(optimizer,T_max =
1200,eta_min=2e-5,last_epoch=-1)
criterion = torch.nn.CrossEntropyLoss(ignore_index=-100)

for epoch in range(12):
    pbar = tqdm(train_loader,total=len(train_loader))
    for image,token_inp,token_tgt in pbar:
        image = image.to(device)
        token_inp = token_inp.to(device)
        token_tgt = token_tgt.to(device)
        logits = model(image,token_inp)
        loss = criterion(logits.view(-1, logits.size(-1)), token_tgt.view(-1))

        optimizer.zero_grad()
        loss.backward()
        optimizer.step()
        lr_scheduler.step()  # 执行优化器
        pbar.set_description(f"epoch:{epoch +1}, train_loss:{loss.item():.5f},
lr:{lr_scheduler.get_last_lr()[0]*1000:.5f}")
    if (epoch + 1) % 7 == 0:
        torch.save(model.state_dict(), save_path)
torch.save(model.state_dict(), save_path)
```

从上面的代码可以看到，输出的token_tgt部分没有经过任何处理，而是直接使用交叉熵

CrossEntropyLoss进行计算。这种做法的显著优势在于，一旦模型训练完成，我们可以便捷地将输出结果转换为文本格式，以图文问答预测组件的形式实现最终结果的直观输出。

10.2.3　一种加法基础的多模态融合方案

对于我们先前在输出端与输入端实施的多模态融合与对齐策略，均需要对模型的输入和输出部分执行填充或截断操作。此类方法确实能够有效对齐数据内容，从而确保模型顺利完成训练。然而，这种方法也存在潜在的数据错位风险。为了克服这一局限性，我们精心设计了一种全新的多模态融合方案。

我们从注意力编码器层入手，抽取图像特征，并采用多次累加的形式将图像特征进行融合。新的编码器方案如下：

```python
import torch
import einops
import math
from module import attention_module
from module import feedforward_layer

def modulate(x, shift, scale):
    return x * (1 + scale) + shift


class EncoderBlock(torch.nn.Module):
    def __init__(self,emb_size = 64,head_num = 4):
        super().__init__()

        self.emb_size = emb_size
        self.head_num = head_num

        self.adaLN_modulation = torch.nn.Sequential(
            torch.nn.Conv1d(in_channels=16,out_channels=6,kernel_size=3,padding=1),
            torch.nn.Linear(emb_size, emb_size * 2, bias=True),torch.nn.SiLU(),
            torch.nn.Linear(emb_size * 2, emb_size, bias=True)
        )

        d_model, attention_head_num = emb_size,head_num
        self.layer_norm = torch.nn.RMSNorm(emb_size)
        self.mha = attention_module.MultiHeadAttention_MQA(d_model,
attention_head_num)
        self.mlp = feedforward_layer.Swiglu(hidden_size=d_model)
        self.last_norm = torch.nn.RMSNorm(emb_size)

    def forward(self,x,cond):
        x_residual = x.clone()
        cond = self.adaLN_modulation(cond)
        gamma1_val, beta1_val, alpha1_val, gamma2_val, beta2_val, alpha2_val =
torch.split(cond,split_size_or_sections=1,dim=1)

        x = self.layer_norm(x)
        x = modulate(x,gamma1_val,beta1_val)
```

```
        x = self.mha(x)

        x *= alpha1_val
        x += x_residual

        x_residual = x.clone()
        x = modulate(x,gamma2_val,beta2_val)
        x = self.mlp(x) * alpha2_val
        x = self.last_norm(x_residual + x)
        return x
```

从上面的代码可以看到，此时的图像特征进过抽取后，经过多次卷积处理被分成多层，我们通过split函数对结果进行分离后，将每一层作为一个特征维度与原始的Embedding内容进行相加，并通过注意力模型计算后返回。

此时，新的整体模型部分代码如下：

```
import torch
import torch.nn as nn
import torch.nn.functional as F

import kan,mhsa
import timm

class ViLT(nn.Module):
    def __init__(self,vocab_size = 3120,num_layers = 6,d_model = 384,attention_head_num
= 6,hidden_dropout = 0.1):
        """Full Mamba model."""
        super().__init__()

        self.num_layers = num_layers
        self.hidden_dropout = hidden_dropout
        self.embedding = nn.Embedding(3120, d_model)
        self.patch_embedding = timm.layers.PatchEmbed(28,patch_size=7,in_chans =
1,embed_dim=d_model)
        self.image_patch_num = int((28/7)**2)

        self.layers = torch.nn.ModuleList([mhsa.EncoderBlock(d_model,
attention_head_num) for _ in range(num_layers)])

        self.split_norm = torch.nn.RMSNorm(d_model)
        self.lm_head = kan.KAN([d_model, vocab_size])

        "这里加上了一个position_ids，目标是标注输入image与token_embedding的方式"
        self.position_embedding = nn.Embedding(2, d_model)

    def forward(self, image,input_token):

        token_embedding = self.embedding(input_token)
        bs, seq_len, dim = token_embedding.shape
        image_embedding = self.patch_embedding(image).to(token_embedding.device)
#[-1, 16, 384]
```

```
        embedding = token_embedding
        for layer in self.layers:
            embedding = layer(embedding, image_embedding)

        x = torch.nn.functional.dropout(embedding,p=0.1)
        logits = self.lm_head(x)

        return logits

    @torch.no_grad()
    def generate(self,image, prompt=None,n_tokens_to_gen = 20, temperature=1.,top_k
= 3,sample = False,eos_token=2,device = "cuda"):

        # 将输入的prompt转换为torch张量，并确保它在正确的设备上（如GPU或CPU）
        self.eval()
        prompt = prompt.clone().detach().requires_grad_(False).to(device)

        input_ids = prompt
        for token_n in range(n_tokens_to_gen):
            with torch.no_grad():
                indices_to_input = input_ids
                next_token_logits = self.forward(image,indices_to_input)[:, -1]

            probs = F.softmax(next_token_logits, dim=-1) * temperature
            (batch, vocab_size) = probs.shape

            if top_k is not None:
                (values, indices) = torch.topk(probs, k=top_k)
                probs[probs < values[:, -1, None]] = 0
                probs = probs / probs.sum(axis=1, keepdims=True)

            if sample:
                next_indices = torch.multinomial(probs, num_samples=1)
            else:
                next_indices = torch.argmax(probs, dim=-1)[:, None]

            input_ids = torch.cat([input_ids, next_indices], dim=1)

        return input_ids
```

读者可以自行尝试训练。对于输出部分，我们可以依据10.2.2节中的预测，直接输出对应的结果即可。

10.3　本章小结

在本章中，我们深入剖析并演示了注意力与特征融合的新范式。通过详细的讲解，我们带领读者逐步理解了这一新范式的核心理念与技术细节。在实战环节，我们结合具体案例，让读者亲身体验了如何将注意力机制与特征融合技术应用于实际问题中，从而提升了模型的性能与准确性。

无论是在自然语言处理还是图像识别领域，这一范式都展现出了强大的适用性和灵活性。我们相信，随着技术的不断进步，注意力与特征融合将成为人工智能领域的重要研究方向，为未来的智能化应用提供更强大的技术支持。

为了更深入地理解和运用这一新范式，我们鼓励读者自行尝试在不同的数据集和任务上进行实践，探索其在实际问题中的表现。同时，我们也期待未来有更多的研究人员和工程师能够共同推动注意力与特征融合技术的发展，为人工智能领域带来更多的创新与突破。

## 第 11 章

注意力与特征融合范式3：交叉注意力语音转换

11

端到端的语音识别（End-to-End Automatic Speech Recognition，ASR）模型在语音识别领域扮演着越来越重要的角色。这类模型能够直接将原始语音信号映射为文本输出，无须经过传统ASR系统中复杂的信号处理和模式识别阶段。它们通常基于深度学习技术，如循环神经网络或卷积神经网络，并结合了诸如连接时序分类（Connectionist Temporal Classification，CTC）或序列到序列（Sequence-to-Sequence，Seq2Seq）等算法，以实现高效准确的语音转文字功能。

端到端ASR模型的优势在于简化了传统ASR的复杂流程，提高了识别效率和准确性，使得实时语音转写、语音助手等应用得以广泛实现。端到端语音识别ASR的示意图如图11-1所示。

图 11-1　端到端语音识别 ASR 示意

此外，这些模型还具有较强的泛化能力和适应性，能够处理不同口音、语速和背景的语音输入，大大提升了用户体验。随着技术的不断进步，端到端ASR模型将在智能交互、语音搜索、语音助手等领域得到广泛的应用。

11.1　端到端语音识别任务简介

语音识别这一技术正如其名，是通过解析说话人的语音来识别并输出其所说的内容。如今，语音识别技术已经迈入了大规模商用的崭新阶段，它在我们的日常生活中扮演着越来越重要的角色。例如，我们手机上的AI助手、便捷的语音输入功能，背后都离不开这项强大技术的支持。从语音到文本的转换示意如图11-2所示。

图 11-2　从语音到文本的转换

语音识别技术的发展历程相当悠久，其历史可追溯至20世纪50年代。尽管当时的探索尚处于初级阶段，但那些早期的研究无疑为后续的突破奠定了坚实的基础。

自20世纪80年代起，隐马尔可夫链模型（Hidden Markov Model，HMM）被引入语音识别领域，这一创新带来了显著的进步。基于HMM的语音识别系统采用了一种级联式的建模方式，整个系统由特征预处理、声学模型、语言模型等多个部分组成。这些细节并非本书讨论的重点，对于感兴趣的读者来说，可以参考相关论文以深入了解其原理。

11.1.1　端到端的语音识别

随着深度学习时代的来临，基于神经网络的端到端语音识别技术逐渐崭露头角，并有望取代传统的基于HMM的级联式技术。与级联式方法相比，端到端建模方式不仅更加简洁直观，而且能够有效减少误差累积等问题。正因如此，它已成为深度学习时代语音识别领域的主流建模范式。

关于"端到端"的方法，其核心理念在于通过一个统一的模型来完成语音识别的整个流程，也就是直接从语音信号中提取信息并输出对应的文本。这种方式无须分阶段处理，从而避免了中间过程的复杂性。

相比之下，级联式方法则显得更为烦琐。在级联式方法中，首先需要一个模型A将语音信号转换为某种中间表示x，接着模型B将x转换为另一种表示y，最后模型C将y解析为最终的文本。这种方法的优势在于，模型A、B、C可以独立进行训练，便于针对各个环节进行优化。然而，它也存在着显著的缺陷：误差会在各个模型间累积，导致整体准确率下降。具体来说，整个系统的准确率实际上是模型A、B、C各自准确率的乘积，这意味着任何一个环节的失误都会显著影响最终结果。

端到端的方法则有效解决了这一问题。由于它直接从语音到文本进行映射，不存在中间转换过程，因此也就避免了误差的累积。这使得我们可以直接对整个系统进行全局优化，从而提高识别的准确率和效率。简而言之，端到端的方法通过简化处理流程，实现了更高的识别性能和更稳健的系统表现。端到端的语音识别模型的整体框架如图11-3所示。

其中，整体架构左下角的浅灰色区域代表音频预处理环节，右下角的浅蓝色区域则负责文本预处理。这两部分处理后的数据将供给模型的主干部分使用。模型主干涵盖特征提取、Encoder编码以及后续的输出处理，输出处理在训练时专注于计算损失值，而在测试阶段则负责生成文本。为了增强可读性，每个环节旁都清晰地标注了对应数据的维度。

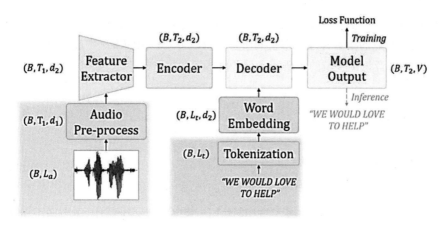

图 11-3　端到端的语音识别模型的整体框架

　　训练流程可概括为以下步骤：首先，对音频进行预处理，并将处理后的音频数据作为模型的初始输入。这些输入数据会经过一个特征提取器，提炼出基础特征，随后通过Encoder进行更深层次的特征抽取。同时，文本数据也需经过预处理，转换为离散的token，再经由Word Embedding转换为连续的数值张量。这个张量会与Encoder的输出合并，一同送入Decoder。接着，Encoder和Decoder分别进行前向传播，在此过程中计算损失函数。最后，通过反向传播算法计算梯度，并据此更新模型的参数。后续将详细阐述每个步骤的具体实现细节。

11.1.2　中文语音文本数据集说明

　　在本章中，我们采用THCHS30数据集作为训练数据。THCHS30是一个备受推崇的中文语音数据集，它囊括了超过1万条语音文件，这些文件均通过单个碳粒麦克风进行录制，总计约40小时的中文语音数据。该数据集的内容主要以文章和诗句为主，且全部由女声录制。这个开放式中文语音数据库由清华大学语音与语言技术中心（Center for Speech and Language Technology，CSLT）负责发布。其原始录音工作于2002年在清华大学计算机科学系智能与系统重点实验室进行，由朱晓燕教授监督完成，当时被命名为TCMSD，即代表"清华连续"普通话语音数据库。13年后，该数据库的发布工作由王东博士牵头，并获得了朱晓燕教授的大力支持。他们的初衷是为语音识别领域的研究人员提供一个易于上手的数据库。因此，该数据库对学术用户是完全免费的。

　　对于有兴趣使用深度学习完成端到端语音转换的读者，除本章使用的这个THCHS30数据集外，我们还将介绍一些其他的数据集，如下所示。

1. AISHELL-1

- 时长：178小时。
- 参与人数：400人。
- 采样：44.1kHz & 16kHz 16bit。

　　AISHELL是由北京希尔公司发布的中文语音数据集，包含约178小时的开源数据。该数据集涵盖来自中国不同地区、具有不同口音的400名说话者的语音。录音在安静的室内环境中完成，使用了3种不同的设备：高保真麦克风（44.1kHz，16-bit）、Android系统手机（16kHz，16-bit）以及iOS系统手机（16kHz，16-bit）。录音采样率被统一降至16kHz，用于制作AISHELL-ASR0009-OS1数据集。

该数据集经过专业的语音标注和严格的质量检查，手动转录的准确率超过95%。它免费提供给学术用户，旨在为语音识别领域的新研究人员提供适量的数据支持。

2. AISHELL-2

- 时长：1000小时。
- 参与人数：1991人。
- 采样：44.1kHz & 16kHz 16bit。

希尔贝壳中文普通话语音数据库AISHELL-2的语音时长为1000小时，其中718小时来自AISHELL-ASR0009-[ZH-CN]，282小时来自AISHELL-ASR0010-[ZH-CN]。录音文本涉及唤醒词、语音控制词、智能家居、无人驾驶、工业生产等12个领域。录制过程在安静的室内环境中，同时使用3种不同设备：高保真麦克风（44.1kHz，16bit）、Android系统手机（16kHz，16bit）以及iOS系统手机（16kHz，16bit）。AISHELL-2是采用iOS系统手机录制的语音数据。1991名来自中国不同口音区域的发言人参与录制。经过专业语音校对人员转写标注，并通过严格质量检验，此数据库文本正确率在96%以上（这个数据集支持学术研究，未经允许禁止商用）。

3. CN-Celeb

- 时长：未知。
- 参与人数：3000人。
- 采样：16kHz 16bit。

这是由清华大学语音与语言技术中心收集的自然场景下的大规模说话人识别数据集。该数据集由两个子集CN-Celeb1和CN-Celeb2组成。所有音频文件均为单声道，采样率为16kHz，量化位数为16bit。

CN-Celeb1包含1 000位中国名人的130 000多条话语，涵盖现实中的11种不同场景，例如娱乐、访谈、唱歌、戏剧、电影、视频博客、现场直播、演讲、朗诵和广告等。CN-Celeb2包含2 000位中国名人的520 000多条话语。

4. Free ST Chinese Mandarin Corpus

- 时长：未知。
- 参与者：855人。
- 采样：16kHz 16bit。

这个语料库是用手机在室内安静的环境中录制的。它有855个演讲者。每个演讲者有120个话语。所有的话语都经过专业人士仔细地转录和核对，以保证转录精度。

5. Aidatatang_200zh

- 时长：200小时。
- 参与人数：600人。
- 采样：16kHz 16bit。

Aidatatang_200zh是北京数据科技有限公司（数据堂）提供的开放式中文普通话电话语音库。语料库长达200小时，由Android系统手机（16kHz，16位）和iOS系统手机（16kHz，16位）记录。邀请来自中国不同重点区域的600名演讲者参加录音，录音是在安静的室内环境或环境中进行的，其中包含不影响语音识别的背景噪声。参与者的性别和年龄均匀分布。语料库的语言材料是设计为音素均衡的口语句子。每个句子的手动转录准确率大于98％。数据库按7:1:2的比例分为训练集、验证集和测试集。在元数据文件中保存诸如语音数据编码和说话人信息等详细信息，还提供分段转录样本。

6. MAGICDATA Mandarin Chinese Read Speech Corpus

- 时长：755小时。
- 参与人数：1080人。
- 采样：16kHz 16bit。

这个数据集是Magic Data技术有限公司提供的语料库，其包含755小时的语音数据，主要是移动终端的录音数据。邀请来自中国不同重点区域的1080名演讲者参与录制。句子转录准确率高于98％。录音在安静的室内环境中进行。数据库分为训练集、验证集和测试集，比例为51:1:2。如语音数据编码和说话者信息等细节被保存在metadata文件中。录音文本领域多样化，包括互动问答、音乐搜索、SNS信息、家庭指挥和控制等，还提供了分段的成绩单。该语料库旨在支持语音识别、机器翻译、说话人识别和其他语音相关领域的研究人员。因此，语料库完全免费用于学术用途。

7. Primewords Chinese Corpus Set 1

- 时长：178小时。
- 参与人数：296人。
- 采样：16kHz 16bit。

这个免费的中文普通话语料库由上海普力信息技术有限公司发布，其包含178个小时的数据。该语料由296名以中文为母语的人使用智能手机录制，转录精度大于98%，置信度为95%，可免费用于学术用途。转述和词句之间的映射以JSON格式提供。

11.2　端到端音频特征提取库 librosa 的使用

我们需要完成端到端的语音转换，可以使用音频特征提取库librosa。librosa是一个用于音频、音乐分析与处理的Python工具包，其包括一些常见的时频处理、特征提取、绘制声音图形等功能，十分强大。librosa库提供了多种音频读取和写入的方法，支持多种音频格式的读取和写入，如WAV、FLAC、MP3等。librosa库还提供了多种音频特征提取的方法，如MFCC、Chromagram等。此外，librosa库还提供了多种音频可视化的方法，如绘制声谱图、绘制频谱图等。

11.2.1　音频信号的基本读取方法

音频信号是日常生活中最为常见且最容易被人们感知的信号类型。声音以音频信号的形式存在，其特征通常通过频率、带宽和分贝等参数来描述。典型的音频信号可以表示为振幅随时间变化的函数。音频信号的分解如图11-4所示。

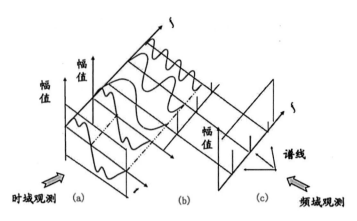

图 11-4　音频信号的分解

对于具体的音频文件，其格式多种多样，均可以使用计算机读取和分析它们。例如：

- MP3格式。
- WMA（Windows 媒体音频）格式。
- WAV（波形音频文件）格式。

对于已经存在于计算机中的音频文件，需要采用特定的Python第三方库进行处理。这里我们采用的librosa库，就是一个Python第三方库，用于分析一般的音频信号，但更适合音乐。它包括构建 MIR（Music Information Retrieval，音乐信息检索）系统的具体细节，具有很好的文档记录，还有很多示例和教程。

第一步：采用librosa对音频进行读取

为了简化操作，我们首先使用librosa库对音频信号进行读取，代码如下：

```
import librosa as lb

audio_path = "../第3章/carsound.wav"

audio, sr = lb.load(audio_path)
print(len(audio),type(audio))
print(sr,type(sr))
```

在上面的代码中，load函数直接根据音频地址对数据进行读取，这里读取出两个参数：audio为音频序列，而sr则是音频的采样率。输出结果如下：

```
88200 <class 'numpy.ndarray'>
22050 <class 'int'>
```

第一行是音频的长度与生成的数据类型，第二行打印出的是音频的采样率。此时，如果想更换采样率对音频信号进行采集，可以使用如下代码：

```
audio, sr = lb.load(audio_path,sr=16000)
```

同样，可以对结果进行打印，请读者自行尝试。

对于将修正采样率后的音频复制写入的方法，我们可以使用scipy库来完成，代码如下：

```
from scipy.io import wavfile
wavfile.write("example.wav",sr, audio)
```

读者可以自行尝试。

第二步：可视化音频

对于获取到的音频的描述，我们可以使用如下代码生成音频可视化图谱：

```
import matplotlib.pyplot as plt
import librosa.display
librosa.display.waveshow(audio, sr=sr)
plt.show()
```

这里使用waveshow函数转换读取到的音频，并输出结果，生成音频的图谱如图11-5所示。

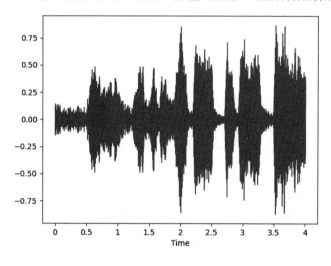

图 11-5　音频转换结果

第三步：一般频谱图（非MFCC）的可视化展示

频谱图是音频信号频谱的直观表示，我们在3.3.2节中使用短时傅里叶变换完成了一般频谱图的展示，这里可以使用同样的函数对信号进行处理，代码如下：

```
audio = lb.stft(audio)     #短时傅里叶变换
audio_db = lb.amplitude_to_db(abs(audio))     #将幅度频谱转换为dB标度频谱。也就是对序列取对数
lb.display.specshow(audio_db, sr=sr, x_axis='time', y_axis='hz')
plt.colorbar()
plt.show()
```

上面的代码首先使用短时傅里叶变换完成了图谱转换，而amplitude_to_db的作用是将幅度频谱转换为dB标度频谱，即对序列取对数。读者可以使用如下代码进行验证，这里不再过多阐述。

```
arr = [10000,20000]
audio_db = librosa.amplitude_to_db(arr)
print(audio_db)
```

specshow是对图谱进行展示的函数，生成的音频图谱如图11-6所示（颜色越红，信息含量越多，细节请查阅配套资源中的相关文件）。

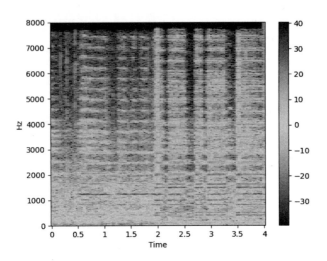

图 11-6　特定音频的频谱图（颜色越红，信息含量越多）

图11-6是生成的音频频谱图，横坐标是时间的延续，而纵坐标是显示频率（从0~10000Hz）。可以看到，图谱的底部信息含量相对于顶部更多。我们将纵坐标做一个变换，即对所有的数值取对数处理，代码如下：

```
lb.display.specshow(audio_db, sr=sr, x_axis='time', y_axis='log')
```

新的图谱如图11-7所示。

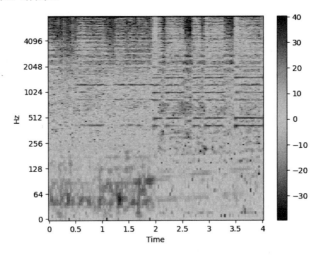

图 11-7　取对数处理后的频谱图

可以很明显地看到，相对于原始的频谱图，取对数后的频谱图对有信息含量的部分有了更显著的表示。

11.2.2　多特征音频抽取

1. MFCC音频特征

在第10章中，我们完成了MFCC特征的抽取，librosa库同样一步到位地为用户提供了MFCC的特征抽取方法，代码如下：

```
import librosa as lb
import matplotlib.pyplot as plt

audio , sr = lb.load("example.wav",sr=16000)
melspec = lb.feature.mfcc(y=audio, sr=sr, n_mels=40)

lb.display.specshow(melspec, sr=sr, x_axis='time', y_axis='log')
plt.colorbar()
plt.show()
```

其生成的波形图请读者自行运行代码查看。

在生成的MFCC频谱的基础上，我们还可以执行特征缩放，使得每个系数维度具有零均值和单位方差：

```
from sklearn import preprocessing
melspec = preprocessing.scale(melspec, axis=1)
```

2. chroma_stft音频特征

除常用的MFCC外，librosa库还带有其他的一些特征提取函数。librosa.feature.chroma_stft是librosa库中的一个函数，用于计算音频信号基于音高的谱图特征。该函数使用短时傅里叶变换（Short-Time Fourier Transform，STFT）将音频信号转换为频谱图，并进一步计算出每个频段内的音高相关强度。

具体来说，librosa.feature.chroma_stft函数的输入参数包括音频时间序列和采样率，输出结果是一个二维数组，其中每一行代表一个分带，每一列代表一个时间帧，数组中的值表示该时间帧在该分带中的基于音高的强度。其实现代码如下：

```
import librosa as lb
import matplotlib.pyplot as plt
import numpy as np

audio , sr = lb.load("example.wav",sr=16000)

stft=np.abs(lb.stft(audio))
chroma = lb.feature.chroma_stft(S=stft, sr=sr)
lb.display.specshow(chroma, sr=sr, x_axis='time', y_axis='log')
plt.colorbar()
plt.show()
```

顺便讲一下，chroma_stft和MFCC都是音频处理中常用的特征提取方法。MFCC是一种基于梅尔倒谱系数的特征，用于描述音频信号的频谱特性；而chroma_stft则是基于音高的谱图特征，用于描述音频信号的时域特性。

3. 梅尔频谱图

librosa.feature.melspectrogram是librosa库中的一个函数，用于计算音频信号的梅尔频谱图（Mel Spectrogram）。该函数的输入参数包括音频时间序列y和采样率sr，输出结果是一个二维数组，其中每一行代表一个时间帧，每一列代表一个频率，数组中的值表示该时间帧在该频率中的梅尔频谱强度。实现代码如下：

```
mel = lb.feature.melspectrogram(y=audio, sr=sr, n_mels=40, fmin=0, fmax=sr//2)
mel = lb.power_to_db(mel)
lb.display.specshow(mel, sr=sr, x_axis='time', y_axis='log')
plt.colorbar()
plt.show()
```

梅尔频谱图请读者自行运行代码查看。

梅尔频谱图的生成过程是：先将音频信号进行分帧，并对每一帧音频信号进行短时傅里叶变换，得到每个时间帧对应的频谱图。然后，对每个频谱图应用梅尔滤波器组进行变换，得到每个频率对应的梅尔功率谱密度。最后，将所有频率对应的梅尔功率谱密度合并成一个二维数组，即为梅尔频谱图。

MFCC和梅尔频谱图都是音频信号处理中常用的特征提取方法。其中，MFCC是一种基于梅尔倒谱系数的特征，用于描述音频信号的频谱特性；而梅尔频谱图则是基于梅尔滤波器组的变换，将音频信号从时域转换到频域，然后计算出每个频率对应的梅尔功率谱密度。

11.3   端到端语音识别任务简介

语音识别这一技术正如其名，通过精密地解析说话人的语音来识别并准确转写出其所说的内容。它不仅仅是一个简单的转录过程，更是一项融合了声学、语言学、计算机科学等多个学科领域精华的高科技产物。在现代社会中，随着人工智能技术的飞速发展，语音识别技术正日益显现出其巨大的应用潜力和广阔的市场前景。

无论是在智能手机上的语音助手，还是在家庭中的智能音箱，甚至是在车载系统中，语音识别技术都扮演着举足轻重的角色。它能够将人们的口头语言迅速转换为文字信息，从而极大地提高了交互的便捷性和效率。不仅如此，语音识别还在无障碍沟通、语音搜索、自动化客服等众多领域发挥着不可或缺的作用，为人们的生活和工作带来了前所未有的便利。

11.3.1   全中文音频数据集的准备

我们将使用全中文的音频信号进行转换，这里首选使用Aidatatang_200zh数据集作为我们的音频转换目标。Aidatatang_200zh是一个用于语音识别的数据集，包含30万条口语化句子，由6408人录制，涵盖不同年龄段和34个省级行政区域。录音环境为安静的室内，采用16kHz 16bit的WAV单声道格式，总大小为18GB。该数据集适用于语音识别、机器翻译和声纹识别等场景，标注准确率不低于98%。

Aidatatang_200zh是一套开放式中文普通话电话语音库。语料库长达200小时，由Android系统手机（16kHz，16位）和iOS系统手机（16kHz，16位）记录。邀请来自中国不同重点区域的600名演讲者参加录音，录音是在安静的室内环境中进行的，其中包含不影响语音识别的背景噪声。参与者的性别和年龄均匀分布。语料库的语言材料是经过设计的音素均衡的口语句子。每个句子的手动转录准确率大于98%。

读者很容易在互联网上搜索到这个数据集的相关内容，下载解压后的单个文件如图11-8所示。

T0055G0013S0001.metadata	2019/4/12 16:44	METADATA 文件
T0055G0013S0001	2019/4/24 10:58	TRN 文件
T0055G0013S0001	2019/4/24 10:41	文本文档
T0055G0013S0001	2019/4/12 16:44	WAV 文件
T0055G0013S0002.metadata	2019/4/12 16:44	METADATA 文件
T0055G0013S0002	2019/4/24 10:58	TRN 文件
T0055G0013S0002	2019/4/24 10:41	文本文档
T0055G0013S0002	2019/4/12 16:44	WAV 文件

图 11-8　下载解压后的单个文件示例

前面讲过，对于第一步单文本生成来说，并不需要对语音数据进行批匹配，因此在这一步进行数据读取时仅读取TXT文本文件中的数据即可。

通过解压后的文件可以看到，Aidatatang_200zh提供了600个文件夹，每个文件夹中存放若干文本与语音对应的文件，其通过文件名进行一一对应。

首先，读取所有的文件，代码如下：

```python
import os
# 这个是列出所有目录下文件夹的函数
def list_folders(path):
    """
    列出指定路径下的所有文件夹名
    """
    folders = []
    for root, dirs, files in os.walk(path):
        for dir in dirs:
            folders.append(os.path.join(root, dir))
    return folders
from torch.utils.data import DataLoader, Dataset


def list_files(path):
    files = []
    for item in os.listdir(path):
        file = os.path.join(path, item)
        if os.path.isfile(file):
            files.append(file)
    return files


#这里作者使用自定义的数据集存放位置，读者可以改成自己所对应的语音数据集位置
dataset_path = "D:/语音识别_数据集/Aidatatang_200zh/dataset"

folders = list_folders(dataset_path)    #获取了所有文件夹

for folder in tqdm(folders):
    _files = list_files(folder)
    for _file in _files:
        if _file.endswith("txt"):
            with open(_file,encoding="utf-8") as f:
```

```
                            line = f.readline().strip()
```

其中，folders是Aidatatang_200zh目录下的所有文件夹，list_folders的作用是对每个文件夹进行重新读取。

接下来，一个非常重要的内容是建立相应的字库文件，我们可以在读取全部文本数据之后使用set结构对每个字符进行存储。

```
vocab = set()
...
for folder in tqdm(folders):
    _files = list_files(folder)
    for _file in _files:
        if _file.endswith("txt"):
            with open(_file,encoding="utf-8") as f:
                line = f.readline().strip()
                for char in line:
                    vocab.add(char)
vocab = list(sorted(vocab))
```

为了节省时间，作者在代码中提供了整理好的字库，部分内容与格式如下：

```
vocab = [' ','→','←', 'A', 'B', 'C', 'D', 'E', 'F', 'G', 'H', 'I
```

字库总量为4080个字符，特别使用'→'与'←'来表示文本的开始与结束。

11.3.2   音频特征的提取与融合

梅尔频谱作为音频提取的主要方法，其作用在于对提取的音频信号进行高效的转换与分析。通过模拟人类听觉系统的特性，梅尔频谱能够将复杂的音频数据转换为易于处理和解读的频域表示，从而揭示出音频信号中的关键特征和潜在结构。这种转换不仅有助于简化音频处理流程，还能提高特征提取的准确性和效率，为后续的音频识别、分类和合成等任务奠定坚实基础。因此，梅尔频谱在音频处理领域具有广泛的应用价值，是研究人员和工程师们不可或缺的工具之一。

梅尔频谱的独特之处在于其基于梅尔刻度的频率划分方式。与传统的线性频率刻度相比，梅尔刻度更符合人类听觉系统对频率的感知特性。在梅尔频谱中，低频段的分辨率较高，能够捕捉到更多的细节信息，而高频段的分辨率则相对较低，以适应人类对高频声音的不敏感性。这种特性使得梅尔频谱在处理具有丰富低频成分的音频信号时表现出色，如语音和音乐等。

此外，梅尔频谱还具有良好的抗噪性能和稳定性。在音频信号受到噪声干扰或质量下降时，梅尔频谱仍能有效地提取出有用的特征信息，保持较高的识别准确率。这使得梅尔频谱在实际应用中具有更强的健壮性和可靠性，能够满足各种复杂场景下的音频处理需求。

基于librosa库完成的特征信号提取，其代码如下：

```
# 计算梅尔频率图
def compute_melspec(y, sr, n_mels, fmin, fmax):
    """
    :param y:传入的音频序列，每帧的采样
    :param sr: 采样率
    :param n_mels: 梅尔滤波器的频率倒谱系数
```

```
    :param fmin: 短时傅里叶变换(STFT)的分析范围 min
    :param fmax: 短时傅里叶变换(STFT)的分析范围 max
    :return:
    """
    # 计算Mel频谱图的函数
    melspec = lb.feature.melspectrogram(y=y, sr=sr, n_mels=n_mels, fmin=fmin, fmax=fmax)
# (128, 1024) 这个是输出一个声音的频谱矩阵
    # 是Python中用于将音频信号的功率值转换为分贝(dB)值的函数
    melspec = lb.power_to_db(melspec).astype(np.float32)

    # 计算MFCC
    mfccs = lb.feature.mfcc(S=melspec)

    return melspec,mfccs
```

从上面的代码可以看到，我们通过梅尔频谱获取到了梅尔特征以及梅尔频率倒谱系数，这是从不同的角度对语音特征进行提取。

接下来，我们希望将提取到的特征进行融合，具体的融合方式可以在数据特征输入模型之前完成，即在进行特征提取后，经过一个正则化处理，使用在特定维度拼接的方式完成，代码如下：

```
    # 对输入的频谱矩阵进行正则化处理
    def mono_to_color(X, eps=1e-6, mean=None, std=None):
        mean = mean or X.mean()
        std = std or X.std()
        X = (X - mean) / (std + eps)
        _min, _max = X.min(), X.max()
        if (_max - _min) > eps:
            V = np.clip(X, _min, _max)
            V = 255. * (V - _min) / (_max - _min)
            V = V.astype(np.uint8)
        else:
            V = np.zeros_like(X, dtype=np.uint8)
        return V
    ...
    def audio_to_image(audio, sr, n_mels, fmin, fmax):
        melspec,mfccs = compute_melspec(audio, sr, n_mels, fmin, fmax)    #(128, 688)
        melspec = mono_to_color(melspec)
        mfccs = mono_to_color(mfccs)
        spec = np.concatenate((melspec, mfccs), axis=0)
        return spec
```

这里需要注意，我们获取到的音频特征，由于其采样的方式不同，其数值大小也千差万别。因此，在进行concatenate拼接之前，需要进行正则化处理。

获取数据的完整代码如下：

```
    from tqdm import tqdm
    import os

    # 这个是列出所有目录下文件夹的函数
    def list_folders(path):
```

```python
    """
    列出指定路径下的所有文件夹名
    """
    folders = []
    for root, dirs, files in os.walk(path):
        for dir in dirs:
            folders.append(os.path.join(root, dir))
    return folders
from torch.utils.data import DataLoader, Dataset

def list_files(path):
    files = []
    for item in os.listdir(path):
        file = os.path.join(path, item)
        if os.path.isfile(file):
            files.append(file)
    return files


dataset_path = "D:/语音数据库/Aidatatang_200zh"
#dataset_path = "../dataset/Aidatatang_200zh/"
folders = list_folders(dataset_path)
folders = folders[:5]


max_length = 18
sampling_rate = 16000
wav_max_length = 22#这里的计数单位是秒
context_list = []
token_list = []
wav_image_list = []


for folder in tqdm(folders):
    _files = list_files(folder)
    for _file in _files:
        if _file.endswith("txt"):#_file =
"D:/Aidatatang_200zh/G0084/T0055G0084S0496.txt"
            with open(_file,encoding="utf-8") as f:
                line = f.readline().strip()
                if len(line) <= max_length:

                    wav_name = _file.replace("txt", "wav")
                    # 这里均值是 1308338,0.8中位数是1730351，所以采用了中位数的部分
                    audio, orig_sr = sf.read(wav_name, dtype="float32")
                    audio = sound_untils.crop_or_pad(audio, length=sampling_rate *
wav_max_length)  # 作者的想法是把audio做一个整体输入，在这里所有的都做了输入
                    wav_image = sound_untils.audio_to_image(audio, sampling_rate, 128, 0,
sampling_rate//2) #输出的是(128, 688)

                    wav_image_list.append(wav_image)
                    #token_list.append(token)
```

```
np.save("./saver/wav_image_list.npy",wav_image_list)
```

这里为了加速模型的训练，我们首先读取了音频，并创建了融合后的音频特征，将其进行存储。为了将数据输入模型中，还需要实现torch.utils.data.Dataset数据类。代码如下：

```
class TextSamplerDataset(torch.utils.data.Dataset):
    def __init__(self, token_list = token_list,wav_image_list = wav_image_list):
        super().__init__()
        self.token_list = token_list
        self.wav_image_list = wav_image_list

    def __getitem__(self, index):
        token = self.token_list[index]
        token = torch.tensor(token).long()
        token_inp, token_tgt = token[:-1], token[1:]

        wav_image = self.wav_image_list[index]#sound_untils.audio_to_image(audio,
sampling_rate, 128, 0, sampling_rate//2) #输出的是(128, 688)
        wav_image = torch.tensor(wav_image,dtype=torch.float).float()

        return token_inp,wav_image,token_tgt

    def __len__(self):
        return len(self.token_list)
```

11.3.3　基于生成模型的端到端语音识别任务

我们需要完成的是基于端到端的语音识别任务，特别是使用生成模型将输入的语音特征转换为文本内容，遇到的第一个问题是如何将可变的生成文本与语音特征信号进行融合。

首先，我们采用将语音特征压缩特性的方式进行融合，即将多维的语音特征压缩成一维后与输入的可变长度的文本信息相加后进行处理，代码如下：

```
class ReshapeImageLayer(torch.nn.Module):
    def __init__(self):
        super().__init__()
        self.reshape_layer = torch.nn.Linear(688,model_cfg.dim * 2)

        self.norm = layers.LayerNorm(model_cfg.dim * 2)
        self.act = layers.SwiGLU()

    def forward(self,image):
        image = self.reshape_layer(image)
        image = self.norm(image)
        image = self.act(image)

        image = torch.permute(image,[0,2,1])
        image = torch.nn.AdaptiveAvgPool1d(1)(image)
        image = torch.permute(image,[0,2,1])

        return image
```

上面的代码创建了一个简单的卷积层对信号进行提取，之后通过AvgPool对特征进行压缩，在调整维度后进行返回。

对于生成模型来说，其核心是采用注意力机制建立跨区域关注。因此，我们可以在创建因果掩码后完成生成模型的设计。代码如下：

```python
class GLMSimple(torch.nn.Module):
    def __init__(self,dim = model_cfg.dim,num_tokens = model_cfg.num_tokens,device =
all_config.device):
        super().__init__()
        self.num_tokens = num_tokens
        self.causal = model_cfg.causal
        self.device = device

        self.token_emb = torch.nn.Embedding(num_tokens,dim)
        self.layers = torch.nn.ModuleList([])

        for _ in range(model_cfg.depth):
            block = GLMBlock()
            self.layers.append(block)

        self.to_logits = torch.nn.Linear(dim, num_tokens, bias=False)
        self.reshape_layer = ReshapeImageLayer()
        self.merge_norm = layers.LayerNorm(dim)

    def forward(self,x,image = None):
        if not self.causal:
            mask = x > 0
            x = x.masked_fill(~mask, 0)
        else:
            mask = None
        x = self.token_emb(x)

        image = self.reshape_layer(image)

        for layer in self.layers:
            x += image
            x = self.merge_norm(x)
            x = x + layer(x, mask = mask)

        x = torch.nn.Dropout(0.1)(x)
        logits = self.to_logits(x)

        return logits
```

在上面的代码中，**GLMBlock**是我们实现的经典的因果注意力模型，目的是将向量化处理后的可变文本特征与一维的语音特征相加后，输入因果注意力模型进行计算。

为了配合因果注意力机制的输入，对于文本的最终输入，我们也可以采用比较巧妙的设计，代码如下：

```python
@torch.no_grad()
```

```
def generate(
    self, seq_len, image=None, temperature=1., filter_logits_fn=top_k,
    filter_thres=0.99, pad_value=0., eos_token=2,
return_seq_without_prompt=True, #这个的作用是在下面随机输出的时候，把全部的字符输出
    ):

    # 这里是后加上去的，输入进来可以是list
    image = torch.tensor(image,dtype=torch.float).float()
    image = torch.unsqueeze(image,dim=0)
    image = image.to(self.device)

    prompt = torch.tensor([1])
    prompt = prompt.to(self.device)

    prompt, leading_dims = pack([prompt], '* n')

    n, out = prompt.shape[-1], prompt.clone()

    #wrapper_fn = identity if not use_tqdm else tqdm
    sample_num_times = max(1, seq_len - prompt.shape[-1])

    for _ in (range(sample_num_times)):
        logits = self.forward(out,image)
        logits = logits[:, -1]

        sample = gumbel_sample_once(logits, temperature=temperature, dim=-1)

        out, _ = pack([out, sample], 'b *')
        if exists(eos_token):
            is_eos_tokens = (out == eos_token)

            if is_eos_tokens.any(dim=-1).all():
                break

    out, = unpack(out, leading_dims, '* n')
    if not return_seq_without_prompt:
        return out

    return out[..., n:]
```

在上面的代码中，我们采用generate函数来产生输入的文本内容，随后通过逐个添加字符的方式逐步扩充已有文本信息，进而利用下一个字符的预测来完成最终结果的构建。

11.3.4 端到端语音识别任务的训练与预测

本小节将使用定义好的模型完成端到端的语音识别任务的训练与预测。训练代码比较简单，即使用预先定义的Dataset实现类对数据进行读取，之后将结果输入模型中即可，代码如下：

```
import os
os.environ["CUDA_VISIBLE_DEVICES"] = "0"
```

```python
from tqdm import tqdm

import torch
from torch.utils.data import DataLoader

# constants
LEARNING_RATE = 2e-4
BATCH_SIZE = 32

# helpers
from 第13章_speed2text import all_config
model_cfg = all_config.ModelConfig
device = model_cfg.device

from 第13章_speed2text.module import glm_model_1 as glm_model
model = glm_model.GLMSimple(num_tokens=model_cfg.vocab_size,dim=model_cfg.dim)
model.to(device)

from 第13章_speed2text.语音_文本生成 import get_data

train_dataset = get_data.TextSamplerDataset()
train_loader = (DataLoader(train_dataset,
batch_size=BATCH_SIZE,shuffle=True,num_workers=0))

save_path = "./saver/glm_generator.pth"
#model.load_state_dict(torch.load(save_path))

optimizer = torch.optim.AdamW(model.parameters(), lr = LEARNING_RATE)
lr_scheduler = torch.optim.lr_scheduler.CosineAnnealingLR(optimizer,T_max =
2400,eta_min=2e-6,last_epoch=-1)
criterion = torch.nn.CrossEntropyLoss()

if __name__ == '__main__':
    for epoch in range(128 * 3):
        pbar = tqdm(train_loader,total=len(train_loader))
        for token_inp,wav_image,token_tgt in pbar:
            token_inp = token_inp.to(device)
            wav_image = wav_image.to(device)
            token_tgt = token_tgt.to(device)
            logits = model(token_inp,wav_image)
            loss = criterion(logits.view(-1, logits.size(-1)), token_tgt.view(-1))

            optimizer.zero_grad()
            loss.backward()
            optimizer.step()
            lr_scheduler.step()  # 执行优化器
            pbar.set_description(f"epoch:{epoch +1}, train_loss:{loss.item():.5f},
lr:{lr_scheduler.get_last_lr()[0]*1000:.5f}")
        if (epoch + 1) % 99 == 0:
            torch.save(model.state_dict(), save_path)
```

```
torch.save(model.state_dict(), save_path)
```

在上面代码的预测部分，由于我们在generate函数中预定义了起始符，因此在生成时不需要额外添加内容，只要完成语音信号的读取即可。读者可通过直接运行本书配套代码库中所提供的代码，即可完成模型的训练过程。

11.4　基于 PyTorch 的数据处理与音频特征融合

在11.3节中，我们使用了Aidatatang_200zh数据集和其他一些中文音频数据集用于训练和尝试。除使用librosa库对音频特征进行提取外，PyTorch本身也给我们准备了一套音频特征提取函数，可以用来完成特征的提取与融合。本节将对此进行讲解。

11.4.1　THCHS30 数据集的处理

首先将下载好的THCHS30数据集解压，如图11-9所示。

图 11-9　解压后的 THCHS30 数据集包含的内容

其中，train与test是划分好的训练集与测试集，而data数据集包含所有语音与文本部分。在本章的示例中，我们主要对其进行处理。data文件夹如图11-10所示。

图 11-10　语音与文本文件

可以看到，data文件夹中包括wav后缀的语音文件，以及trn结尾的文本文件，分别为原始的语音以及对应的文本内容，示例如下：

```
绿 是 阳春 烟 景 大块 文章 的 底色 四月 的 林 峦 更是 绿 得 鲜活 秀媚 诗意 盎然
    lv4 shi4 yang2 chun1 yan1 jing3 da4 kuai4 wen2 zhang1 de5 di3 se4 si4 yue4 de5 lin2
luan2 geng4 shi4 lv4 de5 xian1 huo2 xiu4 mei4 shi1 yi4 ang4 ran2
```

```
    l v4 sh ix4 ii iang2 ch un1 ii ian1 j ing3 d a4 k uai4 uu un2 zh ang1 d e5 d i3 s e4
s iy4 vv ve4 d e5 l in2 l uan2 g eng4 sh ix4 l v4 d e5 x ian1 h uo2 x iu4 m ei4 sh ix1 ii
i4 aa ang4 r an2
```

11.4.2　基于 torchaudio 的音频预处理

首先进行音频的预处理。使用torchaudio这个与PyTorch紧密集成的音频处理库，我们可以轻松地实现音频数据的读取与初步处理。

原始音频数据以一维张量的形式展现，涵盖音频内的全部采样与特征信息。然而，问题在于深度学习模型无法直接处理这种原始音频数据，或者说，模型难以解析这样的数据形式。因此，我们必须对原始音频数据进行维度转换，以确保其满足深度学习模型的输入需求。

当前，对音频的主流处理方法有以下两种。

- 间接特征提取法：首先提取原始音频的底层人工特征，例如MFCC（Mel Frequency Cepstral Coefficients，梅尔频率倒谱系数）或FBank（Filter Bank，滤波器组特征）。这些特征可以通过直接计算获得，无须经过神经网络。随后，这些特征会通过一个特征提取器进行进一步处理，最终传递给Transformer的编码器。
- 直接特征提取法：使用特征提取器直接从原始音频中提取特征，然后将其送入Transformer编码器。

这两种方法各有优势，没有绝对的好坏之分。这里选择第一种方法。具体来说，当我们获得一个原始音频文件时，首先利用torchaudio进行读取，然后计算其FBank特征，这是一种人为定义的特征，能够捕捉到音频的特定属性。最后，我们将提取MFCC特征，通过将两种特征进行融合，更好地从不同角度完成对特征的提取并进行语音识别工作。

1. torchaudio的安装

torchaudio常用于读取音频，对于第一次安装这个库的读者来说，由于可能会缺乏响应的支撑库，在运行时可能会报错，如下所示：

```
    raise RuntimeError(f"Couldn't find appropriate backend to handle uri {uri} and format
{format}.")
    RuntimeError: Couldn't find appropriate backend to handle uri
C:/Users/xiaohua/Desktop/data_thchs30/data/A11_0.wav and format None.
```

这是因为在初始执行时缺乏相应的后端代码，我们可以安装对应的后端支持，如下所示：

```
    pip install soundfile pysoundfile
```

使用torchaudio读取WAV音频文件的简单代码如下：

```
    import torchaudio
    import torch

    # 读取音频文件
    waveform, sample_rate = torchaudio.load('C:/Users/xiaohua/Desktop/
data_thchs30/data/A11_0.wav')
```

其中，waveform是读取到的音频信号，而sample_rate是采样率。在本章的示例中，我们采用的

THCHS30数据集的采样率是相同的，即每秒的采样率为16 000Hz。

2. 限定长度音频的读取与词库的切分

接下来是音频长度的读取。为了便于学习，我们限定音频长度在15秒以内的语音才会被记录并用于训练。由于样本的采样率为16 000Hz，因此我们要求音频的总采样点数小于16 000×15。完整的音频预处理代码如下：

```python
# 导入torchaudio和torch库，用于音频处理和深度学习模型
import torchaudio,torch
import os

# 设置数据集的文件夹路径
folder_path = "C:/Users/xiaohua/Desktop/data_thchs30/data"
# 设置WAV文件的最大长度（单位是采样点数）
max_wav_length = 16000 * 15

# 设置上下文文本和WAV文件的保存路径
context_path = "./dataset/contxt.txt"
wav_path = "./dataset/wav_file.txt"
# 打开上下文文本文件和WAV文件，准备写入
context_file = open(context_path,"w",encoding="utf-8")
wav_file = open(wav_path,"w",encoding="utf-8")

# 使用os.walk遍历文件夹路径下的所有文件
for root, dirs, files in os.walk(folder_path):
    for file in files:
        # 检查文件是否为WAV格式
        if file.endswith(".wav"):
            # 构建完整的WAV文件路径
            _wav_path = (os.path.join(root, file)).replace("\\","/")
            # 使用torchaudio加载WAV文件
            wav, sr = torchaudio.load(_wav_path)
            # 只取WAV文件的第一个通道（如果是立体声的话）
            wav = wav[0]
            # 如果WAV文件的长度不超过最大长度，则进行处理
            if len(wav) <= max_wav_length:
                # 将WAV文件的路径写入wav_file文件中
                wav_file.write(_wav_path)
                wav_file.write("\n")

                # 构建对应的文本文件路径
                text_file = _wav_path + ".trn"
                # 打开文本文件并读取第一行文本
                with open(text_file,"r",encoding="utf-8") as f:
                    text = f.readlines()[0].split("\n")[0].replace(" ","")
                        text = "@" + text + "#"
                # 将文本写入context_file文件中
                context_file.write(text)
                context_file.write("\n")
```

```
# 导入sentencepiece库，用于文本的分词处理
import sentencepiece as spm
# 使用sentencepiece训练一个分词模型
spm.SentencePieceTrainer.Train(f'--input={context_path}
--model_prefix=./dataset/my_model --vocab_size=4500')
```

上面代码的主要功能是遍历指定文件夹下的所有WAV文件，检查它们的长度是否符合要求，如果符合，则将WAV文件的路径和对应的文本内容分别写入两个文件中。最后，使用sentencepiece库来训练一个分词模型，以便后续的文本处理。

为了处理文本的起始与结尾，我们分别在文本的起始和结尾加上了起始符和结尾符，这种对文本的处理方法也是我们使用解码器对文本进行解码所需要的方式。

11.4.3　基于不同角度的音频特征获取和简单融合

在11.4.2节中，我们完成了音频的判定以及对应文本的获取，11.4.3节将从不同的方向对语音文件进行获取。使用torchaudio库对音频文件进行读取是一项比较繁重的工作，在使用torch中的Dataset类对音频文件进行获取时，可能会造成程序运行过慢的问题，因此我们可以采用先将音频文件转换为特征向量存储后再读取的方式来加快模型的训练速度，此时音频预处理的代码如下：

```
import torchaudio,torch
import os
from tqdm import tqdm
from torch.utils.data import Dataset
import tokenizer

wav_file_path = "./dataset/wav_file.txt"
with open(wav_file_path, "r", encoding="utf-8") as f:
    lines = f.readlines()

max_wav_length = 16000 * 15
feats_list = []
for wav_file in tqdm(lines):
    wav_file = wav_file.strip()
    # 读取音频文件
    waveform, sample_rate = torchaudio.load(wav_file)
    # 获取当前waveform的长度
    current_length = waveform.size(1)

    # 如果当前长度小于最大长度，则填充零
    if current_length < max_wav_length:
        padding = torch.zeros((waveform.size(0), max_wav_length - current_length),
dtype=waveform.dtype,device=waveform.device)
        waveform = torch.cat((waveform, padding), dim=1)
    # 如果当前长度大于最大长度，则截断
    elif current_length > max_wav_length:
        waveform = waveform[:, :max_wav_length]

    fbank_feats = torchaudio.compliance.kaldi.fbank(waveform, num_mel_bins=80)
    mfcc_feats = torchaudio.compliance.kaldi.mfcc(waveform)
```

```
feats = torch.concat([fbank_feats, mfcc_feats], dim=-1).float()
feats_list.append(feats)

import pickle
with open("./dataset/wav_file.pkl","wb") as f:
    pickle.dump(feats_list,f)
```

在上面的代码中，我们根据11.4.2节音频长度的判断完成了特征的读取与准备，之后为了简便，使用torch.concat函数将来自不同特征的向量进行连接，最后使用pickle类对其进行存储。

修改后的文件读取代码如下：

```
class WAVDataset(Dataset):
    def __init__(self,wav_file_path = "./dataset/wav_file.pkl",contxts_path =
"./dataset/contxt.txt"):

        with open(wav_file_path, "rb") as f:
            loaded_feats = pickle.load(f)

        with open(contxts_path,"r",encoding="utf-8") as f:
            contxts = f.readlines()

        self.feats = loaded_feats
        self.contxts = [line.strip() for line in contxts]

        self.tokeninzer = tokenizer.Tokenizer()
        self.max_wav_length = 16000 * 15
        self.max_text_length = 60

    def __len__(self):
        return len(self.contxts)

    def __getitem__(self, index):
        text = "_" + self.contxts[index]
        token = self.tokeninzer.encode(text)
        token = token[:self.max_text_length] + [0] * (self.max_text_length - len(token))

        feats = self.feats[index]
        token = torch.tensor(token).long()

        return feats,token
```

从上面的代码可以看到，我们直接读取了特征feats与文本内容，在进行编码处理后，返回作为模型训练的数据准备内容。

此时需要注意的是，为了便于标识文本的起始位置，我们在每个文本 text 之前额外添加了一个起始符 "_"，用以显式表示文本的起始。这一点请读者留意。

11.4.4 关于特征融合的讲解

在11.4.3节中，我们通过简单的方法对读取的特征进行融合，即使用torch.concat函数在最后一个维度进行"叠加"处理。相对来说，这是最简单的一种融合方法，即在把特征数据输入模型之前先进行了处理。

除此之外，我们还有更多的特征融合方法，即通过交叉注意力方式，或者在模型中使用卷积对维度进行变换后进行直接相加的方式对特征进行融合。具体选择哪种处理方法，读者可以根据数据的定义和读取方法进行权衡。

11.5　用于特征融合的交叉注意力

在前面的章节中，我们已经探讨了基本的特征融合技巧。从技术实现的角度来看，我们采取了先进行"池化"压缩的策略，将多维的特征信号降至一维，随后与输入的文本向量进行叠加，以此实现特征的有效融合。

如果从信息容量的角度来审视这一方法，我们不难发现，经过压缩的语音特征向量在这个过程中可能会损失大量的特征细节。换句话说，压缩过程中可能只保留了有限的信号信息，这无疑会影响到后续分析和处理的精确性。为了缓解这一问题，我们可以考虑采用更精细的特征提取方法，或者在压缩过程中引入更先进的算法，以确保在降低维度的同时，能够最大限度地保留原始特征中的有效信息。此外，我们还可以通过实验和验证来不断优化特征融合的策略，以期在保证处理效率的同时，尽可能减少信息的损失，从而提升整体系统的性能。

我们进行特征融合的主要方法是交叉注意力（Cross-Attention），交叉注意力机制的作用在于实现不同信息源之间的有效交互与融合。通过这种机制，模型能够同时关注并处理来自多个不同来源的信息，从而捕获到更全面和更丰富的特征表示。交叉注意力示意如图11-11所示。

图 11-11　交叉注意力示意

具体来说，交叉注意力允许模型在处理某一特定信息时，参考并利用其他相关信息源中的有用信息，以增强对当前信息的理解和表示能力。这种跨信息源的交互方式，有助于模型在复杂任务中做出更准确和全面的决策，提升模型的整体性能。因此，交叉注意力机制在自然语言处理、计算机视觉等领域中得到了广泛应用，并展现出了显著的效果。

11.5.1　交叉注意力详解

交叉注意力机制是一种强大的工具，用于挖掘并整合两个不同序列间的深层语义关系。这一机制的核心在于，它能够在两个不同的输入序列之间建立一种精细的关联度计算和加权求和体系。详细地说，当我们面对两个输入序列时，交叉注意力会逐一审视其中一个序列的每个元素，并将其与另一个序列中的全部元素进行关联度的全面计算。随后，基于这些计算出的关联度，机制会对两个序列的元素执行加权求和，从而生成新的、融合了双方信息的序列表示。

　　这种设计赋予模型一种独特的能力，即能够在不同序列之间建立起复杂而精确的关联关系，并将这些关系作为信息融合的基础。以机器翻译任务为例，为了精确地将源语言句子与目标语言句子进行对齐，我们需要一种机制来准确地捕捉并量化两个句子之间的各种对应关系。而交叉注意力机制发挥了关键作用，它能够通过计算两个句子间的注意力权重，为我们提供一种直观且高效的对齐手段。交叉注意力的应用如图11-12所示。

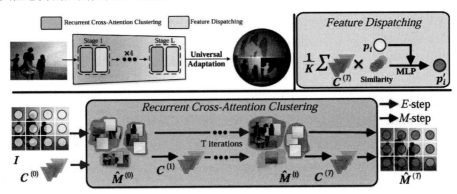

图 11-12　交叉注意力的应用

　　具体来看，交叉注意力机制是一种特殊形式的多头注意力，它将输入张量拆分成两个部分 query $\in R^{n,d1}$ 以及 context $\in R^{n,d2}$，然后将其中一部分作为查询集合，另一部分作为键值集合。它的输出是一个大小为 $[n,d2]$ 的张量，对于每个行向量，都给出了它对于所有行向量的注意力权重。交叉注意力的简单实现代码如下：

```python
import torch
import torch.nn as nn
import torch.nn.functional as F

class CrossAttention(nn.Module):
    def __init__(self, embed_dim, hidden_dim, num_heads):
        super(CrossAttention, self).__init__()
        self.embed_dim = embed_dim
        self.hidden_dim = hidden_dim
        self.num_heads = num_heads

        self.query_proj = nn.Linear(embed_dim, hidden_dim * num_heads)
        self.key_proj = nn.Linear(embed_dim, hidden_dim * num_heads)
        self.value_proj = nn.Linear(embed_dim, hidden_dim * num_heads)

        self.out_proj = nn.Linear(hidden_dim * num_heads, embed_dim)

    def forward(self, query, context):
        """
        query: (batch_size, query_len, embed_dim)
        context: (batch_size, context_len, embed_dim)
        """
        batch_size, query_len, _ = query.size()
```

```
        context_len = context.size(1)

        # Project input embeddings
        query_proj = self.query_proj(query).view(batch_size, query_len, self.num_heads,
self.hidden_dim)
        key_proj = self.key_proj(context).view(batch_size, context_len, self.num_heads,
self.hidden_dim)
        value_proj = self.value_proj(context).view(batch_size, context_len,
self.num_heads, self.hidden_dim)

        # Transpose to get dimensions (batch_size, num_heads, len, hidden_dim)
        query_proj = query_proj.permute(0, 2, 1, 3)
        key_proj = key_proj.permute(0, 2, 1, 3)
        value_proj = value_proj.permute(0, 2, 1, 3)

        # Compute attention scores
        scores = torch.matmul(query_proj, key_proj.transpose(-2, -1)) /
(self.hidden_dim ** 0.5)
        attn_weights = F.softmax(scores, dim=-1)

        # Compute weighted context
        context = torch.matmul(attn_weights, value_proj)

        # Concatenate heads and project output
        context = context.permute(0, 2, 1, 3).contiguous().view(batch_size, query_len,
-1)
        output = self.out_proj(context)

        return output, attn_weights

    # Example usage:
    embed_dim = 512
    hidden_dim = 64
    num_heads = 8

    cross_attention = CrossAttention(embed_dim, hidden_dim, num_heads)

    # Dummy data
    batch_size = 2
    query_len = 10
    context_len = 20

    query = torch.randn(batch_size, query_len, embed_dim)
    context = torch.randn(batch_size, context_len, embed_dim)

    output, attn_weights = cross_attention(query, context)
    print(output.size())  # Should be (batch_size, query_len, embed_dim)
    print(attn_weights.size())  # Should be (batch_size, num_heads, query_len,
context_len)
```

在上面的代码中，类的初始化函数 __init__ 接收3个主要参数：embed_dim（嵌入维度）、hidden_dim

（隐藏维度）和num_heads（头数）。基于这些参数，它初始化了4个线性层：3个用于将输入（query、key、value）投影到隐藏空间，还有一个用于将多头注意力的结果投影回原始嵌入维度。

前向传播函数forward接收两个输入参数：query和context，分别代表查询和上下文信息。函数首先对这两个输入进行线性变换，并将结果重塑以适应多头注意力的结构。然后，它计算查询和键之间的注意力分数，并通过softmax函数归一化这些分数以获得注意力权重。接下来，使用这些权重对值进行加权求和，得到每个查询位置上的上下文向量。最后，函数将不同头的上下文向量合并，并通过输出线性层将其投影回原始嵌入维度。

可以看到，CrossAttention类实现了一个典型的多头交叉注意力机制，该机制在自然语言处理和其他序列处理任务中广泛应用。通过注意力机制，模型能够动态地聚焦于输入序列中的不同部分，从而更有效地捕获和利用上下文信息。在这个实现中，注意力机制是通过计算查询和键之间的相似度（即注意力分数），并使用这些分数对值进行加权求和来实现的。

11.5.2　带有掩码的交叉注意力

在文本生成任务中，对于输入的不同长度，我们通常是通过补零的形式来完成文本长度的对齐的。但是，这种对齐方法在计算交叉注意力时会引入不必要的噪声和计算量，因为零值位置实际上并不包含任何有意义的信息。为了解决这个问题，我们引入了带有掩码的交叉注意力机制。

带有掩码的交叉注意力机制能够有效地忽略输入序列中的零值位置，从而只关注真正有意义的内容。具体来说，我们通过一个掩码矩阵来指示哪些位置是有效的，哪些位置是填充的零值。在计算注意力分数时，我们将掩码矩阵应用于查询和键的乘积结果上，以确保填充位置不会对注意力权重的分配产生任何影响。

因此，带有掩码的交叉注意力机制能够显著提高文本生成任务的性能和效率。它不仅能够减少计算量，而且还能够避免模型对填充位置的错误关注，从而更加准确地捕捉输入序列中的重要信息。这种机制在自然语言处理领域具有广泛的应用前景，有望为各种文本生成任务带来进一步的改进和提升。

带有掩码的交叉注意力还可以增强模型的健壮性。在真实的文本数据中，通常存在各种噪声和不规范输入，如拼写错误、缺失词汇等。通过合理地设计掩码，我们可以使模型更加专注于文本的核心内容，减少对这类噪声的敏感性，从而提升模型在复杂场景下的表现。带有掩码的交叉注意力实现代码如下：

```
def cross_attention(embedding, image, pad_mask):
    # 保留原始embedding，用于后续的残差连接
    residual = embedding

    # 扩展pad_mask的维度，以适应后续的注意力权重计算
    # pad_mask的形状从[b, l]变为[b, 1, l, w]，其中b是batch_size，l是embedding长度，w是image宽度
    pad_mask = pad_mask.unsqueeze(-1).repeat(1, 1, image.shape[1]).unsqueeze(1)

    # 使用einops库重新排列embedding和image的维度，以适应多头注意力机制
    # embedding的形状从[b, l, h*d]变为[b, h, l, d]，其中h是头数，d是每个头的维度
    # image的形状从[b, w, h*d]变为[b, h, w, d]
    embedding = einops.rearrange(embedding, 'b l (h d) -> b h l d', h=self.head_num)
    image = einops.rearrange(image, 'b w (h d) -> b h w d', h=self.head_num)
```

```
# 计算注意力权重，使用torch.einsum进行高效的矩阵乘法
# att_weights的形状为[b, h, l, w]
att_weights = torch.einsum('b h l d, b h w d -> b h l w', embedding, image) * (self.dim
** -0.5)

# 使用pad_mask将填充位置的注意力权重设置为一个非常小的值（-1e9），以确保在softmax后这些位置
的权重接近0
att_weights = att_weights.masked_fill(pad_mask, -1e9)

# 对注意力权重进行softmax归一化，使得每个位置的权重之和为1
att_weights = F.softmax(att_weights, dim=-1)

# 根据注意力权重对image进行加权求和，得到新的embedding表示
# 新的embedding形状为[b, h, l, d]
embedding = torch.einsum('b h l w, b h w d -> b h l d', att_weights, image)

# 将新的embedding重新排列回原始形状，并加上残差连接
# 输出embedding的形状为[b, l, h*d]
embedding = residual + einops.rearrange(embedding, 'b h l d -> b l (h d)')

    return embedding
```

在上面的代码中，cross_attention函数实现了交叉注意力机制，这是一种允许文本Embedding（作为查询，即query）与图像数据（同时作为键和值，即key和value）进行信息交互的方法。这种机制在跨模态任务中非常重要，比如视觉问答、图像描述生成等场景，它能够帮助模型更准确地理解图像与文本之间的关联。

cross_attention函数借助einops库来灵活地重新排列张量的维度。这一步对于适应多头注意力机制的计算至关重要，因为它允许模型在同一时间处理多个注意力"头"，每个头都可以独立地学习不同的注意力模式。通过这种维度变换，模型能够更有效地捕捉和融合来自不同模态的信息。

此外，pad_mask的作用也不可忽视。在文本处理中，由于句子长度的不一致性，通常需要对较短的句子进行填充（padding）以达到批处理所需的统一长度。然而，这些填充位置并不包含有效的信息，因此在计算注意力时不应被考虑。在上面的代码中，我们所使用的mask是对作为query的文本部分进行处理，而音频特征被完整地保留，具体实现的完整代码如下：

```
# 定义一个规则：将 token_inps 中值为 0 的部分标记为 true，并将其作为 mask
# 这里将 mask 扩充为3D 形状[b,l,1]
pad_mask = token_inps.eq(0)
pad_mask = pad_mask.unsqueeze(-1).repeat(1, 1, image.shape[1]).unsqueeze(1)
```

pad_mask正是用来标识这些填充位置的，它确保在softmax归一化过程中，这些位置的注意力权重被极大地抑制（接近0），从而防止它们对最终结果产生误导性的影响。

最后，该函数输出了一个经过交叉注意力机制增强后的Embedding。这个Embedding不仅保留了原始文本的信息，还融入了与图像数据相关的上下文信息，使得模型在后续任务中能够做出更准确和更全面的判断。这种跨模态的信息融合方法，对于提升多模态内容的理解和生成能力具有重要意义。

11.5.3　完整的带有掩码的交叉注意力端到端语音识别

至此，我们完整实现了带有掩码的交叉注意力端到端语音识别的功能，代码如下：

```python
from 第13章_speed2text import all_config
model_cfg = all_config.ModelConfig

from 第13章_speed2text.module import blocks
class GLMSimple(torch.nn.Module):
    def __init__(self,dim = model_cfg.dim,num_tokens = model_cfg.num_tokens,device = all_config.device):
        super().__init__()
        self.num_tokens = num_tokens
        self.causal = model_cfg.causal
        self.device = device
        self.head_num = model_cfg.head_num
        self.token_emb = torch.nn.Embedding(num_tokens,dim)
        self.layers = torch.nn.ModuleList([])
        self.dim = model_cfg.dim

        self.reshape_layer = torch.nn.Linear(688,model_cfg.dim)
        self.cross_head_talk = torch.nn.Conv2d(self.head_num,self.head_num,kernel_size=1)
        for _ in range(model_cfg.depth):
            block = blocks.ResidualAttention(dim,self.head_num)
            self.layers.append(block)

        self.norm = torch.nn.RMSNorm(dim)
        self.to_logits = torch.nn.Linear(dim, num_tokens, bias=False)

    def forward(self,token_inps,image = None):

        image = self.reshape_layer(image)
        embedding = self.token_emb(token_inps)

        # 定义一个规则：将 token_inps 中值为0的部分标记为 true，并将其作为 mask
        # 这里将 mask 扩充为3D 形状[b,1,1]
        pad_mask = token_inps.eq(0)

        embedding = self.cross_attention(embedding,image,pad_mask)
        for id,layer in enumerate(self.layers):
            embedding = self.norm(embedding)
            embedding = layer(embedding)

        embedding = torch.nn.Dropout(0.1)(embedding)
        logits = self.to_logits(embedding)

        return logits

    def cross_attention(self,embedding,image,pad_mask):
        residual = embedding
```

```
            pad_mask = pad_mask.unsqueeze(-1).repeat(1, 1, image.shape[1]).unsqueeze(1)

            embedding = einops.rearrange(embedding,'b l (h d) -> b h l d',h = self.head_num)
            image = einops.rearrange(image,'b w (h d) -> b h w d',h = self.head_num)

            att_weights = torch.einsum('b h l d,b h w d-> b h l w', embedding, image) * (self.dim
** -0.5)
            att_weights = self.cross_head_talk(att_weights)
            att_weights = att_weights.masked_fill(pad_mask, -1e9)
            att_weights = F.softmax(att_weights, dim=-1)
            embedding = torch.einsum('b h l w, b h w d -> b h l d', att_weights, image)
            embedding = residual + einops.rearrange(embedding,'b h l d -> b l (h d)')

            return embedding

    @torch.no_grad()
    def generate(self,seq_len,image=None,temperature=1.,
filter_logits_fn=top_k, filter_thres=0.99,pad_value=0.,eos_token=2,
return_seq_without_prompt=True, #这个的作用是在下面随机输出的时候，把全部的字符输出
        ):

            # 这里是后加上去的，输入进来的可以是list
            image = torch.tensor(image,dtype=torch.float).float()
            image = torch.unsqueeze(image,dim=0)
            image = image.to(self.device)

            prompt = torch.tensor([[1]])
            prompt = prompt.to(self.device)

            input_ids = prompt
            for token_n in range(seq_len):
                with torch.no_grad():
                    indices_to_input = input_ids
                    next_token_logits= self.forward(indices_to_input,image)
                    next_token_logits = next_token_logits[:, -1]

                    probs = torch.nn.functional.softmax(next_token_logits, dim=-1)
                    next_indices = torch.argmax(probs, dim=-1)[:, None]

                    input_ids = torch.cat([input_ids, next_indices], dim=1)

            return input_ids
```

在上面的代码中，我们使用了9.4节中的数据输入基本维度，修正了特征融合的方式。相对于原有的因果自注意力部分，我们在自注意力之前额外添加了一个交叉注意力，代码如下：

```
embedding = self.cross_attention(embedding,image,pad_mask)
for id,layer in enumerate(self.layers):
    embedding = self.norm(embedding)
    embedding = layer(embedding)
```

从上面的代码可以看到，我们通过cross_attention将embedding与image进行融合，通过pad_mask显式标注了embedding的特征融合范围。然后，通过循环遍历模型中的各个层，对embedding进行标准化处理，并通过每一层进行进一步的处理。

在添加了交叉注意力之后，模型能够更好地理解和利用图像与文本嵌入之间的关系，从而提高了模型对复杂特征的捕捉能力。这种改进不仅有助于模型在处理多模态数据时更加准确，还能增强其泛化能力和健壮性。

在具体实现中，self.cross_attention函数负责实现交叉注意力的计算，它接收原始的embedding、相关的image数据以及用于指定特征融合范围的pad_mask。这个函数会返回一个融合了图像信息的新的embedding向量。

随后的for循环则是对这个新的embedding向量进行深层次的特征提取和转换。self.layers是一个基本的多头注意力模型，其作用是提取出更高级别的特征。而self.norm函数则用于在每层处理之前对embedding进行标准化，以确保数据的稳定性和一致性。

11.5.4　基于交叉注意力的端到端语音识别的训练与预测

本小节将着重介绍基于交叉注意力的端到端语音识别的训练与预测过程。在9.5.3节中，我们已成功构建了基本的端到端语音识别模型，并对模型生成部分进行了精简。具体来说，我们只提取输出文本的最后一个字符，并将其拼接到原始的输入文本之中，从而简化了处理流程。

关于其训练和预测环节，读者可以参照11.3.4节中详细的训练与预测代码实现。通过该节的详细讲解，我们能够深入理解如何将文本内容进行有效输出。在实际操作过程中，我们应密切关注模型的训练进展，以确保其能够精准地学习和识别语音信号，进而将这些信号准确转换为对应的文本输出。

此外，由于我们的模型现在融入了交叉注意力机制，这使得模型在处理语音信号时能够更精准地捕捉关键信息，从而提高语音识别的准确率和效率。在训练过程中，我们建议读者定期监控模型的性能指标，如识别准确率、训练损失等，以便及时调整训练策略，优化模型性能。

在预测阶段，通过输入语音信号，模型将能够快速、准确地生成对应的文本输出。这种基于交叉注意力的端到端语音识别方法，不仅简化了传统的语音识别流程，还提高了识别的准确性和效率，为语音识别技术的应用带来了更广阔的前景。

11.5.5　基于连接 concat 的端到端语音识别模型

交叉注意力机制的成功，关键在于将输入query直接与语音特征向量进行计算。借助引入的掩码pad_mask，我们能够精确地提取出所需的语音特征。这一方法的明显优势在于，它赋予我们根据具体输入文本内容来有针对性地提取相关语音特征的能力。由此，模型能够更准确地捕获到与文本内容紧密相连的语音信息，进而提升了语音识别的准确度和效率。

然而，尽管交叉注意力机制在文本与语音特征的融合方面表现出色，但它同样存在一定的局限性。具体来说，在融合过程中，该机制可能会过于关注特征的局部细节，而忽略了特征的整体结构。这种对局部建模的偏重，可能会导致全局信息的损失，从而影响模型对语音特征全面、深入的理解。

为了更有效地融合不同维度的文本特征，我们采取了一种创新的方法。首先，将输入的文本Embedding与需要提取的特征进行拼接（concat），这样可以在保留原始信息的同时，引入更多的特征上下文。接下来，我们运用带有掩码的自注意力机制来处理这些拼接后的特征。这种自注意力模型不同于传统的交叉注意力，它允许模型在处理特征时更加灵活地捕捉文本内部的依赖关系，从而实现更高效的特征融合。通过这种方式，我们不仅能够提升模型对文本特征的理解能力，还能够增强其在处理复杂文本任务时的性能。

具体来说，自注意力机制通过计算文本序列中每个位置对其他位置的依赖程度，来更新每个位置的表示。而掩码的使用可以进一步确保模型只关注有效的文本部分，忽略掉无关的信息，从而提高计算的效率和准确性。通过这种改进的自注意力模型，我们能够更有效地整合来自不同维度的文本特征，为后续的文本处理任务提供更丰富、更准确的特征表示。

进行融合后的注意力计算的方式如下：

```python
def cross_attention(self,embedding,image,pad_mask):
    b,l,d = embedding.shape
    _,i_l,i_d = image.shape
    residual = embedding

    image_mask = torch.zeros(size=(b,i_l),dtype=bool).to(pad_mask.device)
    mask = torch.concat([pad_mask,image_mask],dim=1).unsqueeze(-1).repeat(1,1,(i_l))
    embedding = torch.concat([embedding,image],dim=1)

    embedding = einops.rearrange(embedding,'b l (h d) -> b h l d',h = self.head_num)
    image = einops.rearrange(image,'b w (h d) -> b h w d',h = self.head_num)
    att_weights = torch.einsum('b h l d,b h w d -> b h l w', embedding, image) * (self.dim
** -0.5)
    att_weights = self.cross_head_talk(att_weights)
    att_weights = att_weights.masked_fill(mask.unsqueeze(dim=1), -1e9)
    att_weights = F.softmax(att_weights, dim=-1)
    embedding = torch.einsum('b h l w, b h w d -> b h l d', att_weights, image)
    embedding = einops.rearrange(embedding,'b h l d -> b l (h d)')

    embedding = residual + embedding[:,:l]
    return embedding
```

从上面的代码可以看到，concat将输入embedding部分与image部分进行连接，其中需要特别注意，掩码mask部分是通过构建新的掩码参数进行处理的。

基于这个cross_attention函数，新的生成模型可以使用如下前馈函数来完成：

```python
...
def forward(self,token_inps,image = None):

    image = self.reshape_layer(image)
    embedding = self.token_emb(token_inps)
    #这里定一个规则，true的部分，全部被mask掉,这里被扩充成3D的形式，[b,l,1]
    pad_mask = token_inps.eq(0)
    embedding = self.cross_attention(embedding,image,pad_mask)
    for id,layer in enumerate(self.layers):
        embedding = self.norm(embedding)
        embedding = layer(embedding)
```

```
embedding = torch.nn.Dropout(0.1)(embedding)
logits = self.to_logits(embedding)

return logits
```

...

与 11.5.4 节相同，在模型的 Embedding 部分，首先将文本 Embedding 与语音特征进行连接，然后通过交叉注意力机制将语音特征融入文本 Embedding 中。随后，利用循环的因果注意力模型对内容进行转换和输出。

读者可以使用新的连接 concat 机制完成端到端语音特征融合，有兴趣的读者可以自行尝试完成。

11.6　本章小结

在本章中，我们深入探讨了注意力融合领域的一种创新范式，即直接相加的注意力与交叉注意力机制。这两种机制不仅在理论上各具特色，更在实践中展现出了强大的性能，特别是在语音生成任务中，它们协同工作，共同推动了生成效果的显著提升。

在本章中，我们特别强调，直接相加的注意力机制通过简单而高效的方式，将不同来源的注意力权重进行叠加，从而实现了信息的有效整合。这种机制的优势在于其直观性和计算效率，使得模型能够在保持高性能的同时，降低计算复杂度。

交叉注意力机制更加注重捕捉不同模态或序列之间的交互关系。它通过将一个序列的注意力权重应用于另一个序列，实现了跨序列的信息流动和融合。这种机制不仅在语音识别，也在图像生成等任务中得到了广泛应用，因为它能够充分利用文本、图像等多种模态的信息，生成更加自然、逼真的图像输出。

我们还深入验证了这两种注意力机制在语音生成任务中的性能与优势。研究结果显示，无论是采用直接相加的注意力融合机制，还是运用交叉注意力机制的模型，在特征融合环节都能发挥出其独特的作用。至于哪种注意力融合方式更为出色，则需依据具体任务的特性来细致判断。这一点，我们期望读者能在实际操作中不断摸索与总结，以积累宝贵的经验。

## 第 12 章

多模态特征token压缩

12

从前面章节我们深入剖析并实现的多种注意力特征融合范式中，不难发现，针对绝大多数特征向量，普遍采取的策略是将其转换为token形式以便进行后续处理。这种做法在提升模型处理效能方面展现出了显著优势。但是，为了进一步增强深度学习模型对图像、语音等复杂数据的理解能力，一个直观且有效的方法是增加token的数量。但这一策略并非没有代价，它直接导致了模型训练与推理时间的显著增加，对计算资源提出了更高要求。

因此，如何在保证模型性能的同时，有效减轻计算负担，成为亟待解决的问题。在此背景下，对视觉token进行高效压缩，以提炼出最具价值的信息，就显得尤为重要。这不仅要求我们在压缩过程中尽可能保留原始信息的完整性，还需要确保压缩后的token能够精准地反映图像或语音的关键特征，从而为模型提供更加精炼且有效的输入。

为了实现这一目标，我们可以探索多种压缩策略，如基于重要性排序的token筛选、利用自注意力机制进行动态权重分配，或是采用先进的编码技术来降低token的维度。这些方法的核心在于，通过智能地识别和去除冗余信息，保留那些对模型决策至关重要的元素，从而在确保模型精度的同时，大幅降低计算复杂度。

12.1 图像特征压缩的多种实现

图像特征token作为图文多模态特征之一，在视觉与语言的联合表示学习中扮演着至关重要的角色。它们能够有效地捕捉图像的局部细节和全局信息，为跨模态检索、视觉问答以及图像描述生成等任务提供了丰富的特征支持。

在图像特征token的研究中，我们不断探索如何更有效地提取、表示和利用这些特征。从最初的底层视觉特征，如边缘、纹理和颜色，到后来的高层语义特征，如物体、场景和动作，图像特征token的表达能力逐渐增强，为模型提供了更丰富和更准确的输入信息。

但是，随着数据规模的扩大和模型复杂度的提升，图像特征token的处理面临着前所未有的挑战。如何在保证特征表达能力的同时，降低计算成本、提高处理效率，成为当前研究的重要课题。

12.1.1 Pixel-Shuffle 的 token 压缩

作为图像token压缩的一种高效策略，我们的核心目标在于直接削减token的数量，同时确保压缩后的token集合仍能充分承载原始图像的关键信息，维持信息的完整性和表达力。在这一理念的指引下，Pixel-Shuffle技术应运而生，成为实现这一目标的具体手段。

　　Pixel-Shuffle，顾名思义，是一种通过"像素重组"来实现数据维度转换的创新方法。其核心思想在于巧妙地利用通道与空间之间的转换关系，通过牺牲一定的空间分辨率来换取通道数的增加。这一转换过程不仅有效地降低了数据的空间维度，还使得每个token能够蕴含更为丰富和紧凑的图像特征，从而在减少token数目的同时，保证了图像信息的容量和表达质量。

　　具体来说，Pixel-Shuffle技术通过一系列精心设计的操作，将原始图像数据在通道维度上进行扩展，并在空间维度上进行相应的缩减。这种维度变换不仅有助于减少数据的冗余度，还能提升模型对关键特征的敏感度和捕捉能力。经过Pixel-Shuffle处理后的图像token，不仅数量得到了有效控制，而且每个token都蕴含更为精炼和有价值的图像信息，为后续的模型处理提供了更优质和更高效的输入。其实现如下：

```python
# 定义一个名为pixel_shuffle的函数，它接受一个输入张量x和一个缩放因子scale_factor，默认值为2
def pixel_shuffle(x, scale_factor=2):
    # 使用einops.rearrange函数将输入张量x从(batch, channel, height, width)格式重新排列为
(batch, height, width, channel)格式
    x = einops.rearrange(x,"b c h w -> b h w c")
    # 获取重新排列后张量的维度信息，分别是批次大小n、宽度w、高度h和通道数c
    n, w, h, c = x.size()

    # 再次使用einops.rearrange函数将张量按照(scale_factor, scale_factor)的块进行重组，并将
通道数扩展为原来的(scale_factor * scale_factor)倍
    x = einops.rearrange(x,"b h (w s) c -> b h w (c s)",s = scale_factor)
    # 调整张量的维度顺序，使其变为(batch, width, height, channel)格式，并确保数据在内存中是连
续的
    x = x.permute(0, 2, 1, 3).contiguous()
    # 调整张量的形状，使其高度和宽度分别除以缩放因子，通道数乘以缩放因子的平方
    x = x.view(n, int(h // scale_factor), int(w // scale_factor),int(c * (scale_factor
* scale_factor)))

    # 再次调整张量的维度顺序，使其变为(batch, height, width, channel)格式，并确保数据在内存中
是连续的
    x = x.permute(0, 2, 1, 3).contiguous()
    # 最后，使用einops.rearrange函数将张量重新排列回(batch, channel, height, width)格式
    x = einops.rearrange(x,"b h w c-> b c h w")
    # 返回处理后的张量
    return x
```

　　上面的代码定义了一个名为pixel_shuffle的函数，它接受一个输入张量x和一个缩放因子scale_factor，通过重新排列和调整张量的形状，实现了像素洗牌操作。这是一种用于图像上采样的技术，可以增加图像的空间分辨率而不增加计算量。

　　下面采用Patch_Embedding的方式来计算图像的token数。我们首先计算没有经过变换前的图像，之后对比经过重排的图像，完整代码如下：

```python
import torch
import einops
```

```python
class PatchEmbedding(torch.nn.Module):
    def __init__(self, image_size, in_channels, patch_size = 14 , embed_dim = 312,
dropout=0.):
        super(PatchEmbedding, self).__init__()
        # patch_embed相当于做了一个卷积
        self.patch_embed = torch.nn.Conv2d(in_channels, embed_dim,
kernel_size=patch_size, stride=patch_size, bias=False)
        self.drop = torch.nn.Dropout(dropout)

    def forward(self, x):
        # x[4, 3, 224, 224]
        x = self.patch_embed(x)
        # x [4, 16, 32, 32]
        # x:[n,embed_dim,h',w']
        x = x.flatten(2)  # 将x拉直,h'和w'合并   [n,embed,h'*w']   #x [4, 16, 1024]
        x = x.permute(0, 2, 1)  # [n,h'*w',embed]      #x [4, 1024, 16]

        return x

if __name__ == '__main__':
    image = torch.randn(size=(2,3,224,224))
    image_token = PatchEmbedding(224,3)(image)
    print(image_token.shape)

    image = pixel_shuffle(image)
    image_token = PatchEmbedding(112,12)(image)
    print(image_token.shape)
```

结果如下:

```
torch.Size([2, 256, 312])
torch.Size([2, 64, 312])
```

对比未经过变换前的token化图像,经过转换后的图像在整体维度上缩小了3/4,而只有原有的1/4。其缩减的大小则是由缩放比例scale_factor得到的,我们可以根据需要调整不同大小的scale_factor,从而获取到不同大小维度的图像token。

整体来看,Pixel-Shuffle技术的实现过程并不复杂,且具有较高的灵活性和可扩展性。它可以轻松地与其他图像处理技术相结合,形成更为强大和全面的图像处理流水线。此外,Pixel-Shuffle还具有良好的泛化能力,能够适用于不同类型的图像数据和深度学习模型,为图像token压缩领域带来了更为广阔的应用前景。

12.1.2 Cross-layer Token Fusion 压缩

Cross-layer Token Fusion策略是一种高效的方法,它通过细致评估各个token对模型效率和准确性的综合贡献,巧妙地在特定网络层上实施token fusion,从而有效突破了传统模型的局限性。在多模态模型中,token的合并以及相似token的精准识别,均建立在余弦相似度的坚实基础之上,确保了融合的准确性和有效性。

Cross-layer Token Fusion的具体实现如下:

```python
def bipartite_soft_matching(
        metric: torch.Tensor, r: int,
        class_token: bool = False, distill_token: bool = False,
    ):

    protected = 0
    if class_token:
        protected += 1
    if distill_token:
        protected += 1

    # 我们最多只能减少50%的令牌
    t = metric.shape[1]
    r = min(r, (t - protected) // 2)

    if r <= 0:
        return metric, metric

    with torch.no_grad():
        # 归一化相似度矩阵
        metric = metric / metric.norm(dim=-1, keepdim=True)
        a, b = metric[..., ::2, :], metric[..., 1::2, :]
        scores = a @ b.transpose(-1, -2)

        if class_token:
            scores[..., 0, :] = -math.inf
        if distill_token:
            scores[..., :, 0] = -math.inf

        # 找到匹配分数最高的令牌对
        node_max, node_idx = scores.max(dim=-1)
        edge_idx = node_max.argsort(dim=-1, descending=True)[..., None]

        unm_idx = edge_idx[..., r:, :]  # 未合并的令牌
        src_idx = edge_idx[..., :r, :]  # 要合并的令牌
        dst_idx = node_idx[..., None].gather(dim=-2, index=src_idx)

        if class_token:
            # 确保类别令牌在开始位置
            unm_idx = unm_idx.sort(dim=1)[0]

    def merge(x: torch.Tensor, mode="mean") -> torch.Tensor:
        """
        合并操作，将指定的令牌合并
        """
        src, dst = x[..., ::2, :], x[..., 1::2, :]
        n, t1, c = src.shape
        unm = src.gather(dim=-2, index=unm_idx.expand(n, t1 - r, c))
        src = src.gather(dim=-2, index=src_idx.expand(n, r, c))
        dst = dst.scatter_reduce(-2, dst_idx.expand(n, r, c), src, reduce=mode)
```

```
        if distill_token:
            return torch.cat([unm[:, :1], dst[:, :1], unm[:, 1:], dst[:, 1:]], dim=1)
        else:
            return torch.cat([unm, dst], dim=1)

    def unmerge(x: torch.Tensor) -> torch.Tensor:
        """
        取消合并操作，恢复原始令牌
        """
        unm_len = unm_idx.shape[1]
        unm, dst = x[..., :unm_len, :], x[..., unm_len:, :]
        n, _, c = unm.shape

        src = dst.gather(dim=-2, index=dst_idx.expand(n, r, c))

        out = torch.zeros(n, metric.shape[1], c, device=x.device, dtype=x.dtype)

        out[..., 1::2, :] = dst
        out.scatter_(dim=-2, index=(2 * unm_idx).expand(n, unm_len, c), src=unm)
        out.scatter_(dim=-2, index=(2 * src_idx).expand(n, r, c), src=src)

        return out

    return merge, unmerge
```

其中，bipartite_soft_matching函数的输入参数解释如下：

- metric：输入的hidden_state张量，尺寸为[batch, tokens, channels]。
- r：要移除的令牌数量，最多为总令牌数的50%。
- class_token（可选）：布尔值，指示是否有类别令牌。默认为False。
- distill_token（可选）：布尔值，指示是否有蒸馏令牌。默认为False。

在具体使用上，这个函数是一种用于缩减图像处理中的image_token令牌数量的方案。通过应用平衡匹配集（ToMe），它能够在减少令牌（token）数量的同时保持信息的完整性。下面是使用bipartite_soft_matching进行token缩减的代码示例：

```
# 创建一个随机embedding张量，用于模拟token被torch.Embedding类计算的结果
embedding = torch.randn(size=(2, 48, 312))

# 调用bipartite_soft_matching函数，指定要移除的令牌数量r为18，不包含类别令牌
merge, unmerge = bipartite_soft_matching(embedding, 18, class_token=False)

# 使用merge函数处理embedding
hidden_states = merge(embedding)

# 打印处理后的hidden_states的形状
print(hidden_states.shape)  # 结果：torch.Size([2, 30, 312])，其中30 = 48 - 18
```

12.1.3　AvgPool 的 token 压缩

AvgPoolProjector是一种用于取代corss_attention的图像token压缩算法，AvgPoolProjector通过自适应平均池化技术，在保留关键视觉信息的同时，有效缩减了图片token的数量。这一方法不仅简化了模型的复杂度，还提升了训练效率，使得在有限的计算资源下也能实现高效的视觉-文本模态对齐。更重要的是，由于其无参特性，AvgPoolProjector避免了烦琐的参数调优过程，且在实际应用中表现出色，为视觉与语言的跨模态理解提供了强有力的工具。

```python
class AvgPoolProjector(nn.Module):

    def __init__(
            self,
            layer_num: int = 2,
            query_num: int = 36,      #这里是输出的seq_length
            mm_hidden_size: int = 384, #图片经过patch_embedding后的d_model，也就是输入的维度
            llm_hidden_size: int = 384, #语言模型的d_model，也就是输出的维度
    ):
        super().__init__()
        self.layer_num = layer_num
        self.query_num = query_num
        self.mm_hidden_size = mm_hidden_size
        self.llm_hidden_size = llm_hidden_size
        self.build_net()

    def build_net(self):
        hw = int(self.query_num ** 0.5)
        sampler = nn.AdaptiveAvgPool2d((hw, hw))
        self.sampler = sampler
        modules = [nn.Linear(self.mm_hidden_size, self.llm_hidden_size)]
        for _ in range(1, self.layer_num):
            modules.append(nn.GELU())
            modules.append(nn.Linear(self.llm_hidden_size, self.llm_hidden_size))
        modules.append(torch.nn.RMSNorm(self.llm_hidden_size))
        self.mlp_projector = nn.Sequential(*modules)

    def forward(self, visual_feat: torch.Tensor):
        batch_size, seq_len, h_dim = visual_feat.shape  # 576
        # 计算平方根并断言它必须是整数
        root = seq_len ** 0.5
        assert float(int(root)) == root, f"{seq_len}的平方根不是整数"

        hw = int(seq_len ** 0.5)  # 24
        shaped_visual_feat = rearrange(visual_feat, "b (h w) d -> b d h w", h=hw,w=hw)
# torch.Size([64, 1024, 24, 24])
        pooled_visual_feat = self.sampler(shaped_visual_feat)  # torch.Size([64, 1024,
12, 12])
        reshaped_visual_feat = rearrange(pooled_visual_feat, "b d h w -> b (h w) d")  #
[64, 144, 1024]
        output_feat = self.mlp_projector(reshaped_visual_feat)  # [64, 144, 4096])
```

```
            return output_feat
```

其具体使用示例如下：

```
embedding = torch.randn(size=(2, 49, 384))
avg_pool = AvgPoolProjector()
pooled = avg_pool(embedding)
print(pooled.shape)
```

AvgPoolProjector的好处显而易见：它能够在减少计算负担的同时，保持模型的性能。通过直接在Patch级别进行下采样，它有效地避免了语义信息的损失，确保了视觉特征与文本之间的准确对应。此外，其实现的简洁性也大大提升了模型的易用性和可扩展性。

总的来说，AvgPoolProjector以简洁高效的方式实现了视觉token的压缩，不仅提升了模型的训练效率和性能，还为视觉与文本的跨模态交互提供了新的可能性。无论是在资源受限的场景下，还是在追求高性能的应用中，AvgPoolProjector都展现出了其独特的优势和潜力。

12.2　基于 AvgPool 与自编码器的语音识别

在上一章中，我们深入探讨了多种语音识别融合技术及其实现方法。具体而言，我们通过压缩相加以及拼接的策略，有效地融合了语音与文本特征。但是需要注意，在特征处理层面，我们直接对语音特征进行了操作，而并未引入压缩机制。

本节将采纳前述的AvgPool技术，对语音特征向量进行压缩处理。这一步至关重要，因为它能够在保留关键信息的同时，降低特征维度，从而提升模型的运算效率与准确性。

此外，我们还将探索一种全新的语音识别方法——自编码语音识别。自编码器以其独特的无监督学习机制，在特征学习与表示方面展现出卓越性能。在自编码语音识别的框架下，我们将利用自编码器对语音数据进行深层次的特征提取与重构，以期在复杂的语音环境中，实现更加稳健与高效的识别性能。通过这一系列的技术创新与融合，我们期望能够推动语音识别领域的发展，为实际应用场景中的语音交互体验带来质的提升。

12.2.1　修改后的 AvgPool 函数

我们计划利用 AvgPool 技术来实现语音文本的压缩。相较于上一章中严谨设定的、专门用于图像压缩的 AvgPool 方法，针对当前的 2D 特征矩阵，我们可以对 AvgPool 进行适当修改，以适应语音特征的处理需求，从而有效地完成特征的压缩。通过调整 AvgPool 的参数和操作方式，我们可以更好地捕捉和提炼语音数据中的关键信息，为后续的语音识别任务奠定坚实基础。这种改进不仅有助于提升语音识别的准确性和效率，也为语音处理领域带来了新的思路和方法。

新的AvgPool类如下：

```
class AvgPoolProjector(torch.nn.Module):

    def __init__(
            self,
            layer_num: int = 2,
            query_num: int = 20,      #这里是输出的seq_length
```

```
            mm_hidden_size: int = 688,  #图片经过patch_embedding后的d_model，也就是输入的维度
            llm_hidden_size: int = model_cfg.dim, #语言模型的d_model,也就是输出的维度
    ):
        super().__init__()
        self.layer_num = layer_num
        self.query_num = query_num
        self.mm_hidden_size = mm_hidden_size
        self.llm_hidden_size = llm_hidden_size
        self.build_net()

    def build_net(self):

        sampler = torch.nn.AdaptiveAvgPool1d(self.query_num)
        self.sampler = sampler
        modules = [torch.nn.Linear(self.mm_hidden_size, self.llm_hidden_size)]
        for _ in range(1, self.layer_num):
            modules.append(torch.nn.GELU())
            modules.append(torch.nn.Linear(self.llm_hidden_size,
self.llm_hidden_size))
        modules.append(torch.nn.RMSNorm(self.llm_hidden_size))
        self.mlp_projector = torch.nn.Sequential(*modules)

    def forward(self, visual_feat: torch.Tensor):
        shaped_visual_feat = einops.rearrange(visual_feat, 'b l d -> b d l')
        pooled_visual_feat = self.sampler(shaped_visual_feat)
        reshaped_visual_feat = einops.rearrange(pooled_visual_feat, 'b d l-> b l d')
        output_feat = self.mlp_projector(reshaped_visual_feat)  # [64, 144, 4096])

        return output_feat
```

在上面的代码中，我们将原有的AdaptiveAvgPool2d替换成AdaptiveAvgPool1d，并对对应的压缩维度进行调整。modules的作用是建立了多个全连接层对维度特征进行处理，从而对特征进行计算。

12.2.2 自编码器语音识别模型 1：数据准备

下面我们使用自编码器进行语音识别，直接将输入的语音特征与文本内容相匹配，并输出结果。首先完成对应的数据准备，代码如下：

```
class TextSamplerDataset(torch.utils.data.Dataset):
    def __init__(self, token_list = token_list,wav_image_list = wav_image_list):
        super().__init__()
        self.token_list = token_list
        self.wav_image_list = wav_image_list

    def __getitem__(self, index):
        token = self.token_list[index]
        token = torch.tensor(token).long()
        token_tgt = token

        wav_image = self.wav_image_list[index]#sound_untils.audio_to_image(audio,
sampling_rate, 128, 0, sampling_rate//2) #输出的是(128, 688)
```

```
        wav_image = torch.tensor(wav_image,dtype=torch.float).float()
        return wav_image,token_tgt

    def __len__(self):
        return len(self.token_list)
```

我们可以直接使用上一节提取的语音特征与文本内容。在输出端，我们无须使用"错位"输入法，只需输出结果文本，目标是将语音特征与文本内容对齐。

12.2.3　自编码器语音识别模型 2：模型设计

接下来使用自编码器进行语音识别的模型设计。首先将语音特征压缩，之后使用自注意模型对语音进行识别，我们的语音识别模型如下：

```
from 第13章_speed2text.module import blocks
class GLMSimple(torch.nn.Module):
    def __init__(self,dim = model_cfg.dim,num_tokens = model_cfg.num_tokens,device =
all_config.device):
        super().__init__()
        self.num_tokens = num_tokens
        self.causal = model_cfg.causal
        self.device = device
        self.head_num = model_cfg.head_num
        self.token_emb = torch.nn.Embedding(num_tokens,dim)
        self.layers = torch.nn.ModuleList([])
        self.dim = model_cfg.dim
        self.seq_len = 20

        self.avg_pool_layer = AvgPoolProjector()
        self.avg_position =
(torch.nn.Parameter(data=torch.Tensor(self.seq_len,self.dim), requires_grad=True))
        for _ in range(model_cfg.depth):
            block = blocks.ResidualAttention(dim,self.head_num)
            self.layers.append(block)

        self.norm = torch.nn.RMSNorm(dim)
        self.to_logits = torch.nn.Linear(dim, num_tokens, bias=False)

    def forward(self,image):
        embedding = self.avg_pool_layer(image) + self.avg_position
        for id,layer in enumerate(self.layers):
            embedding = self.norm(embedding)
            embedding = layer(embedding)

        embedding = torch.nn.Dropout(0.1)(embedding)
        logits = self.to_logits(embedding)

        return logits
```

可以看到，在上面的自编码语音识别模型中，直接对输入的语音内容进行压缩，之后通过一个多层自注意力模型完成对特征的转换，从而最终完成文本的自编码回归输出。

12.2.4　自编码器语音识别模型 3：模型的训练与预测

在对自编码器进行模型训练时，我们可以遵循上一章介绍的自回归模型训练方法，并使用相同的训练模块和步骤完成模型的训练。此时我们只需要调整模型的输入即可，部分代码如下：

```
pbar = tqdm(train_loader,total=len(train_loader))
for wav_image,token_tgt in pbar:

    wav_image = wav_image.to(device)
    token_tgt = token_tgt.to(device)
    logits = model(wav_image)
    loss = criterion(logits.view(-1, logits.size(-1)), token_tgt.view(-1))
```

在上面的代码中，根据我们设置的数据载入类，只需要根据输出的语音特征以及文本进行对齐后，计算损失值即可。

而在模型的预测部分，我们只需要把待预测的内容在包装后装入模型，并输入自编码模型中进行预测部分的推断。完整的模型预测代码如下：

```
import torch

# constants
LEARNING_RATE = 2e-4
BATCH_SIZE = 48

# helpers
from 第14章.自编码语音转换 import all_config
model_cfg = all_config.ModelConfig
device = "cpu"

from 第14章.自编码语音转换.module import glm_model_1 as glm_model
model = glm_model.GLMSimple(num_tokens=model_cfg.vocab_size,dim=model_cfg.dim)
model.to(device)

save_path = "./saver/glm_generator.pth"
model.load_state_dict(torch.load(save_path))

target_text = "我要查一下我刚刚下载的游戏"
sound_file = "../dataset/Aidatatang_200zh/G0013/T0055G0013S0002.wav"
audio, orig_sr = sf.read(sound_file, dtype="float32")
audio = sound_untils.crop_or_pad(audio, length=16000 * 22)
wav_image = sound_untils.audio_to_image(audio, 16000, 128, 0, 16000//2) #输出的是(128, 688)
wav_image = torch.tensor(wav_image,dtype=torch.float).unsqueeze(0).to(device)

logits = model(wav_image)
logits = torch.nn.functional.softmax(logits, dim=-1)
result_token = torch.argmax(logits, dim=-1)[0]
```

```
_text = [vocab[id] for id in result_token]
_text = "".join(_text)
print("目标: ",target_text)
print("输出: ",_text)
```

请读者自行运行代码查看结果。

12.3　本章小结

在本章中，我们深入探讨了在不同维度下特征token的压缩技术，并且成功实现了3种特征压缩算法。显而易见，通过这些压缩技术，我们能够在确保原始特征信号得以保留的基础上，有效地提取出关键的特征信息。这一过程的实现不仅提升了数据处理的效率，更为后续的分析和应用提供了便利。

此外，我们还介绍了一种基于自编码器的语音文本识别模型。这种模型能够直接对输入数据进行计算，并通过自编码的方式，自动地学习和提取数据中的特征。这种方法的优势在于，它能够在没有人工干预的情况下，自动地完成特征提取的任务，从而极大地简化了语音文本识别的流程，并提高了识别的准确率。通过这种方式，我们可以更加高效、准确地处理和分析语音数据，为语音识别领域的研究和应用提供了有力的支持。

第 13 章

从二维到一维：图像编码器详解与图形重建实战

13

在计算机视觉领域，生成高质量图像一直是一个重要的研究方向。然而，图像生成模型的性能和效率深受图像表示方法的影响。在传统模型中，图像常被表示为像素矩阵，这种表示方法不仅计算复杂度高，而且生成速度缓慢。此外，当我们尝试通过PatchEmbedding方式将二维图像展开时，会面临序列长度过长和图像特征过于稀疏的难题，这对我们的生成模型构成了不小的挑战。

因此，为了解决图像从二维到一维的转换问题，我们研究并使用了一种全新的编码方式。这种编码方式能够将连续的图像以离散的形式进行表示，从而大大降低了数据的复杂性和计算需求。通过这种方式，图像的关键信息被有效地压缩并编码到一维序列中，既保留了图像的主要特征，又显著提高了处理效率。图像编码与重建的过程如图13-1所示。

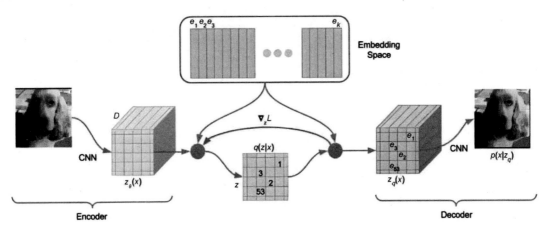

图 13-1　图像编码与重建的过程

更重要的是，这种离散的一维序列具有高度的灵活性和可操作性。我们可以通过对一维离散序列进行精确的操作和重建，重新获取到高质量的图像。这种图像重建过程不仅快速，而且准确，为我们提供了一种全新的、高效的图像生成和处理手段。这种编码方式的引入，无疑将为计算机视觉领域的研究和应用带来革命性的变革。

13.1 图像编码器

图像编码器是一种专门用于将原始图像数据转换为更为紧凑和高效的表示形式的工具或算法。其核心工作原理基于人眼的视觉特性以及图像内部的空间和时间相关性。在编码过程中，图像编码器能够识别并去除图像中的冗余信息，如编码冗余、像素间冗余以及心理视觉冗余，从而实现数据的压缩。

这种压缩可以是无损的，即压缩后的图像能够完全还原为原始图像，不丢失任何信息；也可以是有损的，即在允许的失真范围内进行压缩，以换取更高的压缩比。图像编码器通常包括预处理、变换、量化、编码等关键步骤，并且随着技术的发展，不断融入更智能化和高效化的解决方案，以满足日益增长的图像质量、压缩效率和实时性需求。

13.1.1 从自然语言处理讲起

从前面完成的自然语言生成全流程中，我们已经获得了一定的洞见：一个句子在初始阶段会通过分词器被拆解成一系列的整数ID，这些ID紧接着经由Embedding层被转换成浮点向量。之后，模型会接手处理这些向量，进行深层次的计算与理解。在进行下一个词元的预测时，其核心任务实际上是预测一个分类概率分布，这里通常会采用交叉熵作为损失函数。最终，结合预设的词表，通过采样机制，我们能够生成完整且意义连贯的句子。自然语言处理流程如图13-2所示。

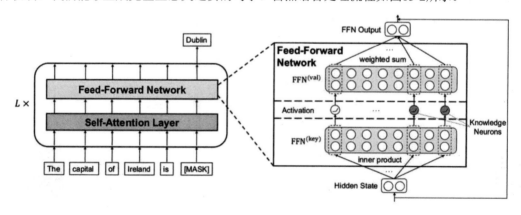

图 13-2　自然语言处理流程

那么，一个引人深思的问题自然而然地浮现出来：我们是否可以将这种处理模式迁移到图像处理领域呢？

为了探索这一可能性，我们可以尝试直接模仿自然语言处理的流程。首先，将图像数据转换为一系列整数ID。例如，可以将每个像素视为一个独立的单元，并为其分配一个唯一的ID。随后，利用一个专门设计的编码表（或称为codebook），将这些整数ID进一步映射为浮点向量。接下来，类似于NLP中的"下一个词元预测"训练，可以在网络中对这些向量进行训练，以期望模型能够学习到图像数据的内在规律和结构。最后，通过这些经过训练的向量，期望能够还原出原始的图像，从而完成整个处理流程。

但是，如果直接对图像的像素进行编码处理，虽然从理论上看似可行，但在实际操作中会面临两个突出的问题。首先，图像的分辨率往往非常高，导致像素数量庞大，直接处理会带来巨大的计算负担。其次，像素值的细微变化（如244和245）在视觉效果上可能并不明显，因此将其作为独立的分类单元可能并不合适。

针对这两个问题，有一个直观的解决方案：我们可以考虑将图像划分为若干较小的块（或称为Patch），并将每个Patch视为一个独立的token。这样一来，我们不仅可以显著缩短待处理的序列长度（因为每个Patch包含多个像素的信息），还能有效避免像素值细微变化所带来的分类困扰（因为Patch间的语义差异通常要比像素间的差异更加明显）。这种方法的巧妙之处在于，它成功地将NLP中的处理思路应用到图像处理领域，为图像数据的理解和生成提供了新的视角和可能性。

13.1.2　图像的编码与解码 VQ-VAE

在前面的讲解中，我们提出了一个创新的想法：将图像的每个Patch视作一个独立的token。这样做不仅缩短了处理序列，还因为Patch间的语义差异大于单个像素间的差异，从而有效规避了像素值细微变化的分类问题。

这一思路自然而然地引出了VQ-VAE（Vector Quantized Variational AutoEncoder，向量量化变分自编码）的设计。VQ-VAE的核心思想在于先将原始图像压缩到较小的尺寸，然后对这个小尺寸的图像进行离散化处理，最后在需要时再将其还原到原始大小。

具体来说，VQ-VAE通过以下方式关联编码器的输出与解码器的输入：在嵌入空间已经经过训练的前提下，对于编码器输出的每一个向量，算法会在预设的codebook中寻找其最近邻的嵌入向量。一旦找到这个最近邻，编码器的输出向量就会被替换为这个最近邻嵌入向量，然后作为解码器的输入。VQ-VAE输入输出示意图如图13-3所示。

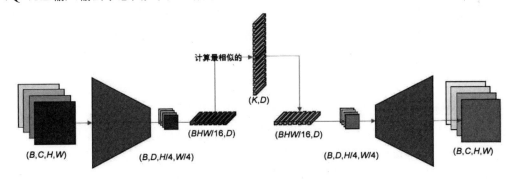

图 13-3　VQ-VAE 输入输出示意图

这种处理方式不仅简化了图像数据的表示，还通过离散化编码增强了模型的健壮性。同时，由于Patch间的语义差异更加明显，VQ-VAE能够更有效地捕捉图像中的关键信息，从而在图像压缩、生成和重建等任务中展现出优异的性能。总之，通过将图像Patch视作独立token并结合VQ-VAE的设计，我们为图像处理领域引入了一种新颖且高效的方法。

13.1.3　为什么 VQ-VAE 采用离散向量

为什么VQ-VAE希望将图像编码成离散向量呢？为了深入理解这一点，我们回溯一下自编码器（Autoencoder，AE）的起源。

自编码器是一种神经网络模型，它能够将图像数据压缩成较短的向量表示。其结构简洁明了，通常包含一个编码器部分和一个解码器部分。在训练过程中，输入的图像首先被编码器转换为一个紧凑的向量，这个向量随后被解码器还原成一幅与原始图像相似的重建图像。整个网络的学习目标就是使得这个重建图像尽可能地接近原始输入图像。

然而，传统的自编码器生成的向量是连续的，这意味着在向量空间中，相似的图像可能对应着距离很近但并非完全相同的向量。这种连续性虽然在一定程度上保留了图像的细节，但也带来了一个问题：它不利于模型学习图像中的高层次、抽象化的特征表示。

VQ-VAE的出现正是为了解决这一问题。通过将编码后的连续向量量化为离散向量，VQ-VAE强制模型在有限的向量集合中进行选择，从而实现了对图像特征的高效压缩和抽象。这种离散化的表示方法不仅有助于模型捕捉到图像中的关键信息，还能提高模型的健壮性和泛化能力。

在NLP中，通常是先有一个tokenizer，将自然语言转换成一个个token，实际就是一个个离散的整数索引；接下来有一个Embedding层，查索引获取对应的词嵌入Embedding，然后送入模型中处理。因此，对于自然语言来说，数据是由一个个token组成的，是一种离散的数据模态。

在计算机视觉（Computer Vision，CV）中，计算机中的图片其实也是离散的数据，因为所有可能的图像像素数量都是有限的，一般对彩色图像最多256×256×3种。但由于这个数太大，因此一般认为图像是一种连续的数据模态。一般读图进来，再将像素归一化之后直接输入模型中处理。

在具体处理上，图像被作为连续的向量处理，其中包括大量额外的信息，因此生成的图片往往质量不高。这是由于图片被编码成了连续向量，如果把图片编码成离散向量，会更加自然。

在具体使用上，我们需要构建一个图像特征的codebook（码本），它的作用类似于NLP中的词嵌入Embedding层。codebook是一个可学习的 $K \times D$ 的张量，其中 K 是表征向量Embedding的个数，D 是Embedding的维度。对于一幅输入图像，CNN编码器会提取其特征图 Z_e，特征图尺寸为 $h \times w \times D$，也就是 $h \times w$ 个 D 维的向量。每个向量在codebook中找到与其最接近的向量的索引，按索引取得最接近的向量，得到量化后的特征图 Z_q，之后将其送入解码器中，输出重构图像。

$$Z = \mathrm{argmin} \| Z_e - Z_q \|^2$$

上面的公式展示了重构图像的方法，在训练时，输入图像会被编码成一个较短的向量，再被解码为另一幅长得差不多的图像。网络的学习目标是让重建出来的图像和原图像尽可能相似。

在反向传播中，argmin的作用是获取codebook中最接近的向量，这里使用了一种"复制"的方法，在前向与反馈时直接将 Z_e 与 Z_q 进行桥接，从而完成模型的训练。

而在优化时，我们需要对VQ-VAE中的所有部件进行优化，即需要使用不同的损失函数对结果进行计算。这里有3种损失函数，即编码器、解码器和码本（codebook）。损失函数可以用以下方式表达：

$$\mathrm{Loss} = \mathrm{reconstruction\_loss} + \mathrm{embedding\_loss} + \mathrm{commitment\_loss}$$
$$\mathrm{reconstruction\_loss} = \log(x \| z_q(x))$$
$$\mathrm{embedding\_loss} = \| \mathrm{sg}[z_e(x)] - e \|^2$$
$$\mathrm{commitment\_loss} = \beta \| z_e(x) - \mathrm{sg}[e] \|^2$$

其中，VQ-VAE的损失函数由3部分构成：首先是reconstruction loss，这一部分的作用在于优化Encoder和Decoder的性能，确保图像经过编码再解码后能够尽可能地还原原始信息；其次是embedding_loss，它专注于优化码本，使得编码后的特征向量能够更准确地映射到码本中的嵌入向量上；最后是commitment_loss，它类似于一个正则化项，起到约束Encoder训练的作用，防止模型过度拟合训练数据。

在上述损失函数中，sg代表梯度停止（stop gradient），这是一个重要的操作。在模型的前向传播过程中，sg保持其计算值不变；而在反向传播时，sg的偏导数被设置为0。这意味着在优化过程中，我们不希望某些参数的梯度影响其他参数的更新，从而实现了对模型训练过程的精细控制。

简而言之，VQ-VAE的Encoder不仅是一个图像表征模型，它与传统模型的区别在于其独特的表征方式。传统的图像表征模型通常会将整个图像压缩为一个特征向量，而VQ-VAE的Encoder能够提取出一幅特征图。这幅特征图实际上是多个特征向量在二维空间上的排列，相当于将原始像素空间中的大图压缩为隐空间中的一幅小图。这种压缩方式不仅保留了图像的关键信息，还大大降低了存储和传输的成本。

相对应地，VQ-VAE的Decoder则负责将这幅隐空间中的小图解码回像素空间中的大图。通过Encoder和Decoder的联合训练，VQ-VAE能够实现高效的图像离散压缩和高质量的还原，从而在图像处理领域展现出了强大的潜力。这种离散压缩方式不仅有助于节省存储空间，还能在保持图像质量的同时，提高图像传输的效率。

13.1.4 VQ-VAE 的核心实现

接下来继续完成VQ-VAE的核心实现。首先实现一个向量量化器，它可以将连续的嵌入向量转换为离散的嵌入向量，并计算相关的损失值，以便在训练过程中优化模型的性能。这种量化方法常用于压缩表示和生成模型等任务中。代码如下：

```python
# 导入必要的库
import torch
from typing import Tuple, Mapping, Text
from einops import rearrange  # 假设使用了einops库进行张量重排


class VectorQuantizer(torch.nn.Module):
    """
    向量量化器模块
    """

    def __init__(
        self,
        codebook_size: int = 1024,      # 码本中的嵌入向量数量
        embedding_dim: int = 256,       # 离散嵌入的维度
        commitment_cost: float = 0.25,  # 承诺损失的权重
    ):
        """
        初始化向量量化器
        """
        super().__init__()
        self.commitment_cost = commitment_cost

        # 初始化嵌入表，用于存储码本中的嵌入向量
        self.embedding_table = torch.nn.Embedding(codebook_size, embedding_dim)
        # 使用均匀分布初始化嵌入表的权重
```

```
        self.embedding_table.weight.data.uniform_(
            -1.0 / codebook_size, 1.0 / codebook_size
        )

    def forward(
        self, z: torch.Tensor  # 输入的连续嵌入向量
    ) -> Tuple[torch.Tensor, Mapping[Text, torch.Tensor]]:
        """
        将连续嵌入向量量化为分类分布
        """
        z = z.float()  # 确保输入为浮点数类型

        # 调整张量的轴顺序，将通道轴移到最后
        z = rearrange(z, "B C T -> B T C").contiguous()
        # 将张量展平，以便进行后续计算
        z_flattened = rearrange(z, "B T C -> (B T) C")

        embedding = self.embedding_table.weight  # 获取嵌入表的权重张量

        # 执行KNN嵌入搜索，计算输入向量与嵌入向量之间的距离
        d = (
            torch.sum(z_flattened ** 2, dim=1, keepdim=True)
            + torch.sum(embedding ** 2, dim=1)
            - 2 * torch.einsum("bd,dn->bn", z_flattened, embedding.T)
        )

        # 找到距离最近的嵌入向量的索引
        closest_embedding_ids = torch.argmin(d, dim=1)
        # 根据索引获取对应的嵌入向量，并恢复原始形状
        z_q = self.get_codebook_entry(closest_embedding_ids).view(z.shape)

        # 计算损失函数
        # 承诺损失
        commitment_loss = torch.nn.functional.mse_loss(z, z_q.detach()) * 0.33
        codebook_loss = torch.nn.functional.mse_loss(z.detach(), z_q)  # 码本损失
        loss = commitment_loss + codebook_loss  # 总损失

        # 确保梯度能够通过z传递
        z_q = z + (z_q - z).detach()

        # 恢复张量的原始轴顺序
        z_q = rearrange(z_q, "B T C -> B C T").contiguous()

        # 构造包含损失和嵌入向量索引的字典
        result_dict = dict(
            quantizer_loss=loss,                     # 总损失
            commitment_loss=commitment_loss,         # 承诺损失
            codebook_loss=codebook_loss,             # 码本损失
            embedding_ids=closest_embedding_ids,     # 最近的嵌入向量索引
        )
```

```
        return z_q, result_dict  # 返回量化后的嵌入向量和结果字典

    def get_codebook_entry(self, ids: torch.Tensor):
        """
        根据指定的索引获取码本中的嵌入向量
        """
        return self.embedding_table(ids)  # 使用嵌入表根据索引获取嵌入向量
```

上面这段代码定义了一个VectorQuantizer类，它是PyTorch中的一个模块，用于将连续的嵌入向量量化为离散的嵌入向量。在初始化时，它创建了一个嵌入表来存储码本中的嵌入向量，并使用均匀分布来初始化这些嵌入向量。

在前向传播过程中，它首先调整输入张量的形状，然后计算输入向量与嵌入向量之间的距离，找到最近的嵌入向量索引，并根据这些索引获取对应的嵌入向量。接着，它计算承诺损失、码本损失以及总损失，并确保梯度能够通过量化后的嵌入向量传递。最后，它恢复了张量的原始形状，并构造一个包含损失和嵌入向量索引的字典，作为输出结果。

13.2　基于 VQ-VAE 的手写体生成

对于VQ-VAE的应用，其核心功能在于能够将原本连续的图像数据转换为离散的token表示。这一过程不仅实现了图像的高效压缩与编码，还为后续的图像处理和分析提供了新的视角。通过这些离散的token，我们可以更灵活地处理和操作图像数据，例如进行图像的检索、分类、编辑等任务。

具体来说，VQ-VAE通过学习一个离散的潜在空间来表示图像，这个空间由一系列预定义的token构成。在训练过程中，VQ-VAE会将输入图像编码到这个离散空间中，选择最接近的token来表示图像的局部特征。这样，原本由像素值构成的连续图像就被转换成了一系列离散的token。

在生成图像时，VQ-VAE则根据这些token来解码并重构图像。由于token的离散性，生成的图像虽然在细节上可能与原图有差异，但整体上能够保留原图的主要特征和结构。这种离散化的表示方法不仅降低了数据的复杂性，还提高了生成模型的效率和可控性。

此外，VQ-VAE生成的离散token序列还可以作为其他模型（如Transformer等）的输入，从而进一步拓展其在图像处理领域的应用。例如，可以通过对这些token进行序列建模，生成具有特定风格或内容的图像，或者实现图像的补全和修复等功能。

接下来我们将完成基于VQ-VAE的图像生成。

13.2.1　图像的准备与超参数设置

本小节我们将完成图像的准备，即使用MNIST数据集完成编码器VQ-VAE的手写体的生成。首先是图像文本的获取，我们可以直接使用MNIST数据集对图像内容进行提取，代码如下：

```
from torch.utils.data import Dataset
from torchvision.transforms.v2 import PILToTensor, Compose
import torchvision
from tqdm import tqdm
import torch
```

```
import random

# 手写数字
class MNIST(Dataset):
    def __init__(self, is_train=True):
        super().__init__()
        self.ds = torchvision.datasets.MNIST('../../dataset/mnist/', train=is_train,
download=True)
        self.img_convert = Compose([
            PILToTensor(),
        ])

    def __len__(self):
        return len(self.ds)

    def __getitem__(self, index):
        img, label = self.ds[index]

        #text = f"现在的数字是：{label}#"
        text = random.sample(sample_texts,1)[0][-10:]
        text = text + str(label) + "#"

        full_tok = tokenizer_emo.encode(text)[-12:]
        full_tok = full_tok + [1] * (12 - len(full_tok))

        inp_tok = full_tok[:-1]
        tgt_tok = full_tok[1:]

        inp_tok = torch.tensor(inp_tok)
        tgt_tok = torch.tensor(tgt_tok)

        """
        torch.Size([1, 28, 28])
        """
        return self.img_convert(img) / 255.0, inp_tok,tgt_tok
```

上面的代码复用了文本生成部分的MNIST数据集，读者在具体使用时，可以根据需要自行对其进行调整。

接下来，我们需要完成图像的超参数设计。在求解VQ-VAE的过程中，我们设计了如下的参数内容：

```
class Config:
    in_channels = 1
    d_model = 384
    image_size = 28
    patch_size = 4
    num_heads = 6
    num_layers = 3

    token_dim = token_size = 256
```

```
latent_token_vocab_size = num_latent_tokens = 32

codebook_size = 4096
```

token_size是指在VQ-VAE模型中量化后，每个token（或"码字"）在潜在空间的维度。编码器会将输入数据转换为潜在表示，进而量化至一个离散的潜在空间。此量化步骤是通过将潜在表示中的每个向量用最近的"码字"替代来实现的，这些"码字"源于一个预先设定的码本。token_size参数即确定了这些"码字"的维度大小。例如，若token_size为12，则意味着每个"码字"是一个12维的向量。

num_latent_tokens则代表在VQ-VAE的潜在空间中使用的不同"码字"的数量，它决定了码本的大小，即码本中包含离散向量的数目。在模型中，码本是一个可学习的参数集合，存储了表示输入数据特征的"码字"。num_latent_tokens参数控制着码本的大小，并影响模型捕捉输入数据细节的能力。举例来说，若num_latent_tokens设为64，则码本包含64个不同的"码字"，在量化潜在表示时，模型会从这些"码字"中选择一个来替换每个向量。

13.2.2　VQ-VAE 的编码器与解码器

本小节讲解VQ-VAE的编码器和解码器。首先是编码器的作用，编码器将连续的图像特征转换为具有特定数目的token表示，而解码器则是将token复原成图像。

1. 编码器

编码器（Encoder）是深度学习模型中一个常见的组件，特别是在处理图像、文本等类型的数据时。它的主要作用是将输入数据（如图像）转换成一个更紧凑、更易于处理的表示形式，通常称为"编码"或"潜在表示"（Latent Representation）。这种表示可以捕捉输入数据的关键特征，并用于后续的任务，如分类、生成等。

其中，潜在表示（Latent Representation）是深度学习中的一个核心概念，它指的是模型内部学习到的一种数据表示。这种表示通常不是直接可观察的，而是捕捉了输入数据的内在结构和特征。在上面的示例代码中，潜在表示是通过Encoder模块中的一系列变换得到的，它将原始图像数据转换成一种更高级、更抽象的形式。这种潜在表示有助于模型更好地理解和处理输入数据，进而提升在各种任务上的性能。

完整的编码器代码如下：

```
import einops
import torch
from einops.layers.torch import Rearrange
from torch import nn

class ExtractLatentTokens(torch.nn.Module):
    """
    提取潜在表示（Latent Tokens）的模块。

    这个模块用于从输入张量中提取一部分作为潜在表示，通常用于生成模型中，
    例如变分自编码器（VAE）或者生成对抗网络（GAN）中的潜在空间操作。
```

```
    属性:
    grid_size (int): 网格的大小, 用于确定从输入张量中提取潜在表示的起始位置
    """
    def __init__(self, grid_size):
        """
        初始化 ExtractLatentTokens 模块。

        参数:
        grid_size (int): 网格的大小, 这个值的平方将用于确定输入张量中
                        从哪个位置开始提取潜在表示
        """
        super(ExtractLatentTokens, self).__init__()
        self.grid_size = grid_size

    def forward(self, x):
        """
        前向传播方法, 从输入张量中提取潜在表示。

        参数:
        x (torch.Tensor): 输入张量, 通常包含数据的完整表示。

        返回:
        torch.Tensor: 提取的潜在表示张量, 包含从输入张量中指定位置开始的
                        所有元素
        """
        # 计算提取起始位置的索引, 即 grid_size 的平方
        start_index = self.grid_size ** 2

        # 返回从 start_index 开始到 x 结束的切片, 即提取的潜在表示
        return x[:, start_index:]


import config
from blocks import ResidualAttention


class Encoder(nn.Module):
    def __init__(self,config = config.Config,positional_embedding =
None,latent_token_positional_embedding = None):
        super(Encoder, self).__init__()
        in_channels = config.in_channels
        self.image_size = config.image_size
        d_model = self.d_model = self.width = config.d_model
        self.num_heads = config.num_heads
        self.num_layers = config.num_layers
        self.patch_size = config.patch_size

        scale = self.width ** -0.5  # scale by 1/sqrt(d)

        self.token_size =  config.token_size#
        self.patch_embed =
torch.nn.Conv2d(in_channels=in_channels,out_channels=self.width,kernel_size=
```

```python
self.patch_size,stride= self.patch_size,bias = True)

        # 图像补丁的位置嵌入        #torch.Size([49, 384])
        self.grid_size = self.image_size // self.patch_size
        #这个position_embedding 是加在图形上，以及加在补丁上
        self.positional_embedding = positional_embedding  # [ 7*7, 384 ]
        self.latent_token_positional_embedding = latent_token_positional_embedding

        self.transformer = nn.ModuleList()
        for _ in range(self.num_layers):
            self.transformer.append(ResidualAttention(d_model=self.d_model,
attention_head_num=6))

        self.norm = torch.nn.RMSNorm(d_model)
        self.model =
nn.Sequential(*self.transformer,ExtractLatentTokens(grid_size=self.grid_size),self.norm
)
        self.encoder_out = nn.Linear(self.width, self.token_size)

    def forward(self, pixel_values, latent_tokens):

        B, _, _, _ = pixel_values.shape
        x = pixel_values
        x = self.patch_embed(x)
        x = einops.rearrange(x, "B C H W -> B (H W) C ")

        x = x + self.positional_embedding.to(x.dtype)

        latent_tokens = einops.repeat(latent_tokens, "T C -> B T C", B=B)
        x = torch.cat([x, latent_tokens], dim=1)
        x = self.model(x)
        x = x + self.latent_token_positional_embedding.to(x.dtype)

        x = self.encoder_out(x)
        return x    #[-1,32,256]
```

在上面示例代码的Encoder类中，潜在表示是通过多个Transformer层的自注意力机制和非线性变换逐步构建起来的。这些层能够捕捉输入图像中不同位置之间的依赖关系，并将这些信息编码到一个固定大小的向量空间中。这个过程使得模型能够提取出图像的关键特征，并以一种紧凑且高效的方式表达出来，即形成潜在表示。

最后，这种潜在表示在模型的后续部分发挥着重要作用。它可以被用作分类、生成或其他相关任务的输入，帮助模型更好地完成这些任务。在上面的代码中，潜在表示最终通过线性输出层被转换成目标大小的编码向量，这个向量可以进一步用于下游任务的处理和分析。

2. 解码器

接下来完成模型的解码器。解码器作为VQ-VAE的另一核心组件，其任务与编码器相反，即将编码器生成的离散token表示重新映射回原始的图像空间。解码器能够逐步还原出图像的低层次细节，最终生成与输入图像在视觉上相似的重建图像。而且，由于token表示的离散性，解码器在生成图像

时具有一定的创造性和多样性，使得VQ-VAE在生成新颖、多样化的图像方面表现出色。解码器代码如下：

```python
import einops
import torch
from einops.layers.torch import Rearrange
from torch import nn
import torch
from torch.nn.functional import embedding

import config
class RemoveLatentTokens(nn.Module):
    def __init__(self, grid_size):
        super().__init__()
        self.grid_size = grid_size

    def forward(self, x):
        return x[:, 0 : self.grid_size**2]

from blocks import ResidualAttention

class Decoder(nn.Module):
    def __init__(self,config = config.Config,positional_embedding =
None,latent_token_positional_embedding = None):
        super().__init__()
        self.image_size = config.image_size
        self.patch_size = config.patch_size
        self.grid_size = self.image_size // self.patch_size
        self.num_latent_tokens = config.num_latent_tokens
        d_model = self.d_model = self.width = config.d_model
        self.token_size = config.token_size
        self.num_heads = config.num_heads
        num_layers = self.num_layers = config.num_layers

        # project token dim to model dim
        self.grid_size = self.image_size // self.patch_size
        self.decoder_embed = nn.Linear(self.token_size, self.width, bias=True)
        scale = config.d_model ** -0.5
        #这个position_embedding 是加在图形上，以及加在补丁上
        self.positional_embedding = positional_embedding
        self.latent_token_positional_embedding = latent_token_positional_embedding

        self.remve_laten_token_layer = RemoveLatentTokens(self.grid_size)

        self.transformer = nn.ModuleList()  # attention layers
        for _ in range(self.num_layers):
            self.transformer.append(ResidualAttention(d_model =
self.d_model,attention_head_num=6))

        self.norm = torch.nn.RMSNorm(d_model)
```

```
        # FFN to convert mask tokens to image patches
        self.ffn = nn.Sequential(
            nn.Conv2d(self.width, config.in_channels * self.patch_size ** 2, 1, padding=0,
bias=True),
            Rearrange(
                "B (P1 P2 C) H W -> B C (H P1) (W P2)",
                P1=self.patch_size,
                P2=self.patch_size,
            ),
        )
        # conv layer on pixel output
        self.conv_out = nn.Conv2d(config.in_channels, config.in_channels, 3, padding=1,
bias=True)

        self.model =
nn.Sequential(*self.transformer,RemoveLatentTokens(grid_size=self.grid_size),self.norm)

    def forward(self, z_q, latent_tokens):

        x = z_q
        B,T,C = x.shape
        x = self.decoder_embed(x)

        mask_tokens = torch.unsqueeze(latent_tokens,dim=0).repeat(B, 1, 1).to(x.dtype)
        mask_tokens = mask_tokens +
self.latent_token_positional_embedding.to(mask_tokens.dtype)

        x = torch.cat([mask_tokens, x], dim=1)
        x = self.model(x)  # decode latent tokens
        x = x + self.positional_embedding

        x = einops.rearrange(x,"B (H W) C -> B C H W", H=self.grid_size, W=self.grid_size)
        x = self.ffn(x)
        x = self.conv_out(x)
        return x
```

上面的示例代码通过对输入的文本进行解码，从而完成了图像的重建任务。

13.2.3　VQ-VAE 的模型设计

在完成编码器与解码器的程序实现后，后面需要完成VQ-VAE的主程序设计。在13.2.2节中，我们已经详细阐述了VQ-VAE实现的核心要点。在具体程序设计方面，我们既可以选择手工编写这部分代码，以充分掌握每一个实现细节，也可以利用预设的vector_quantize_pytorch库来简化模型的设计过程。首先，我们需要安装vector_quantize_pytorch库：

```
pip install vector_quantize_pytorch
```

之后完成VQ-VAE模型，代码如下：

```
import torch,einops
```

```python
import encoder
import decoder
import config

from vector_quantize_pytorch import VectorQuantize

class Tokenizer(torch.nn.Module):
    """
    1D Image Tokenizer
    """
    def __init__(self, config = config.Config()):
        super(Tokenizer, self).__init__()
        self.config = config
        self.image_size = config.image_size
        self.patch_size = config.patch_size
        self.grid_size = self.image_size // self.patch_size

        scale = config.d_model ** -0.5
        self.latent_tokens = torch.nn.Parameter(scale * torch.randn(self.grid_size ** 2, config.d_model))
        self.positional_embedding = torch.nn.Parameter(scale *
torch.randn(self.grid_size ** 2, config.d_model))  # [ 7*7, 384 ]
        self.latent_token_positional_embedding = torch.nn.Parameter(scale *
torch.randn(self.grid_size ** 2, config.d_model))

        self.encoder = encoder.Encoder(config,self.positional_embedding,
self.latent_token_positional_embedding)
        self.decoder = decoder.Decoder(config,self.positional_embedding,
self.latent_token_positional_embedding)

        self.vq = VectorQuantize(dim = config.token_dim,codebook_size =
config.codebook_size,decay = 0.8,commitment_weight = 1.)


    #模型训练用
    def forward(self, x):
        z_q,indices, commit_loss = self.encode(x)

        decoded_imaged = self.decoder(z_q,self.latent_tokens)
        return decoded_imaged,commit_loss

    def encode(self, x):
        embedding = self.encoder(x,self.latent_tokens)

        quantized, indices, commit_loss = self.vq(embedding)
        return quantized,indices, commit_loss

    def decode_tokens(self, tokens):
        z_q = self.vq.get_codes_from_indices(tokens)
```

```
        return self.decoder(z_q)
```

在上面的代码中，我们定义了解码与编码模块，vq模块从编码器输出中提取对应的向量表示，并通过计算得到离散的token-indices。commit_loss是贡献的损失函数，其作用是在计算时对内容进行损失计算并反馈结果。

13.2.4 VQ-VAE 的训练与预测

本小节将完成VQ-VAE模型的训练，读者可以使用如下代码完成模型的训练：

```python
import tokenizer
import math
from tqdm import tqdm
import torch
from torch.utils.data import DataLoader
import config

device = "cuda"
model = tokenizer.Tokenizer(config=config.Config())
model.to(device)
save_path = "./saver/ViLT_generator.pth"
model.load_state_dict(torch.load(save_path),strict=False)

BATCH_SIZE = 128
seq_len = 49
import get_data_emotion
#import get_data_emotion_2 as get_data_emotion
train_dataset = get_data_emotion.MNIST()
train_loader = (DataLoader(train_dataset, batch_size=BATCH_SIZE,shuffle=True))

optimizer = torch.optim.AdamW(model.parameters(), lr = 2e-4)
lr_scheduler = torch.optim.lr_scheduler.CosineAnnealingLR(optimizer,T_max =
12000,eta_min=2e-7,last_epoch=-1)

for epoch in range(6):
    pbar = tqdm(train_loader,total=len(train_loader))
    for inputs,token_inp,token_tgt in pbar:
        inputs = inputs.to(device)
        token_inp = token_inp.to(device)

        imaged,result_dict = model(inputs)

        #reconstruction_loss = torch.nn.functional.mse_loss(inputs, imaged,
reduction="mean")
        reconstruction_loss = torch.nn.functional.smooth_l1_loss(inputs, imaged,
reduction="sum")
        quantizer_loss = result_dict#["quantizer_loss"]
        autoencoder_loss = reconstruction_loss + quantizer_loss

        optimizer.zero_grad()
```

```
            autoencoder_loss.backward()
            optimizer.step()
            lr_scheduler.step()  # 执行优化器
            pbar.set_description(f"epoch:{epoch +1},
train_loss:{autoencoder_loss.item():.5f}, lr:{lr_scheduler.get_last_lr()[0]*1000:.5f}")
        if (epoch+1) % 2 == 0:
            torch.save(model.state_dict(), save_path)


    torch.save(model.state_dict(), save_path)
```

在上面的代码中，我们需要着重注意损失函数，这里主要定义了两种损失函数，分别是对码表的损失函数计算以及对图像损失函数的计算。在具体使用上，我们采用直接相加的方式来完成函数的计算。读者可以自行完成训练。

接下来是模型的预测部分。我们可以使用训练好的模型对输入的内容进行重建，代码如下：

```python
import tokenizer
import math
from tqdm import tqdm
import torch
from torch.utils.data import DataLoader
import config
import matplotlib.pyplot as plt
device = "cpu"
model = tokenizer.Tokenizer(config=config.Config())

save_path = "./saver/ViLT_generator.pth"
model.load_state_dict(torch.load(save_path),strict=False)

import get_data_emotion
train_dataset = get_data_emotion.MNIST(is_train=False)

img, inp_tok,tgt_tok = train_dataset[929]

plt.imshow(img.permute(1, 2, 0))
plt.show()

image = torch.unsqueeze(img,0)
decoded, result_dict = model(image)
image_decoded = decoded[0].permute(1, 2, 0).detach().numpy()
plt.imshow(image_decoded)
plt.show()
print(image_decoded[0,:5])

img, inp_tok,tgt_tok = train_dataset[2929]
plt.imshow(img.permute(1, 2, 0))
plt.show()
print()
image = torch.unsqueeze(img,0)
decoded, result_dict = model(image)
image_decoded = decoded[0].permute(1, 2, 0).detach().numpy()
```

```
plt.imshow(image_decoded)
plt.show()
print(image_decoded[0,:5])
```

重建结果如图13-4所示，读者可以自行验证。

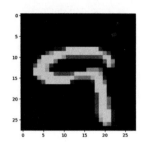 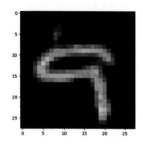

图 13-4　原始图像与重建后的图像

13.2.5　获取编码后的离散 token

13.2.4节我们直接对输入文本进行了预测，即通过输入文本获取重构后的图像。

另外，除直接对图像建模外，还可以通过编码器获取转换后的离散token，并通过这些token对图像进行重建，代码如下（读者一定要完成13.2.4节的训练内容）：

```
import tokenizer
import torch
import config
import matplotlib.pyplot as plt
device = "cpu"
tokenizer = tokenizer.Tokenizer(config=config.Config())

save_path = "./saver/ViLT_generator.pth"
tokenizer.load_state_dict(torch.load(save_path),strict=False)

import get_data_emotion
train_dataset = get_data_emotion.MNIST(is_train=False)

img, inp_tok,tgt_tok = train_dataset[2929]
plt.imshow(img.permute(1, 2, 0))
plt.show()

image = torch.unsqueeze(img,0)
quantized, indices,commit_loss = tokenizer.encode(image)
print(indices.shape)
print(indices)
```

运行结果如下：

```
torch.Size([1, 49])
tensor([[ 22,108,  3,  7,  7,  3, 43, 94, 14,  3,  7,  7,  7,109,14,  1,967,
7,  7,967, 39, 59, 34, 34, 28,  1, 17, 33, 21, 21, 46,  6,  3, 67, 70, 70,
```

```
 84, 76, 22, 3, 7, 7, 7,   3,  43,  90,   1,   7,   7]])
```

首先我们输出了token维度，之后打印了对应的图形离散化的表示。接下来，我们可以使用模型重建这些离散化的图像，代码如下：

```
quantized = tokenizer.vq.get_codes_from_indices(indices)
imaged = tokenizer.decoder(quantized,tokenizer.latent_tokens)
image_decoded = imaged[0].permute(1, 2, 0).detach().numpy()
import matplotlib.pyplot as plt
plt.imshow(image_decoded)
plt.show()
```

读者可以自行尝试。同时，我们看到，对应于不同的离散token，我们通过解码器重建后的图像也有所不同。有兴趣的读者可以通过自定义token的形式修正新的文本生成，代码如下：

```
indices = torch.tensor(([[
        22, 108,    3,   17,   17,   3,  43,  94,  6,   3,   7,   7,   7, 109,
        14,   1,  66,   7,   7,  88,  39,  59,  34,  34,  28,   1,  17,  33,
         7,  21,  46,   6,   3,   5,  70,  70,  12,  76,  22,   3,   7,   7,
         7,   3,  43,  90,   1,   7,   7]]))
quantized = tokenizer.vq.get_codes_from_indices(indices)
imaged = tokenizer.decoder(quantized,tokenizer.latent_tokens)
image_decoded = imaged[0].permute(1, 2, 0).detach().numpy()
import matplotlib.pyplot as plt
plt.imshow(image_decoded)
plt.show()
```

修改后的图像如图13-5所示。

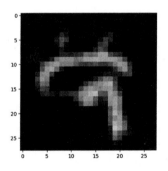

图 13-5　经过修改的 token 生成的图像

可以看到，当我们对部分token数值进行修改后，解码器生成的图像也随之发生了一定的变化。有兴趣的读者可以自行尝试改变更多数值，了解不同token对图像生成的影响。

13.3　基于 FSQ 的人脸生成

对于VQ-VAE的具体应用，我们提出一种称为有限标量量化（Finite Scalar Quantization，FSQ）的简单方案来替换VQ-VAE中的向量量化（Vector Quantization，VQ）。这个新方案希望解决传统VQ中存在的两个主要问题：

- 消除辅助损失。

- 提高码本利用率。

有限标量量化的离散化思路非常简单，就是"四舍五入"。

13.3.1　FSQ 算法简介与实现

将VAE表示投影到少量维度（通常少于10）。每个维度被量化为一组固定的值，由这些数值集合的乘积给出（隐式的）码本（codebook）。

例如，对于一个具有d个channel的向量z，如果将每个条目z_i映射到L个值（例如，$z_i = \text{Round}(L/2 \times \tanh(z_i))$，其中Round是四舍五入算子），则可获得一个量化后的向量z'。FSQ与VQ算法示意如图13-6所示。

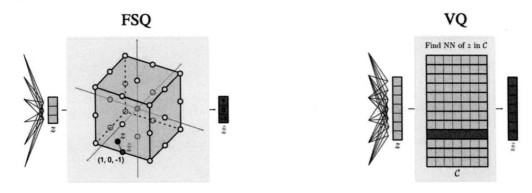

图 13-6　FSQ 与 VQ 算法

在具体训练过程中，FSQ在使用重构损失训练的自动编码器中，我们获得了对编码器的梯度。这迫使模型将信息分散到多个量化单元（quantization bins）中，因为这样做可以减少重构损失。最终结果是，我们获得了一个能够使用所有码字的量化器，而无须任何辅助损失。

尽管FSQ的设计更为简单，但它在图像生成、多模态生成和深度估计等任务中取得了具有竞争力的结果。FSQ的优点在于不会出现码本坍塌（codebook collapse），并且无须使用VQ中为避免码本坍塌而引入的复杂机制，例如承诺损失、码本重新播种、码分割和熵惩罚等。

下面是一个FSQ的具体实现，读者可以参考学习：

```
class FSQ(nn.Module):
    def __init__(self, levels, dim, num_codebooks, ...):
        self.levels = levels              # 例如[8, 5, 5, 5]
        self.dim = dim                    # token的长度，例如1024
        self.num_codebooks = num_codebooks  #codebook的数量，与RVQ相关
        #是否需要Factorized codes技巧
        self.need_project = True if dim != len(levels) else False
        if self.need_project:
            self.project_down = nn.Linear(dim, len(levels))
            self.project_up = nn.Linear(len(levels), dim)

    def forward(self, z_e, return_indices = False):
        # 判断是不是视频（四维度向量，转换成二维度）
```

```
    ...

        if self.need_project:
            z = self.project_down(z_e)

        codes = self.quantizer(z)
        indices = None

        if return_indices:
            indices = self.code_to_indices(codes) # 请移步github repo查看

        out = self.project_up(codes)

        # 视频数据特殊处理
        ...

        return codes if not return_indices else (codes, indices)

    def bound(self, z):
        '''
        levels的下标是从0开始的，所以要减1；除2是为了得到half_l，方便在[-half_l, half_l]上缩放

        最终目的是要把levels中的每个数都缩放到[-half_l, half_l]的区间，
        并且按照level中的不同number等分
        '''
        half_l = (self.levels - 1) * (1 + eps) / 2

        # 奇数天然就关于某个数对称，但是偶数不对称，因此我们需要一个offset来处理偶数
        offset = torch.where(self.levels % 2 == 0, 0.5, 0.0)

        '''
        将一个区间缩放到[-1, 1]，使用tanh函数，因此我们需要让区间可以被tanh处理，
        能够覆盖[-1, 1]
        因此使用atanh函数对shift进行处理
        '''
        shift = (offset / half_l).atanh()

        # (z + shift).tanh()缩放至[-1, 1]
        # 乘 half_l - offset缩放至[-half_l, half_l]
        return (z + shift).tanh() * half_l - offset

    def round_ste(self, z):
        zhat = z.round() #量化
        return z + (zhat - z).detach() #VQ保证梯度传播的基本操作

    def quantizer(self, z):
        quantized = self.round_ste(self.bound(z))
        half_width = self.levels // 2
        return quantized / half_width    # Renormalize to [-1, 1].
```

区间

13.3.2 人脸数据集的准备

我们最终将使用FSQ完成人脸的生成。首先完成人脸数据集的获取，这里直接使用kaggle提供的数据集下载地址完成数据集的下载。这个人脸数据集的安装命令如下：

```
pip install kagglehub
```

人脸数据集的下载，代码如下：

```
import kagglehub

#Download latest version
path = kagglehub.dataset_download("badasstechie/celebahq-resized-256x256")
print("Path to dataset files:", path)
```

上面的代码可以直接下载人脸数据集，读者也可以在随书附带的源码中获取相应的人脸数据。

下一步是人脸数据集的载入。我们可以通过载入人脸数据地址的方法来读取相应的内容，代码如下：

```
import os

import einops
import torchvision
from PIL import Image
from torch.utils.data import DataLoader, Dataset
from torch.utils.data.distributed import DistributedSampler
from torchvision import transforms
import glob

class CelebADataset(Dataset):

    def __init__(self, folder_path = "./dataset/celeba_hq_256/", img_shape=(128, 128)):
        super().__init__()

        self.img_shape = img_shape
        self.filenames = []
        # 遍历文件夹中的文件
        for filename in os.listdir(folder_path):
            if filename.endswith('.jpg'):
                # 打印文件的完整路径
                self.filenames.append(os.path.join(folder_path, filename))

    def __len__(self) -> int:
        return len(self.filenames)

    def __getitem__(self, index: int):
        path = self.filenames[index]
        img = Image.open(path)
        pipeline = transforms.Compose([
            transforms.CenterCrop(168),
            transforms.Resize(self.img_shape),
```

```
        transforms.ToTensor()
    ])
    return pipeline(img)
```

上面的代码用于载入人脸数据，并通过transforms模块对人脸数据的维度进行调整。

13.3.3　基于 FSQ 的人脸重建方案

接下来考虑基于FSQ的人脸重建方案。在这里，我们可以使用13.2节中已经实现的解码器和编码器，并修正其中的vq部分，代码如下：

```
import torch,einops

import encoder
import decoder
import config

from vector_quantize_pytorch import VectorQuantize

import quantizer
from vector_quantize_pytorch import FSQ
class Tokenizer(torch.nn.Module):
    def __init__(self, config = config.Config()):
        super(Tokenizer, self).__init__()
        self.config = config
        self.image_size = config.image_size
        self.patch_size = config.patch_size
        self.grid_size = self.image_size // self.patch_size

        scale = config.d_model ** -0.5
        self.latent_tokens_enc = torch.nn.Parameter(scale * torch.randn(self.grid_size
** 2, config.d_model))
        self.latent_tokens_dec = torch.nn.Parameter(scale * torch.randn(self.grid_size
** 2, config.d_model))
        self.positional_embedding = torch.nn.Parameter(scale *
torch.randn(self.grid_size ** 2, config.d_model))  # [ 7*7, 384 ]
        self.latent_token_positional_embedding = torch.nn.Parameter(scale *
torch.randn(self.grid_size ** 2, config.d_model))

        self.encoder = encoder.Encoder(config,self.positional_embedding,
self.latent_token_positional_embedding)
        self.decoder = decoder.Decoder(config,self.positional_embedding,
self.latent_token_positional_embedding)

        self.vq =   FSQ(dim = config.token_dim,levels = [8, 5, 5, 5])

    #模型训练用
    def forward(self, x):
        z_q,indices = self.encode(x,self.latent_tokens_enc)
        decoded_imaged = self.decoder(z_q,self.latent_tokens_dec)
```

```
        return decoded_imaged

    def encode(self, x,latent_tokens):

        embedding = self.encoder(x,latent_tokens)
        quantized, indices = self.vq(embedding)

        return quantized,indices

    def decode_tokens(self, tokens):
        z_q = self.vq.get_codes_from_indices(tokens)
        return self.decoder(z_q)
```

上面的代码只输出重建的部分。而对于vq本身的损失，我们可以根据文本的输出损失进行计算。对应的训练代码如下：

```
import tokenizer
import math
from tqdm import tqdm
import torch
from torch.utils.data import DataLoader
import config

device = "cuda"
model = tokenizer.Tokenizer(config=config.Config())
model.to(device)
save_path = "./saver/ViLT_generator.pth"
model.load_state_dict(torch.load(save_path),strict=False)

BATCH_SIZE = 32
seq_len = 49
import get_face_dataset

train_dataset = get_face_dataset.CelebADataset()
train_loader = (DataLoader(train_dataset, batch_size=BATCH_SIZE,shuffle=True))

optimizer = torch.optim.AdamW(model.parameters(), lr = 2e-4)
lr_scheduler = torch.optim.lr_scheduler.CosineAnnealingLR(optimizer,T_max =
12000,eta_min=2e-7,last_epoch=-1)

criterion = torch.nn.MSELoss()
latent_loss_weight = 0.25
for epoch in range(2):
    pbar = tqdm(train_loader,total=len(train_loader))
    for inputs in pbar:
        optimizer.zero_grad()

        inputs = inputs.to(device)
        imaged = model(inputs)

        reconstruction_loss = criterion(imaged, inputs)
```

```
        autoencoder_loss = reconstruction_loss

        autoencoder_loss.backward()
        optimizer.step()
        lr_scheduler.step()  # 执行优化器
        pbar.set_description(f"epoch:{epoch +1},
train_loss:{autoencoder_loss.item():.5f}, lr:{lr_scheduler.get_last_lr()[0]*1000:.5f}")
        if (epoch+1) % 3 == 0:
            torch.save(model.state_dict(), save_path)
    torch.save(model.state_dict(), save_path)
```

读者可以自行完成训练。此时需要注意，由于我们实现的是图像生成任务，对资源耗费比较大，因此在训练时需要根据自身硬件配置对batch_size的大小进行相应调整，以确保训练能够顺利进行。

13.3.4 基于 FSQ 的人脸输出与离散 token

完成上面的训练后，人脸输出就比较简单了。我们可以略微修正13.2节的输出函数完成人脸的输出内容，主要代码如下：

```
...
image = torch.unsqueeze(img,0)
decoded = model(image)
image_decoded = decoded[0].permute(1, 2, 0).detach().numpy()
plt.imshow(image_decoded)
plt.show()
print(image_decoded[0,:5])
...
```

通过对模型进行重建后生成的图像进行展示，即可获得全新的生成结果。生成结果如图13-7所示。

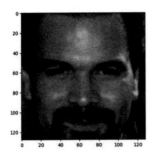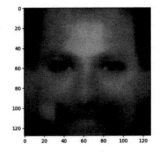

图 13-7　基于 FSQ 的人脸生成

对token的获取，我们同样可以通过修正输出部分来获取，代码如下：

```
...
image = torch.unsqueeze(img,0)
quantized, indices = tokenizer.encode(image)
print(indices.shape)
print(indices)
...
```

读者也可以打印token，并通过修改token值来比较不同token值对应的生成部分的区别。有兴趣的读者可以自行尝试。

13.4　基于 FSQ 算法的语音存储

计算机系统中语音向量的存储是一件相当复杂的工作，它不仅耗费巨大的存储空间，而且对数据的处理速度和质量提出了严苛的要求。语音信号以其高维度的特性和丰富的动态变化，使得传统的数据存储方法难以应对。为了有效地存储和管理这些语音向量，我们需要采用一系列先进的技术手段。

首先，数据压缩技术是降低语音向量存储空间需求的关键。通过利用语音信号中的冗余信息和人类听觉系统的特性，我们可以采用无损或有损压缩算法，显著减少存储所需的数据量。例如，变换编码、子带编码以及近年来兴起的深度学习压缩方法，都能在保留语音质量的同时，实现高效的压缩比。

其次，针对语音向量的快速检索和访问需求，设计合理的索引和存储结构至关重要。通过将语音向量映射到低维空间或者提取关键特征进行索引，可以大大提高检索效率。同时，分布式存储系统的应用也能进一步分散存储负载，提供并行处理的能力，从而加速语音数据的读写操作。

此外，为了保证语音向量的长期保存和可靠性，存储系统的容错性和数据恢复能力也是不可忽视的方面。通过采用冗余存储、数据校验和灾备技术，我们可以在硬件故障或自然灾害等极端情况下，确保语音数据的安全性和完整性。

13.4.1　无监督条件下的语音存储

对于语音存储工作，若能将连续的语音信号转换为离散信号，无疑是一种极具实用性的方法。通过运用VQ-VAE技术，我们能够实现这一转换，将连续的语音信号转变为离散的信号形式。

在前面的章节中，我们探讨了图像特征的重构方法，这种方法需要在训练数据的基础上进行。在处理语音重构时，我们可以依赖重构技术来实现语音的完整再现，还可以探索其他多种途径。

例如，利用FSQ压缩信号的特性，我们可以进行高效的语音压缩与存储，从而节省大量的空间资源。下面的代码是作者实现的一个语音离散化存储方案。

```python
from vector_quantize_pytorch import FSQ,VectorQuantize
class Tokenizer(torch.nn.Module):
    """
    1D Image Tokenizer
    """
    def __init__(self, config = config.Config()):
        super(Tokenizer, self).__init__()
        self.config = config

        self.scale = config.d_model ** -0.5
        self.encoder = encoder.Encoder(config)

        self.latent_tokens = torch.nn.Parameter(self.scale *
```

```
torch.randn(config.latent_token_vocab_size,
config.d_model))#torch.randn(size=(cfg.latent_token_vocab_size, cfg.d_model))
        self.vq = VectorQuantize(dim=config.token_dim,codebook_size= config.vocab_size
* 2)

    def forward(self, x):
        indices = self.encode(x,self.latent_tokens)

        return indices

    def encode(self, x,latent_tokens):
        embedding = self.encoder(x,latent_tokens)
        quantized, indices, self.commit_loss = self.vq(embedding)

        return indices
```

在上面的代码中，我们通过VectorQuantize类实现了一个将连续向量转换成离散向量的方法，并通过返回indices输出对应的离散值。

13.4.2 可作为密码机的离散条件下的语音识别

前面我们处理的语音信号，实际上并不能直接与原始的语音信号进行直接对接，而是必须先经过一个重新解码的环节。在接下来的内容中，我们将着手编写解码器部分，具体实现如下：

```
from module import blocks
class Decoder(torch.nn.Module):
    def __init__(self, config = config.Config()):
        super().__init__()
        self.embedding_layer = torch.nn.Embedding(config.vocab_size, config.d_model)
        self.attn_layer = blocks.ResidualAttention(config.d_model,config.num_heads)
        self.logits_layer = torch.nn.Linear(config.d_model, config.vocab_size)

    def forward(self, input):
        embedding = self.embedding_layer(input)
        for _ in range(3):
            embedding = self.attn_layer(embedding)
        embedding = torch.nn.functional.dropout(embedding, p=0.1,
training=self.training)

        logits = self.logits_layer(embedding)
        return logits
```

对于整体模型的构建，我们可以采用分段式的方法，分别对编码器和解码器进行存储，代码如下：

```
import tokenizer

decoder = tokenizer.Decoder()
tokenizer = tokenizer.Tokenizer()

# 加载Tokenizer的参数
```

```
tokenizer.load_state_dict(torch.load('./saver/tokenizer_state_dict.pth'),strict=Fa
lse)

# 加载Decoder的参数
decoder.load_state_dict(torch.load('./saver/decoder_state_dict.pth'),strict=False)

cipher_machine = torch.nn.Sequential(tokenizer,decoder)
cipher_machine.to(device)

...

# 保存Tokenizer的参数
torch.save(tokenizer.state_dict(), './saver/tokenizer_state_dict.pth')

# 保存Decoder的参数
torch.save(decoder.state_dict(), './saver/decoder_state_dict.pth')
```

在上面的代码中，我们分别对不同功能的组件进行了保存和加载。这样做的好处是，这些组件既可以同时作为编码器和解码器一起使用，也可以单独用于不同目标用户的协同任务中。

13.5　本章小结

在本章中，我们成功实现了基于编码器的图像和语音的转换与重建工作。显而易见，借助编码器的强大功能，我们能够将原本连续的数据巧妙地转换为离散形式，这一转换过程高效地保留了图像的核心信息。更重要的是，通过利用编码器生成的内容，我们能够准确无误地重建原始图像，再现了原本对象的细致纹理与丰富色彩。

这一技术的实现，不仅为图像处理领域带来了新的突破，也为后续的图像分析、存储与传输等应用提供了强有力的支持。通过图像编码器，我们可以更加灵活地处理各种图像数据，无论是进行图像的压缩以节省存储空间，还是进行图像的增强以提升视觉效果，都变得触手可及。

展望未来，随着技术的不断进步与编码器的持续优化，我们有理由相信，基于图像编码器的图像转换与重建技术将在更多领域大放异彩，为人们的生活与工作带来更多便利与创新。

## 第 14 章

基于PyTorch的端到端视频分类实战

在计算机视觉领域，图像识别已经发展得相当成熟，无论是人脸识别、物体检测，还是场景分类，其准确率与效率都达到了前所未有的高度。然而，技术的发展步伐从未停歇，随着科技的日新月异，视频处理正逐渐成为我们下一个需要聚焦的热点。

视频处理不仅仅是图像识别的简单延伸，它涉及时间序列分析、动态目标跟踪、行为识别等多个复杂维度。与静态图像相比，视频数据蕴含更丰富的时空信息和上下文关系，这为分析和理解提供了更广阔的空间，同时也带来了更大的技术挑战。

随着深度学习、人工智能等技术的不断进步，我们已经有能力对连续的视频帧进行高效处理，从而提取出有价值的动态信息和行为模式。这不仅可以应用于智能监控、自动驾驶等领域，还能在娱乐、教育等多个行业中发挥重要作用。

本章将从视频分类开始，详细介绍使用PyTorch完成视频分类的实战。

14.1　视频分类数据集的准备

本节我们将完成视频分类任务，通过具体案例来探索和理解视频数据的处理与分析。在此过程中，我们将使用HDM51人类动作姿势数据集，这是一个专注于人体动作识别的经典数据集，包含多种人类动作的视频片段。

HDM51数据集为我们提供了丰富的动作类别，如行走、跑步、挥手等，每个动作都由不同的表演者在不同场景下完成，这为我们构建稳健的视频分类模型提供了宝贵的数据资源。通过这些视频数据，我们能够深入研究人体动作的动态特征，进而提升模型对复杂动作模式的识别能力。

在接下来的实战中，首先对数据集进行预处理，包括视频帧的提取、标签的编码等。随后，构建深度学习模型，通过训练和学习，使模型能够准确识别视频中的动作类别。

此外，我们还将探讨如何优化模型性能，包括调整模型结构、选择合适的损失函数和优化算法等。最终，我们将通过评估指标来检验模型的性能，并展示模型在实际应用中的效果。

通过本节的实战，我们不仅可以掌握视频分类的基本流程和方法，还能深入理解视频数据处理和深度学习模型构建的关键技术。让我们一同踏上这段探索之旅，共同揭开视频分类的神秘面纱。

14.1.1　HMDB51 数据集的准备

随着人工智能技术的不断发展，视频分类技术在各个领域的应用越来越广泛。想要实现准确的视频分类，一个优秀的数据集是必不可少的。HMDB51作为一个人类行为识别数据集，具有数据量适中、标注准确、行为类别丰富等特点，成为行为识别领域的重要基石。

HMDB51数据集包含51种不同的人类行为类别，如"刷牙""打电话""跳舞"等，每个类别都有大量的视频片段作为样本。这些视频片段来自不同的来源，包括电影、电视节目、YouTube视频等，因此具有很高的多样性和实用性。每个视频片段的长度大约为3秒钟，分辨率统一为320×240像素，方便进行模型训练和测试。HDM51数据集示例如图14-1所示。

图 14-1　HDM51 数据集示例

读者可以自行下载HMDB51数据集，也可以通过本书自带的数据集获取全部视频数据内容。这里，假设读者已经下载了全部视频内容，并将其解压以后存放在特定的文件夹中。这个数据集的读取函数代码如下：

```python
import torch
import glob
import os
import numpy as np

from torch.utils.data import Dataset, DataLoader

import video_utils

categories_list = [
    'brush_hair',"climb","dribble","drink","laugh","pour","ride_horse"
    ,"run","shake_hands","shoot_bow","sit","smoke","swing_baseball","talk","turn","
```

```
walk"]

    avi_files_list = []
    label_list = []
    for category in categories_list:

        file_paths = "C:/Users/xiaohua/Desktop/hmd16/" + category
        # 使用glob模块查找所有以.avi结尾的文件
        avi_files = glob.glob(os.path.join(file_paths, '*.avi'))
        avi_files_list += (avi_files)

        category_id = categories_list.index(category)
        label_list += [category_id] * len(avi_files)

    np.random.seed(29);np.random.shuffle(avi_files_list)
    np.random.seed(29);np.random.shuffle(label_list)

    from sklearn.model_selection import train_test_split
    # 拆分数据集为训练集和测试集，例如使用 80% 的数据作为训练集，20% 的数据作为测试集
    avi_files_train, avi_files_test, label_train, label_test =
train_test_split(avi_files_list, label_list, test_size=0.05, random_state=929)
```

在上面的代码中，categories_list是HMDB51中16个示例最多的类别。我们这里还切割了5%的数据集作为测试集，供模型测试时使用。

14.1.2　视频抽帧的处理

视频这一我们日常生活中随处可见的媒介形式，实质上是由无数静态帧的巧妙串联构成的。每一帧都仿佛是时间的切片，精准捕捉了瞬间的画面与深藏的情感。当这些帧以特定的速度连续呈现时，它们便融合成动态的影像，娓娓道来各种故事，传递着丰富的信息。

在本小节中，我们将运用深度学习模型对视频进行分类。要实现这一目标，首先要从视频中抽取合适数量的帧数。这一过程并非简单随机，而是需要精心策划，以确保所选帧能够充分代表视频的整体内容与特征。随后，我们将这些抽取出的帧进行组合，形成一个能够全面反映视频内容的帧序列。

这一帧序列的构建是深度学习模型能否准确分类视频的关键。我们需要确保所组合的帧数既能捕捉到视频的主要信息，又不会因数量过多而导致冗余，影响模型的判断。通过精心挑选与组合，我们期望能够构建一个高效、准确的视频分类模型，为后续的视频处理与分析奠定坚实的基础。

对于视频的获取，我们可以使用cv2库提取对应的数据，并将其分解成多个帧输入模型中进行检测。这里作者提供了一个基本的从视频中提取帧的函数，代码如下：

```
def get_frames(video_path, n_frames=96,resize = 112):
    frames = []
    cap = cv2.VideoCapture(video_path)

    while True:
        ret, frame = cap.read()
        if not ret or n_frames <= 0:
```

```
        break

    # 在这里可以对frame进行处理，比如显示或保存
    # 例如，显示当前帧
    frame = cv2.resize(frame, (resize, resize)) / 255.

    frames.append(frame)
    n_frames -= 1

return frames
```

上面的代码首先从路径中获取视频文件，之后从中抽取n_frames个帧构成多个帧图像，再通过 stack的函数将多个帧组合成一个具有3D维度的函数。

一般情况下，读取的视频文件在我们需要抽取的帧数目过大时，需要对其进行补帧，因此在实践中，除完成抽帧的函数外，还需要完成补帧的功能，相关代码如下：

```
def pad_frames(frames, n_frames = 96):
    if len(frames) == n_frames:
        return frames
    elif len(frames) < n_frames:
        while len(frames) < n_frames:
            frames.append(frames[-1])
        return frames
    else:
        return [frames[i] for i in np.linspace(0, len(frames) - 1, n_frames, dtype=int)]
```

这个函数根据传入的n_frames对已有的视频帧进行切割和补全，这里使用最后一帧对所有的内容进行补全操作，从而构成一个固定大小的视频切片。

除直接对视频帧进行提取外，我们还需要调整视频大小的维度，并使用不同的形式对其进行处理。这里，作者提供了一个切割图像后随机进行仿射变换的方案，代码如下：

```
trans = transforms.Compose([
    transforms.ToPILImage(),
    transforms.Resize((112, 112)),
    transforms.RandomHorizontalFlip(p=0.5),
    # 用于对图像进行随机的仿射变换，degrees为旋转角度，translate为水平和垂直平移的最大绝对分数
    transforms.RandomAffine(degrees=0, translate=(0.1, 0.1)),
])
```

在训练时，除直接从片段中截取的一个固定长度的片段帧外，还可以从片段中随机截取一个随机的片段帧。获取帧全长的代码如下：

```
def get_video_length(video_path):
    cap = cv2.VideoCapture(video_path)
    length = int(cap.get(cv2.CAP_PROP_FRAME_COUNT))
    cap.release()
    return length
```

而获取一个随机片段帧的代码如下：

```
import random
```

```python
def get_random_frames(video_path, n_frames=96, resize=112):
    # 首先获取视频的总帧数
    total_frames = get_video_length(video_path)

    # 确保请求的帧数不超过视频的总帧数
    n_frames = min(n_frames, total_frames)

    # 随机选择一个起始帧
    start_frame = random.randint(0, total_frames - n_frames)

    # 初始化帧列表和VideoCapture对象
    frames = []
    cap = cv2.VideoCapture(video_path)

    # 设置视频捕获到起始帧
    cap.set(cv2.CAP_PROP_POS_FRAMES, start_frame)

    # 捕获指定数量的帧
    for _ in range(n_frames):
        ret, frame = cap.read()
        if not ret:
            break  # 如果读取失败，则退出循环

        # 对帧进行处理，比如调整大小和归一化
        frame = cv2.resize(frame, (resize, resize)) / 255.

        # 将处理后的帧添加到列表中
        frames.append(frame)

    # 释放VideoCapture对象
    cap.release()

    # 返回捕获的帧列表
    return frames
```

14.1.3　基于 PyTorch 的数据输入

接下来，我们需要完成PyTorch的数据输入。在这一步中，我们基于切分的训练集与测试集地址，读取视频并将其转换后传递到模型中。我们分别准备了训练时数据的输入以及测试时数据的输入，代码如下：

```python
class TrainDataset(Dataset):
    def __init__(self, avi_files_list = avi_files_train, label_list = label_train):

        self.avi_files_list = avi_files_list
        self.label_list = label_list

    def __len__(self):
        return len(self.label_list)
```

```
    def __getitem__(self, idx):

        avi_file = self.avi_files_list[idx]

        frames = video_utils.get_random_frames(avi_file, n_frames=48)
        frames = video_utils.pad_frames(frames,n_frames=48)
        frames = np.array(frames,dtype=np.float32)

        label = self.label_list[idx]

        return torch.from_numpy(frames), torch.tensor(label).long()
```

从上面的代码可以看到，我们在获取帧时，采用的是get_random_frames，即通过获取随机片段帧的形式对视频进行截取。另外，需要注意，对于部分过短视频的处理，我们对其进行补帧，即使用pad_frames函数完成补帧操作。

在测试时使用的是测试数据输入类，代码如下：

```
class TestDataset(Dataset):
    def __init__(self, avi_files_list = avi_files_test,label_list = label_test):

        self.avi_files_list = avi_files_list
        self.label_list = label_list

    def __len__(self):
        return len(self.label_list)

    def __getitem__(self, idx):

        avi_file = self.avi_files_list[idx]

        frames = video_utils.get_frames(avi_file, n_frames=48)
        frames = video_utils.pad_frames(frames,n_frames=48)
        frames = np.array(frames,dtype=np.float32)

        label = self.label_list[idx]

        return torch.from_numpy(frames), torch.tensor(label).long()
```

在上面的代码中，我们把随机获取视频帧替换成普通帧来处理，并且同样使用了补帧方案对帧总数进行补全。

14.2　注意力视频分类实战

14.1节完成了视频数据集的准备，为接下来的实战打下了坚实的基础。在本节中，我们将进一步探索，设计一种基于注意力架构的视频分类实战方案，并借助14.1节自定义的数据准备形式，对视频进行精准分类。

在具体实现上，对于注意力模型而言，关键的一步在于如何将原始视频数据转换成一种模型能够高效处理的嵌入表示。这种嵌入表示不仅需要捕捉视频中的时序信息，还要能够突出关键帧和特征，以供注意力机制进行选择和聚焦。

为了达到这一目的，我们采用先进的深度学习技术，结合视频数据的特性来构建专门的嵌入层。这一层负责将视频帧序列转换为高维的特征向量，同时保留视频中的动态信息和空间结构。通过这些特征向量，注意力模型将能够更准确地识别视频中的关键内容，从而提升分类的准确度和效率。

在接下来的实战中，我们将详细阐述如何构建这种嵌入表示，并将其与注意力模型紧密结合，共同完成视频分类任务。

14.2.1   对于视频的 Embedding 编码器

对于视频的Embedding编码器设计，可以借鉴在2D图像处理中广泛应用的patch_embedding编码器思路。通过类似的方式，我们将视频数据划分为一系列时空块（spatio-temporal patches），每个块都包含视频中的局部时空信息。

具体来说，我们首先将视频帧进行切片，生成一系列包含连续帧的小块。这样做不仅保留了视频中的时间连续性，还使得模型能够更有效地捕捉视频中的动态变化。接下来，将这些时空块通过Embedding层进行转换，生成对应的特征向量。这些特征向量将作为注意力模型的输入，用于后续的分类任务。

通过这种方式，我们能够充分利用视频数据的时空特性，同时降低模型的计算复杂度。此外，通过调整时空块的大小和数量，我们还可以进一步平衡模型的表达能力和计算效率，以适应不同场景下的视频分类任务。

下面代码是作者完成的一个视频Embedding编码器。

```python
import torch
from einops.layers.torch import Rearrange,Reduce

def pair(t):
    return t if isinstance(t, tuple) else (t, t)

class ViT3D(torch.nn.Module):
    def __init__(self, image_size, image_patch_size, frames, frame_patch_size, dim,
pool='cls', channels=3):
        super().__init__()  # 调用父类的初始化方法

        # 将输入的图像大小转换为高度和宽度
        image_height, image_width = pair(image_size)  # 例如: (128, 128)

        # 将输入的图像块大小转换为高度和宽度
        patch_height, patch_width = pair(image_patch_size)  # 例如: (16, 16)

        # 断言确保图像的高度和宽度可以被块的高度和宽度整除
        assert image_height % patch_height == 0 and image_width % patch_width == 0, 'Image
dimensions must be divisible by the patch size.'

        # 断言确保帧数可以被帧块大小整除
        assert frames % frame_patch_size == 0, 'Frames must be divisible by frame patch
```

```
size'  # 例如16帧，每2帧一个块

            # 计算总的块数（考虑图像和帧的维度）
            num_patches = (image_height // patch_height) * (image_width // patch_width) *
(frames // frame_patch_size)

            # 计算每个块的维度（考虑通道数、块的高度、宽度和帧块大小）
            patch_dim = channels * patch_height * patch_width * frame_patch_size  # 例如:
3*16*16*2=1536

            # 断言确保池化类型是'cls'（类标记）或'mean'（平均池化）
            assert pool in {'cls', 'mean'}, 'pool type must be either cls (cls token) or mean
(mean pooling)'

            # 定义从输入到块嵌入的序列模型
            self.to_patch_embedding = torch.nn.Sequential(
                # 重新排列张量的维度以适应3D视频数据
                Rearrange('b (f pf) (h p1) (w p2) c -> b (f h w) (p1 p2 pf c)', p1=patch_height,
p2=patch_width, pf=frame_patch_size),
                # 对重新排列后的数据进行层归一化
                torch.nn.RMSNorm(patch_dim),
                # 线性变换，将块维度转换为指定的隐藏维度（例如1536 -> 1024）
                torch.nn.Linear(patch_dim, dim),
            )

        # 定义前向传播方法
        def forward(self, x):
            # 将输入数据通过定义的序列模型，得到块嵌入
            x = self.to_patch_embedding(x.float())
            return x  # 返回处理后的数据
```

在上面的代码中，我们分别对帧和维度进行了拆分和重新组合，并修正了隐藏维度，从而获得了返回值。

14.2.2　视频分类模型的设计

接下来，我们需要完成视频分类模型的设计工作。在此过程中，我们采用经典的多头注意力模型MHA作为特征编码的核心组件，以协助我们完成视频的分类任务。多头注意力模型因其强大的特征提取和表示能力，在诸多序列处理任务中表现出色，我们相信它同样能在视频分类领域发挥重要作用。代码如下：

```
import torch
from torch import nn
import einops

from rotary_embedding_torch import RotaryEmbedding
class MultiHeadAttention(torch.nn.Module):
    def __init__(self, d_model, attention_head_num):
        super(MultiHeadAttention, self).__init__()
        self.attention_head_num = attention_head_num
```

```python
        self.d_model = d_model

        assert d_model % attention_head_num == 0
        self.scale = d_model ** -0.5
        self.softcap_value = 50.
        self.per_head_dmodel = d_model // attention_head_num

        self.qkv_layer = torch.nn.Linear(d_model, 3 * d_model)
        self.out_layer = torch.nn.Linear(d_model, d_model)

        self.rotary_emb = RotaryEmbedding(dim = self.per_head_dmodel)

        "--------------------------------"
        self.q_scale = torch.nn.Parameter(torch.ones(self.per_head_dmodel))
        self.k_scale = torch.nn.Parameter(torch.ones(self.per_head_dmodel))

    def forward(self, embedding,past_length = 1024):
        b,l,d = embedding.shape

        qky_x = self.qkv_layer(embedding)
        q, k, v = torch.split(qky_x, split_size_or_sections=self.d_model, dim=-1)
        q = einops.rearrange(q, "b s (h d) -> b h s d", h=self.attention_head_num)
        k = einops.rearrange(k, "b s (h d) -> b h s d", h=self.attention_head_num)
        v = einops.rearrange(v, "b s (h d) -> b h s d", h=self.attention_head_num)

        q = torch.nn.functional.normalize(q, dim = -1) * self.q_scale * self.scale
        k = torch.nn.functional.normalize(k, dim = -1) * self.k_scale * self.scale

        q = self.rotary_emb.rotate_queries_or_keys(q)
        k = self.rotary_emb.rotate_queries_or_keys(k)

        sim = einops.einsum(q, k, 'b h i d, b h j d -> b h i j')

        i, j = sim.shape[-2:]

        attn = sim.softmax(dim=-1)
        out = einops.einsum(attn, v, 'b h i j, b h j d -> b h i d')
        embedding = einops.rearrange(out, "b h s d -> b s (h d)")
        embedding = self.out_layer(embedding)
        embedding = embedding[:,-1:]
        return embedding


from st_moe_pytorch import MoE,SparseMoEBlock
class ResidualAttention(nn.Module):
    """
    Residual Attention Block
    """

    def __init__(self,d_model,attention_head_num):
```

```
        super().__init__()
        self.attention_head_num = attention_head_num
        self.merge_norm = torch.nn.RMSNorm(d_model)
        self.attn = MultiHeadAttention(d_model, attention_head_num)  # self attention
        self.mlp = torch.nn.Sequential(torch.nn.GLU(),torch.nn.Linear((d_model // 2),
d_model, bias=False))   # 注意这里输入的维度不要乘以2

    def forward(self,x: torch.Tensor):
        residual = x

        x = self.merge_norm(x)
        attn_output = self.attn(x)
        x = residual + self.mlp(attn_output)  # norm and apply residual FFN
        return x
```

在上面的代码中，我们采用了一个标准的注意力模型，作为视频分类任务的注意力基础计算框架，由于是对视频进行 Embedding 计算，因此我们去掉了因果掩码。

下面的代码就是在注意力模型的基础上完成视频分类模型。

```
import blocks
class ViderClassificationModel_V1(torch.nn.Module):
    def __init__(self,dim = 384,head_num = 6,device = "cuda"):
        super(ViderClassificationModel_V1, self).__init__()
        self.patch_embedding_3d = ViT3D(112,16,frames=48,frame_patch_size=16,dim=dim)

        self.layers = []
        for _ in range(4):
            block = blocks.ResidualAttention(dim, head_num).to(device)
            self.layers.append(block)
        self.conv_layers = torch.nn.Sequential(
            torch.nn.Conv1d(147, 64, kernel_size=3, padding=1),
            torch.nn.RMSNorm(dim),
            torch.nn.Linear(dim,dim//2),
            torch.nn.Conv1d(64,32,kernel_size=3,padding=1),
        )
        self.logits_layer = torch.nn.Linear(6144,16)

        self.position_embedding =
torch.nn.Parameter(torch.randn(size=(147,dim)),requires_grad=True)

    def forward(self, x):
        x = self.patch_embedding_3d(x) + self.position_embedding

        for block in self.layers:
            x = block(x)
        # torch.Size([6, 294, 384])

        x = self.conv_layers(x)
        x = torch.nn.Flatten()(x)
```

```
        x = torch.nn.functional.dropout(x,p = 0.1)
        x = self.logits_layer(x)

        return x
```

从代码中可以看到，这就是一个比较简单的分类模型，首先通过patch_embedding对视频进行重新编码，之后使用注意力模型对特征进行计算，最终通过logits_layer对结果进行分类计算。

14.2.3　视频分类模型的训练与验证

对于视频分类模型的训练与验证，我们可以借鉴经典的分类模型做法，采用交叉熵来计算损失函数，并最终返回相应的结果。代码如下：

```
import math
from tqdm import tqdm
import torch
from torch.utils.data import DataLoader

import model
device = "cuda"
model = model.ViderClassificationModel_V1(device=device)

model.to(device)
save_path = "./saver/video_classic.pth"
#model.load_state_dict(torch.load(save_path),strict=False)

BATCH_SIZE = 12

import get_data
train_dataset = get_data.TrainDataset()
train_loader = (DataLoader(train_dataset,
batch_size=BATCH_SIZE,shuffle=True,num_workers=6))

test_dataset = get_data.TestDataset()
test_loader = (DataLoader(test_dataset, batch_size=BATCH_SIZE,shuffle=True))

optimizer = torch.optim.AdamW(model.parameters(), lr = 2e-5)
lr_scheduler = torch.optim.lr_scheduler.CosineAnnealingLR(optimizer,T_max =
1200,eta_min=2e-7,last_epoch=-1)
criterion = torch.nn.CrossEntropyLoss()

for epoch in range(128):
    model.train()
    pbar = tqdm(train_loader,total=len(train_loader))
    for frames_stack,label in pbar:
        frames_stack = frames_stack.to(device)
        label = label.to(device)
        logits = model(frames_stack)
        loss = criterion(logits,label)

        optimizer.zero_grad()
```

```
        loss.backward()
        optimizer.step()
        lr_scheduler.step()  # 执行优化器

        _, predicted = torch.max(logits.detach(), 1)  # 获取预测结果
        total = label.size(0)  # 获取当前批次的总样本数
        correct = (predicted == label).sum().item()  # 累加正确预测的样本数
        accuracy = 100 * correct / total  # 计算正确率

        pbar.set_description(f"epoch:{epoch + 1}, train_loss:{loss.item():.5f},
lr:{lr_scheduler.get_last_lr()[0] * 1000:.5f}, accuracy:{accuracy:.2f}%")

    if (epoch + 1)%3 == 0:
        torch.save(model.state_dict(), save_path)
        # 训练循环结束后的测试代码
        model.eval()  # 将模型设置为评估模式
        total_test = 0  # 测试集总样本数
        correct_test = 0  # 测试集正确预测样本数

        with torch.no_grad():  # 不需要计算梯度，节省内存和计算资源
            pbar_test = tqdm(test_loader, total=len(test_loader))
            for frames_stack, label in pbar_test:
                frames_stack = frames_stack.to(device)
                label = label.to(device)
                logits = model(frames_stack)
                _, predicted = torch.max(logits, 1)  # 获取预测结果
                total_test += label.size(0)  # 累加测试集的总样本数
                # 累加测试集正确预测的样本数
                correct_test += (predicted == label).sum().item()
        accuracy_test = 100 * correct_test / total_test  # 计算测试集的正确率
        pbar_test.set_description(f"Test Accuracy: {accuracy_test:.2f}%")

        # 输出最终测试准确率
        print(f"Final Test Accuracy: {accuracy_test:.2f}%")
```

请读者自行训练与测试。

14.3　使用预训练模型的视频分类

除我们前面自定义的基于注意力的视频分类模型外，torchvision也自带了视频分类模型，并提供了模型的预训练参数。本节将基于这个预训练的视频分类模型来完成HMDB的动作分类。

14.3.1　torchvision 简介

torchvision是PyTorch的一个图形图像库，专门服务于PyTorch深度学习框架，用于构建计算机视觉模型。它提供了丰富的功能和工具，帮助开发人员和研究人员轻松处理图像数据，从而加速计算机视觉应用的开发和部署。

在torchvision库中，有几个核心组件值得一提。首先是torchvision.datasets，这个模块包含许多加载数据的函数以及常用的数据集接口，如MNIST、CIFAR10、ImageNet等，使得数据准备变得简单快捷。通过这些接口，用户可以轻松地下载、加载和预处理这些数据集，为模型训练做好准备。

另一个重要组件是torchvision.models，它提供了大量预训练的模型结构，如AlexNet、VGG、ResNet等。这些模型已经在大型数据集上做过训练，并可以直接用于各种计算机视觉任务，如图像分类、目标检测等。此外，用户还可以根据自己的需求对这些预训练模型进行微调，以适应特定的应用场景。

torchvision.transforms是一个不可或缺的模块，它提供了丰富的图像变换操作，如裁剪、旋转、归一化等。这些变换可以帮助用户增强数据集，提高模型的泛化能力。同时，torchvision.transforms还提供了Compose类，用于将多个变换操作串联起来，形成一条完整的图像处理流水线。

除上述核心组件外，torchvision库还提供了其他有用的方法和工具，如torchvision.utils中的函数可以帮助用户更方便地处理图像数据。这些实用工具使得torchvision库成为一个功能全面、易于使用的计算机视觉库。

下面使用一个简单的函数，帮助我们实现对视频数据的读取与转换。

```
import PIL
import torch
import torchvision
import torchvision.transforms as transformers

def preprocess_video(video: str,n_frames: int = 16):

    # Reading the video file
    vframes, _, _ = torchvision.io.read_video(filename=video, pts_unit='sec',
output_format='TCHW')

    vframes = vframes.type(torch.float32)
    vframes_count = len(vframes)

    skip_frames = max(int(vframes_count/16), 1)

    selected_frame = vframes[0].unsqueeze(0)

    for i in range(1, n_frames):
        selected_frame = torch.concat((selected_frame, vframes[i *
skip_frames].unsqueeze(0)))
    selected_resized_frame = trans(selected_frame)

    return selected_resized_frame
```

这段代码模仿了视频中随机抽取特定帧窗口的方法，首先获取视频总的帧数，然后根据定义的n_frames数值，在视频中截取相应的帧窗口数，作为视频数据集使用。

orchvision库还提供了预训练模型供我们读取视频时使用，mvit_v2_s就是一个专用于视频分类的模型，其提供了预训练参数。mvit_v2_s的整体结构如图14-2所示。

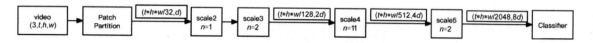

图 14-2　MViTv2-S 的整体结构

从图14-2可以看到，视频处理流程如下：首先，输入视频通过 Patch Partition（cube1）模块进行分块和重塑（reshape）；然后，拼接分类标记（CLS）。后续的scale2、scale3、scale4和scale5阶段使用Multi-Head Pooling Attention（MHPA），在逐步下采样时空分辨率的同时增加通道维度。每个阶段由多个Transformer块（MultiscaleBlock）组成，其中只有scale3、scale4和scale5阶段的第一个块会执行时空分辨率的下采样并增加通道维度。在 scale2 阶段，MHPA的头数$h=1$（因为嵌入维度d较小），而在后续阶段，头数 h 均为前一阶段的两倍。

下面的代码提供了一种使用torchvision导入模型和预训练参数的方法。需要注意的是，torchvision中的预训练参数还提供了适配模型的维度变换工具，即用于转换输入参数的函数。

```
weights = MViT_V2_S_Weights.DEFAULT
transforms = weights.transforms()
model = mvit_v2_s(weights=weights)
```

在上面的代码中，transforms = weights.transforms()是对维度进行变换的方法，简单来说就是将原始的维度整合成一个新的维度，并用于模型计算。此外，还需要注意，对于第一次使用预训练模型的读者来说，需要下载对应的模型参数，如图14-3所示。

```
Downloading: "https://download.pytorch.org/models/mvit_v2_s-ae3be167.pth"
16%|█       | 21.1M/132M [00:12<00:37, 3.09MB/s]
```

图 14-3　torchvision 的数据准备

下面的代码通过传入的transforms模块，在输出数据的同时，对数据的结构进行相应的变换处理。

```
def set_seed(seed: int = 929):
    np.random.seed(seed)
    torch.manual_seed(seed)
    random.seed(seed)


class HumanActionDataset(Dataset):

    def __init__(self, avi_files_list, label_list, n_frame = 16, transform = None):

        self.avi_files_list = avi_files_list
        self.label_list = label_list
        self.n_frame = n_frame
        self.transform = transform
        self.resize_trans = torchvision.transforms.Resize((224,224))

    def __len__(self):
        return len(self.label_list)

    def __getitem__(self, index):
        video_path = self.avi_files_list[index]
```

```
        # Reading the video file
        vframes, _, _ = torchvision.io.read_video(filename=video_path, pts_unit='sec',
output_format='TCHW')
        vframes = vframes.type(torch.float32)
        vframes_count = len(vframes)

        # Selecting frames at certain interval
        skip_frames = max(int(vframes_count / self.n_frame), 1)
        selected_frame = vframes[0].unsqueeze(0)

        # Creating a new sequence of frames upto the defined sequence length
        for i in range(1, self.n_frame):
            selected_frame = torch.concat((selected_frame, vframes[i *
skip_frames].unsqueeze(0)))

        # Video label as per the classes list.
        label = torch.tensor(self.label_list[index])

        selected_frame = self.resize_trans(selected_frame)
        # Applying transformation to the frames
        if self.transform:
            return self.transform(selected_frame), label
        else:
            return selected_frame, label
```

　　上面的代码在划分训练集与测试集的基础上，主要完成了模型数据的准备和预处理，包括使用
torchvision.io.read_video读取数据，并完成从中进行随机截取的任务。而Transform用于使数据能够被
调整适配mvit_v2_s模型的格式，并将其输出。

14.3.2　基于 torchvision 的端到端视频分类实战

　　我们可以直接使用torchvision提供的预训练模型来完成端到端的视频分类，完整代码如下：

```
import torch,torchvision
from torchvision.models.video import mvit_v2_s, MViT_V2_S_Weights
import einops

def create_model(num_classes: int, device: torch.device):

    weights = MViT_V2_S_Weights.DEFAULT
    transforms = weights.transforms()
    model = mvit_v2_s(weights=weights)

    dropout_layer = model.head[0]
    in_features = model.head[1].in_features
    model.head = torch.nn.Sequential(
        dropout_layer,
        torch.nn.Linear(in_features=in_features, out_features=num_classes, bias=True,
device=device))
```

```
        return model.to(device), transforms
```

　　在上面的代码中，我们首先搭建了一个完整的端到端模型框架，然后对输出端进行相应的替换操作，以确保其能够与我们预先定义的数据类别数目完美对接。此外，我们还采用了预定义的 transforms 维度处理模块，该模块在模型构建过程中被整合进来，并随模型一同返回，以便于后续的图像处理和模型应用。

　　完整的训练代码如下：

```
import math
from tqdm import tqdm
import torch
from torch.utils.data import DataLoader

import pretrain_model
device = "cuda"

model,transforms = pretrain_model.create_model(num_classes=16,device=device)

save_path = "./saver/video_classic.pth"
#model.load_state_dict(torch.load(save_path),strict=False)

BATCH_SIZE = 9
import get_data

if __name__ == '__main__':

    train_dataset = get_data.HumanActionDataset(get_data.avi_files_train,
get_data.label_train,transform=transforms)
    train_loader = DataLoader(train_dataset,
batch_size=BATCH_SIZE,shuffle=True,num_workers=3)

    test_dataset = get_data.HumanActionDataset(get_data.avi_files_test,
get_data.label_test,transform=transforms)
    test_loader = DataLoader(test_dataset, batch_size=BATCH_SIZE,shuffle=True)

    optimizer = torch.optim.AdamW(model.parameters(), lr = 2e-5)
    lr_scheduler = torch.optim.lr_scheduler.CosineAnnealingLR(optimizer,T_max =
1200,eta_min=2e-7,last_epoch=-1)
    criterion = torch.nn.CrossEntropyLoss()

    for epoch in range(128):
        model.train()
        pbar = tqdm(train_loader,total=len(train_loader))
        for frames_stack,label in pbar:
            frames_stack = frames_stack.to(device)
            label = label.to(device)
            logits = model(frames_stack)
            loss = criterion(logits,label)

            optimizer.zero_grad()
```

```
        loss.backward()
        optimizer.step()
        lr_scheduler.step()                        # 执行优化器

        _, predicted = torch.max(logits.detach(), 1)  # 获取预测结果
        total = label.size(0)                      # 获取当前批次的总样本数
        correct = (predicted == label).sum().item()   # 累加正确预测的样本数
        accuracy = 100 * correct / total           # 计算正确率

        pbar.set_description(f"epoch:{epoch + 1}, train_loss:{loss.item():.5f},
    lr:{lr_scheduler.get_last_lr()[0] * 1000:.5f}, accuracy:{accuracy:.2f}%")


    torch.save(model.state_dict(), save_path)
    # 训练循环结束后的测试代码
    model.eval()  # 将模型设置为评估模式
    total_test = 0  # 测试集总样本数
    correct_test = 0  # 测试集正确预测样本数

    with torch.no_grad():  # 不需要计算梯度，节省内存和计算资源
        pbar_test = tqdm(test_loader, total=len(test_loader))
        for frames_stack, label in pbar_test:
                frames_stack = frames_stack.to(device)
                label = label.to(device)
                logits = model(frames_stack)
                _, predicted = torch.max(logits, 1)  # 获取预测结果
                total_test += label.size(0)  # 累加测试集的总样本数
                # 累加测试集正确预测的样本数
                correct_test += (predicted == label).sum().item()
    accuracy_test = 100 * correct_test / total_test  # 计算测试集的正确率
    pbar_test.set_description(f"Test Accuracy: {accuracy_test:.2f}%")

    # 输出最终测试准确率
    print(f"Final Test Accuracy: {accuracy_test:.2f}%")
```

读者可以自行运行代码验证结果。

14.4   本章小结

在本章中，我们成功构建了视频分类模型，这一成就标志着我们在视频内容理解领域迈出了坚实的一步。我们巧妙地融合了注意力机制与torchvision库中提供的强大的预训练模型，以双重优势精准地实现了视频分类的任务。

在注意力模型的运用上，我们深入挖掘视频帧间的时序关联与空间特征，通过动态调整各帧及区域内信息的权重，显著提升了模型对关键内容的捕捉能力。这一创新不仅增强了模型对复杂视频场景的理解力，还极大地提高了视频分类的准确性。

同时，借助torchvision库中的预训练模型，我们站在了巨人的肩膀上，利用这些在大型数据集

上精心训练好的网络作为特征提取器，有效缩短了模型训练周期，并减少了过拟合的风险。预训练模型的引入为我们的视频分类任务提供了丰富的先验知识，使得模型能够更快地收敛到最优解，且泛化能力更强。这一技术的实现不仅为图像处理领域带来了新的突破，还可以推广到视频内容审核、智能推荐系统以及视频监控等领域，以期为社会带来更加智能、高效的服务。同时，我们也将持续探索视频理解技术的边界，不断优化模型架构，融合更多前沿技术，推动视频分类技术迈向新的高度。

## 第15章

基于DeepSeek的跨平台智能客服开发实战

在前面的章节中，我们已经对DeepSeek的核心技术做了详尽的介绍，并向读者展示了DeepSeek在云端和本地两个常见场景下的应用实例。其实，DeepSeek最基本的应用是特定场景下的智能问答以及带有算法的计算任务。

然而，DeepSeek的功能远不止于此，它还能胜任更多高级的任务和应用场景。例如，通过导入特定的文档内容，DeepSeek能够实现基于该文档所在领域的专业知识问答。这种灵活性使得DeepSeek能够适应多种不同的需求和环境。

不同类型的本地知识库往往对应着各自独特的应用场景。以客服对话系统为例，我们可以将公司内部的产品文档或常见问题解答集成为本地知识库，从而快速、准确地回答用户关于产品的各种疑问。而在聊天机器人的应用中，我们则可以利用社交媒体数据、电影评论或其他大规模的文本数据集作为本地知识库，使聊天机器人能够更加智能地回应用户的聊天话题，提升用户的交互体验。

在本章中，我们将进一步探索DeepSeek的潜力，并结合Gradio框架，共同完成一项在线智能客服应用的实战演练。通过这一实战案例，我们将直观地展示DeepSeek在智能客服领域的应用优势，以及如何与Gradio框架相结合，打造出高效、便捷的在线智能客服系统。

15.1 智能客服的设计与基本实现

在前面的章节中，我们已经展示了如何利用基础版的DeepSeek进行算法计算。具体来说，我们通过直接向DeepSeek发送问题（即使用prompt的方式）来提示算法并获取对应的答案，可以看到DeepSeek在处理这些知识问题时表现良好。智能客服机器人如图15-1所示。

图 15-1　智能客服机器人

然而，一个关键问题随之而来：当我们将问题拓展到更专业的领域，尤其是那些DeepSeek在训练数据中未曾涉及的知识领域时，它的问答效果又会如何呢？本节我们将深入探讨DeepSeek在专业智能客服中的表现，并尝试完成这一应用场景。

15.1.1　智能客服搭建思路

在数字化时代，智能客服已成为企业提升服务效率、优化客户体验的关键工具。以下是一套系统而全面的智能客服搭建思路，旨在帮助企业构建高效、智能的客户服务体系，明确智能客服系统的技术核心。

首先，我们需要对整体的项目需求与目标进行定义。这包括确定服务范围（如售前咨询、售后支持、技术解答等）、目标用户群体（如消费者、合作伙伴、内部员工等）以及期望达到的服务水平（如响应时间、解决率、用户满意度等）。明确的需求与目标将为后续的系统设计与开发提供清晰的方向，具体说明如下。

1）前期准备

- 了解DeepSeek：DeepSeek是一款先进的大语言模型，具有强大的自然语言处理能力和知识理解能力，能够为智能客服系统提供高效、准确的对话生成能力。
- 获取API访问权限：访问DeepSeek官方网站或相关平台，申请并获取API访问权限，以便在智能客服系统中调用DeepSeek模型。

2）数据收集与预处理

- 收集数据：根据智能客服的应用场景，收集相关的数据，如电商领域的商品信息、订单信息、用户咨询记录等。
- 数据预处理：对收集到的数据进行清洗、标注和转换。清洗用于去除噪声、重复信息、错误字符等。标注用于将数据分类，如商品咨询、订单查询、售后问题等。转换用于将数据转换为适合DeepSeek输入的格式。

3）使用DeepSeek API实现基本对话功能

- 理解API请求和响应格式：熟悉DeepSeek API的请求参数和响应数据格式，以便正确地调用API并处理返回的结果。
- 编写代码调用API：使用Python编写代码，向DeepSeek API发送请求，将用户的问题作为输入，获取模型生成的回复。

4）结合业务逻辑

- 商品信息查询：根据用户的提问，调用相应的接口或查询数据库，获取商品的详细信息，如价格、库存、规格等，并将结果整合到回复中。
- 订单状态查询：实现订单状态的查询功能，根据用户提供的订单号等信息，查询订单的当前状态，并以友好的方式告知用户。

15.1.2　商品介绍数据的格式与说明

我们首先准备一份使用JSON格式标注的商品介绍，如下所示：

```
[
    {
        "name": "MobiTech PowerCase",
        "category": "智能手机和配件",
        "brand": "MobiTech",
        "model_number": "MT-PC20",
        "warranty": "1年",
        "rating": 4.3,
        "features": [
            "5000mAh电池",
            "无线充电",
            "与SmartX ProPhone兼容"
        ],
        "description": "带有内置电池的保护壳，可延长使用时间。",
        "price": 59.99
    },
    {
        "name": "SmartX MiniPhone",
        "category": "智能手机和配件",
        "brand": "SmartX",
        "model_number": "SX-MP5",
        "warranty": "1年",
        "rating": 4.2,
        "features": [
            "4.7英寸显示屏",
            "64GB存储",
            "8MP相机",
            "4G"
        ],
        "description": "一款紧凑且价格实惠的智能手机，适用于基本任务。",
        "price": 399.99
    },
    {
        "name": "MobiTech Wireless Charger",
        "category": "智能手机和配件",
        "brand": "MobiTech",
        "model_number": "MT-WC10",
        "warranty": "1年",
        "rating": 4.5,
        "features": [
            "10W快速充电",
            "Qi兼容",
            "LED指示灯",
            "紧凑设计"
        ],
        "description": "一款便捷的无线充电器，为整洁的工作区提供便利。",
        "price": 29.99
    },
    {
        "name": "SmartX EarBuds",
```

```
        "category": "智能手机和配件",
        "brand": "SmartX",
        "model_number": "SX-EB20",
        "warranty": "1年",
        "rating": 4.4,
        "features": [
            "真无线",
            "蓝牙5.0",
            "触控控制",
            "24小时电池续航"
        ],
        "description": "通过这款舒适的耳机体验真正的无线自由。",
        "price": 99.99
    },
    {

        "name": "ActionCam 4K",
        "category": "相机和摄像机",
        "brand": "ActionCam",
        "model_number": "AC-4K",
        "warranty": "1年",
        "rating": 4.4,
        "features": [
            "4K视频",
            "防水",
            "图像稳定",
            "Wi-Fi"
        ],
        "description": "通过这款坚固而紧凑的4K运动相机记录您的冒险旅程。",
        "price": 299.99
    },
    {
        "name": "FotoSnap Mirrorless Camera",
        "category": "相机和摄像机",
        "brand": "FotoSnap",
        "model_number": "FS-ML100",
        "warranty": "1年",
        "rating": 4.6,
        "features": [
            "2010万像素传感器",
            "4K视频",
            "3英寸触摸屏",
            "可更换镜头"
        ],
        "description": "这款小巧轻便的无反相机具备先进功能。",
        "price": 799.99
    },
    {

        "name": "ZoomMaster Camcorder",
        "category": "相机和摄像机",
        "brand": "ZoomMaster",
```

```
        "model_number": "ZM-CM50",
        "warranty": "1年",
        "rating": 4.3,
        "features": [
            "1080p视频",
            "30倍光学变焦",
            "3英寸液晶屏",
            "图像稳定"
        ],
        "description": "通过这款易于使用的摄像机捕捉生活的瞬间。",
        "price": 249.99
    },
    {

        "name": "FotoSnap Instant Camera",
        "category": "相机和摄像机",
        "brand": "FotoSnap",
        "model_number": "FS-IC10",
        "warranty": "1年",
        "rating": 4.1,
        "features": [
            "即时打印",
            "内置闪光灯",
            "自拍镜",
            "电池供电"
        ],
        "description": "通过这款有趣便携的即时相机创造瞬间回忆。",
        "price": 69.99
    },
    {

        "name": "CineView 4K TV",
        "category": "电视和家庭影院系统",
        "brand": "CineView",
        "model_number": "CV-4K55",
        "warranty": "2年",
        "rating": 4.8,
        "features": [
            "55英寸显示屏",
            "4K分辨率",
            "HDR",
            "智能电视"
        ],
        "description": "一款具有生动色彩和智能功能的令人惊叹的4K电视。",
        "price": 599.99
    },
    {
        "name": "SoundMax Home Theater",
        "category": "电视和家庭影院系统",
        "brand": "SoundMax",
        "model_number": "SM-HT100",
        "warranty": "1年",
```

```
        "rating": 4.4,
        "features": [
            "5.1声道",
            "1000W输出",
            "无线低音炮",
            "蓝牙"
        ],
        "description": "一款强大的家庭影院系统，带来身临其境的音频体验。",
        "price": 399.99
    },
    {

        "name": "CineView 8K TV",
        "category": "电视和家庭影院系统",
        "brand": "CineView",
        "model_number": "CV-8K65",
        "warranty": "2年",
        "rating": 4.9,
        "features": [
            "65英寸显示屏",
            "8K分辨率",
            "HDR",
            "智能电视"
        ],
        "description": "通过这款令人惊叹的8K电视体验电视的未来。",
        "price": 2999.99
    },
    {

        "name": "SoundMax Soundbar",
        "category": "电视和家庭影院系统",
        "brand": "SoundMax",
        "model_number": "SM-SB50",
        "warranty": "1年",
        "rating": 4.3,
        "features": [
            "2.1声道",
            "300W输出",
            "无线低音炮",
            "蓝牙"
        ],
        "description": "通过这款时尚且功能强大的声音栏升级您的电视音频。",
        "price": 199.99
    },
    {

        "name": "CineView OLED TV",
        "category": "电视和家庭影院系统",
        "brand": "CineView",
        "model_number": "CV-OLED55",
        "warranty": "2年",
        "rating": 4.7,
        "features": [
```

```
            "55英寸显示屏",
            "4K分辨率",
            "HDR",
            "智能电视"
        ],
        "description": "通过这款OLED电视体验真正的黑色和生动色彩。",
        "price": 1499.99
    }
]
```

可以看到，这段JSON包含多个产品的信息，每个产品都有一系列关键的key来描述其特性和属性。具体来说：

- name：表示产品的名称，用于唯一标识产品。
- category：指明产品所属的类别，帮助用户快速定位所需的类型。
- brand：展示产品的品牌，体现品牌价值和用户信任度。
- model_number：表示产品的型号，便于用户精确选择和查询。
- warranty：说明产品的保修期限，增加用户购买信心。
- rating：反映产品的用户评分，帮助用户了解产品口碑。
- features：列出产品的主要功能特点，吸引用户关注。
- description：提供产品的详细描述，帮助用户了解产品详情。
- price：表示产品的价格，是用户购买决策的重要因素。

这些key共同作用，为用户提供全面、详细的产品信息，便于用户比较和选择。

我们可以使用一个方法读取这个JSON文件对应的商品数据，并将其返回，代码如下：

```python
import json

def get_products_and_category(products_json_path):
    # 打开并读取 JSON 文件
    with open(products_json_path, 'r', encoding='utf-8') as file:
        products_data = json.load(file)
    return products_data
```

这段代码的作用是从一个指定的JSON文件中读取数据并返回读取到的内容。具体来说，它会加载一个包含产品或分类等信息的JSON文件，并将其作为Python数据结构（通常是字典或列表）返回。

15.1.3   基于 DeepSeek 的智能客服设计

下面我们基于Deepseek的智能客服设计工作。对于智能客服而言，一个关键步骤是向DeepSeek传递一个精心设计的系统prompt，用以明确其扮演的角色。在此，我们精心构思了以下prompt，以确保智能客服能够精准地履行其职责：

```
system_prompt = f"""
你是一位资历深厚、专业娴熟的大型电子商店客户助理。你的核心任务是为客户提供既准确又详尽，同时不失友好的产品信息与建议。

在回应客户咨询时，请务必遵循以下原则：
```

1．使用清晰明了、简洁有力且充满专业性的语言。

2．提供产品全方位的相关细节，包括但不限于名称、类别、品牌、型号、保修期限、用户评分、主要功能及详细描述。

3．根据客户的具体需求和兴趣点，精心推荐合适的产品，并主动询问客户是否还有其他问题或需要进一步的帮助。

4．在必要时，巧妙引导客户完成购买或深入了解更多产品信息。

为辅助你更好地回答客户问题，以下产品信息数据库可供参考：{products_and_category_dict}

在整合问答内容时，请务求使其易于理解且条理清晰，示例如下：

"

感谢您的垂询！以下是对您所关注产品的详尽介绍及建议：

尽管数据库中未直接提供SmartX ProPhone的详细信息，但根据兼容产品MobiTech PowerCase（MT-PC20）的描述，我们可以合理推测SmartX ProPhone应具备与MobiTech PowerCase相兼容的特性，诸如无线充电功能及长续航能力。如果您正寻找一款具备长续航和无线充电功能的智能手机，那么SmartX ProPhone或许是一个值得期待的选项。同时，建议您考虑搭配购买MobiTech PowerCase（MT-PC20），其内置的5000mAh电池能为您的手机提供更长久的电力支持。

"
"""

通过这一系统prompt的设定，我们旨在塑造一位既专业又贴心的客户助理形象，确保每位客户都能获得满意且个性化的服务体验。智能客服将依据这一框架，灵活应对各种客户咨询，不仅提供详尽的产品信息，还能根据客户的实际需求，给出恰到好处的购买建议。此外，通过主动询问客户是否还有其他问题或需要进一步的协助，我们力求在每一次交互中都能超越客户的期望，为他们带来更加贴心、高效的服务。

下面就是DeepSeek的智能客服的完整实现，代码如下：

```
import utils
from openai import OpenAI

client = OpenAI(
    api_key="sk-7e6474d02ec748ca815a7c0a3d1dae66",
    base_url="https://api.deepseek.com",
)

products_and_category_dict = utils.get_products_and_category("./productions.json")

system_prompt = f"""
你是一位经验丰富、专业的大型电子商店客户助理。你的职责是为客户提供准确、详细且友好的产品信息和建议。

在回答时，请确保：
1．使用清晰、简洁且专业的语言。
2．提供产品的相关细节，如名称、类别、品牌、型号、保修期、评分、主要功能和描述。
3．根据客户的需求和兴趣，推荐合适的产品，并询问是否有进一步的问题或需要协助的地方。
4．如有必要，引导客户进行购买或了解更多信息。

你可以参考以下产品信息数据库来回答客户的问题：{products_and_category_dict}
```

你在回答的时候要把问答整合成便于理解的内容，例如如下形式：

"
感谢您的咨询！以下是对您感兴趣的产品的详细介绍和建议：

虽然数据库中没有直接提供SmartX ProPhone的详细信息，但根据兼容产品MobiTech PowerCase的描述，我们可以推测SmartX ProPhone应具备与MobiTech PowerCase兼容的特性，可能包括无线充电功能和长续航能力。如果您需要一款具备长续航和无线充电功能的智能手机，SmartX ProPhone可能是一个不错的选择。同时，您可以考虑购买MobiTech PowerCase（MT-PC20）作为配件，它带有5000mAh的内置电池，可以为您的手机提供更长时间的使用。
"

```python
"""
# 示例用户查询
user_prompt = """
想了解ActionCam 4K的详细信息。请提供专业的介绍和建议。
"""

messages = [
    {"role": "system", "content": system_prompt},
    {"role": "user", "content": user_prompt},
]

response = client.chat.completions.create(
    model="deepseek-chat",
    messages=messages
)

messages.append(response.choices[0].message)
print(f"Messages: {messages}")
```

请读者自行运行并验证结果。另外，需要注意，这里输出的文本内容会有些不适合阅读，这是由于我们的目标是创建带有客户端的智能客服，文本格式是适配客户端的。

在上面的代码中，首先通过导入必要的模块和定义API客户端来设置智能客服与DeepSeek API的交互环境。它利用一个API密钥和特定的基地址来创建OpenAI客户端实例，以便发送请求和接收响应。接着，代码读取一个包含产品和类别信息的JSON文件，将这些数据整合到一个字典中，为后续的客服交互提供翔实的产品数据库支持。

随后，代码构建了一个系统提示（system prompt），详细描述了智能客服的角色定位、职责范围，以及回答用户问题时应遵循的具体规范。这一提示不仅要求客服使用清晰简洁的语言，还强调了提供产品细节、根据客户需求推荐产品以及引导购买的重要性，并通过一个示例展示了如何整合问答内容以形成易于理解的信息。

最后，代码模拟了一个用户查询的场景，将系统提示和用户查询封装成消息列表，发送给DeepSeek模型进行处理。模型返回的响应被添加到消息列表中，并打印出整个对话过程，展示了智能客服系统如何基于用户输入和产品数据库生成专业且个性化的回答。

15.2　带有跨平台客户端的智能客服开发实战

前面章节我们完成了使用DeepSeek搭建智能客服的基础工作，不过我们仅能使用API对用户问题进行回复，这对于用户来说体验非常不合适。尽管这种方式能够一次性地解决问题，但在实际应用中，它可能会对任务的连续性造成干扰。为了克服这一缺点，我们需要探索一种新的方法，既能满足我们的需求，又能保证任务的连续性。

从实际操作层面来看，这些方法往往要求用户具备一定的技术背景和手动操作能力，这对于非技术人员来说可能产生了一些的障碍。因此，在本节中，我们将重点介绍如何基于自定义网页端部署和使用智能客服，特别是结合Gradio的部署方案。我们的目标是降低使用门槛，让更多的人能够轻松利用这一强大的自然语言处理工具。

15.2.1　跨平台客户端 Gradio 使用详解

Gradio是一个强大的Web UI库，它简化了将机器学习模型转换为交互式界面的过程。不需要深入的前端开发知识或复杂的用户界面设计技能，使用者只需几行代码就可以快速地为自己的模型创建一个美观且功能齐全的界面。这一特性使得Gradio成为数据科学家、机器学习工程师、研究人员以及任何希望展示或共享其模型的人的理想选择。

1. 核心优势

- 易用性：Gradio的API设计直观且用户友好，即使是编程新手也能快速上手。
- 快速原型设计：允许用户在几分钟内搭建起一个可交互的模型演示。
- 灵活性：提供了丰富的定制选项，以满足各种特定的需求和应用场景。
- 跨平台兼容性：无论是在本地环境还是在云端，Gradio都能轻松部署。

2. 应用场景

- 模型展示：研究人员可以使用Gradio快速为他们的机器学习模型创建一个演示界面，以便于在会议、研讨会或在线平台上展示。
- 教育目的：教师或学生可以利用Gradio来创建交互式教程，帮助学生更好地理解机器学习模型的工作原理。
- 原型测试：在开发早期阶段，可以使用Gradio快速构建用户界面原型，以收集用户反馈并进行迭代。
- 企业级应用：对于企业来说，Gradio提供了一个高效的方式来部署和测试机器学习模型，同时还能轻松地集成到现有的工作流程中。

3. 进阶功能

除基本的界面创建功能外，Gradio还支持更多高级特性，例如：

- 自定义界面元素：允许用户添加自定义的按钮、滑块、下拉菜单等界面元素。
- 多模型支持：可以在同一个界面中集成多个模型，实现更复杂的交互逻辑。
- 安全性与隐私：提供了多种机制来保护用户数据和模型的安全。
- 可扩展性：Gradio的架构设计允许用户通过插件系统来扩展其功能。

在具体使用上，读者可以采用如下命令行，在Miniconda终端中进行安装，代码如下：

```
pip install gradio
```

安装完成后，读者可以通过以下代码来检查Gradio是否正确安装：

```
import gradio as gr
print(gr.__version__)
```

上面的代码会打印出目前安装的Gradio版本。

4. Gradio的核心组件

一般来说，Gradio的核心组件主要包括界面、输入类型与输出类型。

1）界面（Interface）

Gradio的核心是Interface类，它提供了一种简单的方式来定义输入和输出类型，并创建交互式的Web界面。通过这个类，用户可以轻松地指定模型的输入和输出应该如何呈现给用户，以及如何处理用户的输入和展示模型的输出。

2）输入类型

Gradio支持多种输入类型，以满足不同模型的需求。一些常见的输入类型包括：

- gr.Text：用于文本输入，适用于处理自然语言处理任务的模型。
- gr.Image：用于图像上传，适用于图像处理或计算机视觉模型。
- gr.Audio：用于音频输入，适用于语音识别或音频处理模型。

此外，Gradio还支持更多高级输入类型，如文件上传、滑块、下拉菜单等，以提供更丰富的交互体验。

3）输出类型

与输入类型相对应，Gradio也提供了多种输出类型来展示模型的输出结果。一些常见的输出类型包括：

- gr.Text：用于展示文本输出结果。
- gr.Image：用于展示图像处理模型的输出结果。
- gr.Audio：用于播放音频处理模型的输出结果。

通过选择合适的输入和输出类型，用户可以创建出符合模型特性和需求的交互式界面。

下面是一个使用Gradio构建初始页面的简单例子：

```
import gradio as gr
def greet(name):
    return "Hello " + name + "!"
demo = gr.Interface(fn=greet, inputs=gr.Textbox(), outputs=gr.Textbox())
demo.launch()
```

读者可以直接运行以上代码，之后会生成一个对应的地址，这是基于本地设置的网页地址，如下所示：

```
Running on local URL:  http://127.0.0.1:7861
```

我们直接在浏览器中打开这个界面，如图15-2所示。

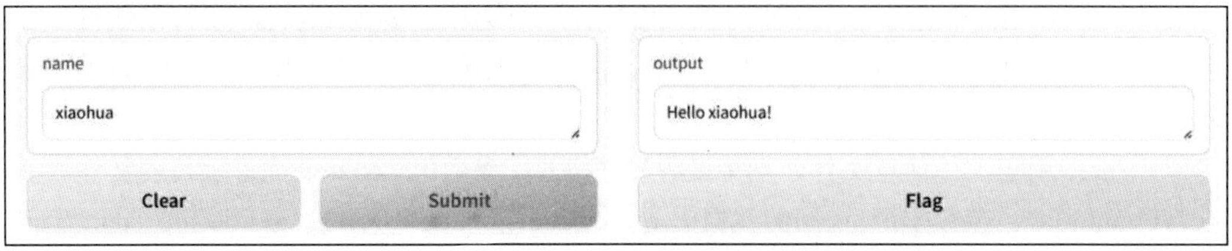

图 15-2　Gradio 页面

这是我们第一个Gradio操作界面，可以看到左侧和右侧都是一个文本框，而我们对文本的处理放在greet函数中，它将处理的结果返回。归纳如下：

- 处理和输出：在前面的示例中，greet函数接收用户输入的名字，并返回问候语。Gradio自动处理这种输入输出流程，使得交互流畅自然。
- 回调函数：在Gradio中，界面与Python函数（如greet）直接关联，这种函数被称为回调函数，负责处理输入数据并生成输出。

Gradio提供多种输入和输出组件，这些组件对于设计有效的Gradio界面至关重要。了解这些组件的参数和使用方法，可以帮助用户创建出更加符合需求和用户体验的交互式界面。

在设计Gradio界面时，选择合适的输入和输出组件很关键。例如，如果用户的模型需要处理图像数据，那么使用Image输入组件和Image输出组件将是非常合适的。同样地，如果模型需要处理文本数据，那么Textbox、Textarea等文本输入组件和Text、Label等文本输出组件将是更好的选择。

此外，还有一些其他种类的输入和输出组件，如Audio、Dataframe、Slider、Checkbox、Dropdown等，它们分别适用于不同的数据类型和展示需求。通过合理地组合这些组件，用户可以创建出功能丰富、交互性强的Gradio界面。

1. 输入组件

输入组件（Inputs）允许用户以各种方式提供数据给机器学习模型。Gradio提供的输入组件涵盖从基本数据类型（如文本、数字）到复杂数据类型（如图像、音频、视频、数据框）的广泛范围。每个组件都有一系列参数，这些参数可以定制以适应特定的用例和用户体验需求。

（1）Audio：允许用户上传音频文件或直接录音。参数source：指定音频来源（如麦克风）；参数type：指定返回类型。示例：gr.Audio(source="microphone", type="filepath")。

（2）Checkbox：提供复选框，用于布尔值输入。参数label：显示在复选框旁边的文本标签。 示例：gr.Checkbox(label="同意条款")。

（3）CheckboxGroup：允许用户从一组选项中选择多个。参数choices：字符串数组，表示复选框的选项；参数label：表示标签文本。示例：gr.CheckboxGroup(["选项1", "选项2", "选项3"], label="选择你的兴趣")。

（4）ColorPicker：用于选择颜色，通常返回十六进制颜色代码。参数default：默认颜色值。示例：gr.ColorPicker(default="#ff0000")。

（5）Dataframe：允许用户上传CSV文件或输入DataFrame。参数headers：列标题数组；参数

row_count: 初始显示的行数。示例：gr.Dataframe(headers=["列1", "列2"], row_count=5)。

（6）Dropdown：下拉菜单，用户可以从中选择一个选项。参数choices: 字符串数组，表示下拉菜单的选项；参数label: 表示标签文本。示例：gr.Dropdown(["选项1", "选项2", "选项3"], label="选择一个选项")。

（7）File：用于上传任意文件，支持多种文件格式。参数file_count: 允许上传的文件数量，如"single"或"multiple"；参数type: 返回的数据类型，如"file"或"auto"。示例：gr.File(file_count="single", type="file")。

（8）Image：用于上传图片，支持多种图像格式。参数type：表示图像类型，如pil。示例：gr.Image(type='pil')。

（9）Number：数字输入框，适用于整数和浮点数。参数default: 默认数字；参数label: 表示标签文本。示例：gr.Number(default=0, label="输入一个数字")。

（10）Radio：单选按钮组，用于从中选择一个选项。参数choices: 字符串数组，表示单选按钮的选项；参数label: 表示标签文本。示例：gr.Radio(["选项1", "选项2", "选项3"], label="选择一个选项")。

（11）Slider：滑动条，用于选择一定范围内的数值。参数minimum: 表示最小值；参数maximum: 表示最大值；参数step: 表示步长；参数label: 表示标签文本。示例：gr.Slider(minimum=0, maximum=10, step=1, label="调整数值")。

（12）Textbox：单行文本输入框，适用于简短文本。参数default: 默认文本；参数placeholder: 占位符文本。示例：gr.Textbox(default="默认文本", placeholder="输入文本")。

（13）Textarea：多行文本输入区域，适合较长的文本输入。参数lines: 显示行数；参数placeholder: 占位符文本。示例：gr.Textarea(lines=4, placeholder="输入长文本")。

（14）Time：用于输入时间。参数label: 标签文本。示例：gr.Time(label="选择时间")；

（15）Video：视频上传组件，支持多种视频格式。参数label: 标签文本。示例：gr.Video(label="上传视频")。

（16）Data：用于上传二进制数据，例如图像或音频的原始字节。参数type: 数据类型，如"auto"自动推断。示例：gr.Data(type="auto", label="上传数据")。

2. 输出组件

输出组件（Outputs）用于展示机器学习模型的处理结果。与输入组件一样，输出组件也支持多种数据类型和格式，包括音频、图像、视频、数据框和文本等。通过使用合适的输出组件，开发者可以确保用户能够清晰地理解模型的输出，并据此作出决策或采取进一步的行动。

（1）Audio：播放音频文件。参数type：用于指定输出格式。示例：gr.Audio(type="auto")。

（2）Carousel：以轮播方式展示多个输出，适用于图像集或多个数据点。参数item_type：设置轮播项目类型。示例：gr.Carousel(item_type="image")。

（3）Dataframe：展示Pandas DataFrame，适用于表格数据。参数type：指定返回的DataFrame类型。示例：gr.Dataframe(type="pandas")。

（4）Gallery：以画廊形式展示一系列图像。

（5）HTML：展示HTML内容，适用于富文本或网页布局。

（6）Image：展示图像。参数type：用于指定图像格式。示例：gr.Image(type="pil")。

（7）JSON：以JSON格式展示数据，便于查看结构化数据。

（8）KeyValues：以键值对形式展示数据。

（9）Label：展示文本标签，适用于简单的文本输出。

（10）Markdown：支持Markdown格式的文本展示。

（11）Plot：展示图表，如Matplotlib生成的图表。

（12）Text：用于显示文本，适合较长的输出。

（13）Video：播放视频文件。

这里我们详细说明Gradio输入和输出组件。这些组件是构建交互式机器学习模型界面的基础。了解这些组件及其参数，对于创建符合用户需求和体验的优秀界面至关重要。

下面我们在原先代码的基础上把输出改为界面显示的方式，代码如下：

```
import gradio as gr
def greet(name):
    return "Hello " + name + "!"
demo = gr.Interface(fn=greet, inputs=gr.Textbox(), outputs=gr.Label())
demo.launch()
```

运行代码后，结果如图15-3所示。

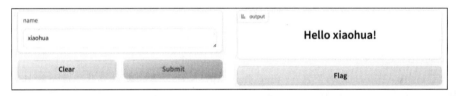

图 15-3　替换不同输出形式的 Web 页面

更多内容读者可以自行尝试使用。

下面是一个模拟图像分类的示例，我们将更加详细地讲解使用Gradio完成程序设计的方法。

使用Gradio处理图像分类，首先需要一个能够对输入进行处理的函数，一般我们从简单的开始，这里假设一个分辨猫狗的函数，代码如下：

```
def image_classifier(inp):
    return {'cat': 0.3, 'dog': 0.7}
```

可以看到，我们根据输入的内容输出了一个对结果的描述。一般可以认为此时我们输入的是一个图像，用于根据模型输出结果。接下来对Interface类进行设计。我们通过传入计算函数image_classifier，然后定义输出类型image和label，从而完成模型的设计。代码如下：

```
import gradio as gr
def image_classifier(inp):
    return {'cat': 0.3, 'dog': 0.7}
demo = gr.Interface(fn=image_classifier,inputs = "image",outputs = "label")
demo.launch()
```

输出结果如图15-4所示。

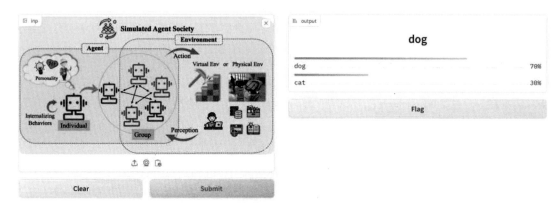

图 15-4　Interface 的格式结果

可以看到，此时右边有一个名为outputs的输出框，对结果进行可视化展示。图中右下方的Flag按钮，可以认为是一个保存按钮，可以标记输出结果中的问题数据。默认情况下，单击Flag按钮会将输入和输出数据发送回运行Gradio演示的机器，并将其保存到CSV日志文件中。

此外，读者还可以自定义Flag按钮被单击时的行为。下面列出一些FlaggingCallback子类的示例，也可以根据需求自定义FlaggingCallback子类，实现对被标记数据的自定义处理。

- SimpleCSVLogger（简化CSV日志记录器）：提供了FlaggingCallback抽象类的简化实现，用于示例目的。每个被标记的样本（包括输入和输出数据）都会被记录到运行Gradio应用的机器上的CSV文件中。
- CSVLogger（CSV日志记录器）：FlaggingCallback抽象类的默认实现。每个被标记的样本（包括输入和输出数据）都会被记录到运行Gradio应用的机器上的CSV文件中。
- HuggingFaceDatasetSaver（Hugging Face数据集保存器）：将每个被标记的样本（包括输入和输出数据）保存到Hugging Face数据集中的回调函数。

下面回到Gradio的函数输入输出类型。Gradio的函数输入输出的数据类型一般只有以下几种：

- Image。
- Label。
- Text/ Textbox。
- Checkbox。
- Number。

这是因为在模型的处理过程和数据分析过程中，使用这几种数据即可完成我们需要完成的任务。下面将outputs的输出类型替换成text，读者可以尝试比较一下结果，如图15-5所示。

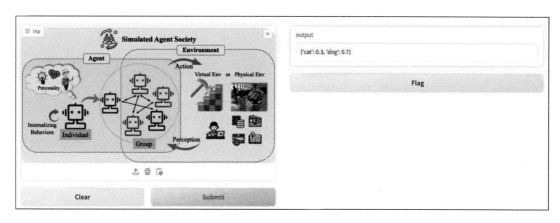

图 15-5　另一种 Interface 的格式结果

15.2.2　一个简单的 Gradio 示例

下面我们需要讲解一下Gradio中的launch方法，其作用是启动一个用于演示服务的简单Web服务器。也可以通过设置share=True来创建公共链接，任何人都可以使用该链接从他们的浏览器中访问演示程序：

```
import gradio as gr
demo = gr.Interface(fn=lambda text:text[::-1],inputs="text", outputs="text")
demo.launch(share=True)
```

在上面这个简单的例子中，我们使用一个lambda开头的匿名函数来完成Gradio的启动。下面是一个多输入和多输出的例子，代码如下：

```
import gradio as gr
def greet(name, is_morning, temperature):
    salutation = "Good morning" if is_morning else "Good evening"
    greeting = f"{salutation} {name}. It is {temperature} degrees today"
    celsius = (temperature - 32) * 5 / 9
    return greeting, round(celsius, 2)

demo = gr.Interface(
    fn = greet,
    inputs=["text","checkbox",gr.Slider(0,100,value=17)],
    outputs=["text","number"]
)

demo.launch()
```

15.2.3　基于 DeepSeek 的跨平台智能客服实现

我们可以自定义一个带有对话框的对话客户端，也可以使用Gradio自带的、具有记忆功能的客户端，代码如下：

```
import time
import gradio as gr
```

```
def slow_echo(message, history):
    for i in range(len(message)):
        time.sleep(0.05)
        yield "You typed: " + message[: i + 1]


demo = gr.ChatInterface(
    slow_echo,
    type="messages",
    flagging_mode="manual",
    flagging_options=["Like", "Spam", "Inappropriate", "Other"],
    save_history=True,
)
demo.launch()
```

运行代码后，结果如图15-6所示。

图 15-6　带有客户端的问答端口

由于Gradio具有跨平台运行属性，读者可以在同局域网内输入给定的地址，使用手机打开对应的地址，或者通过在launch()中设置share=True获得一个官方提供的免费接口，具体请读者自行尝试。

下面我们需要把前面自定义的DeepSeek与这里的Gradio客户端进行连接，完成界面与回答文本的适配，代码如下：

```
import utils
from openai import OpenAI


client = OpenAI(
    api_key="sk-7e6474d02ec748ca815a7c0a3d1dae66",
    base_url="https://api.deepseek.com",
)


products_and_category_dict = utils.get_products_and_category("./productions.json")


system_prompt = f"""
你是一位经验丰富、专业的大型电子商店客户助理。你的职责是为客户提供准确、详细且友好的产品信息和建议。

在回答时，请确保：
1．使用清晰、简洁且专业的语言。
2．提供产品的相关细节，如名称、类别、品牌、型号、保修期、评分、主要功能和描述。
3．根据客户的需求和兴趣，推荐合适的产品，并询问是否有进一步的问题或需要协助的地方。
4．如有必要，引导客户进行购买或了解更多信息。

你可以参考以下产品信息数据库来回答客户的问题：{products_and_category_dict}

你在回答的时候要把问答整合成便于理解的内容，例如如下形式：
```

"
感谢您的咨询！以下是对您感兴趣的产品的详细介绍和建议：

虽然数据库中没有直接提供SmartX ProPhone的详细信息，但根据兼容产品MobiTech PowerCase的描述，我们可以推测SmartX ProPhone应具备与MobiTech PowerCase兼容的特性，可能包括无线充电功能和长续航能力。如果您需要一款具备长续航和无线充电功能的智能手机，SmartX ProPhone可能是一个不错的选择。同时，您可以考虑购买MobiTech PowerCase（MT-PC20）作为配件，它带有5000mAh的内置电池，可以为您的手机提供更长时间的使用。
"
"""

```python
# 示例用户查询
user_prompt = """
想了解ActionCam 4K的详细信息。请提供专业的介绍和建议
"""

messages = [
    {"role": "system", "content": system_prompt},
    {"role": "user", "content": user_prompt},
]

response = client.chat.completions.create(
    model="deepseek-chat",
    messages=messages
)
messages.append(response.choices[0].message)
print(f"Messages: {messages}")
```

运行代码后，直接进入客户端，智能问答的界面如图15-7所示。

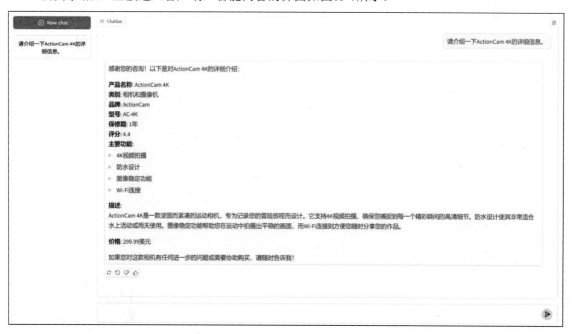

图 15-7　跨平台的智能客服实现

可以看到，此时通过带有DeepSeek的智能客服，我们可以使用跨平台的客户端来完成与普通用户的交互。

15.3　本章小结

本章详细阐述了基于DeepSeek的智能客服系统的实现过程。通过与Gradio的协同合作，我们成功地构建了一个跨平台的智能客服客户端，为用户提供了便捷、高效的服务体验。

这个智能客服系统充分利用了DeepSeek强大的自然语言处理能力，能够准确理解用户的意图，并给出相应的回答和解决方案。不仅如此，该系统还能根据用户的反馈进行自我学习和优化，不断提升服务质量。

在构建过程中，我们借助Gradio的跨平台特性，使得智能客服客户端能够无缝地运行在各种操作系统和设备上。这意味着，无论用户使用的是PC还是手机，都能通过我们的客户端享受到同样优质的智能客服服务。

可以看到，本章所介绍的基于DeepSeek和Gradio的智能客服系统，不仅具备强大的功能，还拥有出色的跨平台兼容性和用户体验。我们相信，这一系统将为企业和用户带来前所未有的便利和价值。